Alexis Carrel

L'HOMME
CET INCONNU

*Il a été tiré de cet ouvrage
153 exemplaires sur velin pur fil Lafuma
numérotés de 1 à 153.*

26

A Carrel

Ceux qui trouvent sans chercher, sont ceux qui ont longtemps cherché sans trouver.
Un serviteur inutile, parmi les autres

1 juin 2014
SCAN, ORC, Mise en page

Pour la **L**ibrairie **E**xcommuniée **N**umérique des **CU**rieux de **L**ire les **US**uels

INTRODUCTION

Celui qui a écrit ce livre n'est pas un philosophe. Il n'est qu'un homme de science. Il passe la plus grande partie de sa vie dans des laboratoires à étudier les êtres vivants. Et une autre partie, dans le vaste monde, à regarder les hommes et à essayer de les comprendre. Il n'a pas la prétention de connaître les choses qui se trouvent hors du domaine de l'observation scientifique.

Dans ce livre, il s'est efforcé de distinguer clairement le connu du plausible. Et de reconnaître l'existence de l'inconnu et de l'inconnaissable. Il a considéré l'être humain comme la somme des observations et des expériences de tous les temps et de tous les pays. Mais ce qu'il décrit, il l'a vu lui-même. Ou bien il le tient directement des hommes avec lesquels il est associé. Il a eu la bonne fortune de se trouver dans des conditions qui lui ont permis d'étudier, sans effort ni mérite de sa part, les phénomènes de la vie dans leur troublante complexité. Il a pu observer presque toutes les formes de l'activité humaine. Il a connu les petits et les grands, les sains et les malades, les savants et les ignorants, les faibles d'esprit, les fous, les habiles, les criminels. Il a fréquenté des paysans, des prolétaires, des employés, des hommes d'affaires, des boutiquiers, des politiciens, des soldats, des professeurs, des maîtres d'école, des prêtres, des aristocrates, des bourgeois. Le hasard l'a placé sur la route de philosophes, d'artistes, de poètes et de savants. Et parfois aussi de génies, de héros, de saints. En même temps, il a vu jouer les mécanismes secrets qui, au fond des tissus, dans la vertigineuse immensité du cerveau, sont le substratum de tous les phénomènes organiques et mentaux.

Ce sont les modes de l'existence moderne qui lui ont permis d'assister à ce gigantesque spectacle. Grâce à eux, il a pu étendre son attention sur des domaines variés, dont chacun, d'habitude, absorbe entièrement la vie d'un savant. Il vit à la fois dans le Nouveau Monde et dans l'Ancien. Il passe la plus grande partie de son temps au *Rockfeller Institute for Médical Research*, car il est un des hommes de science assemblés dans cet Institut par Simon Flexner. Là, il a eu l'occasion de contempler les phénomènes de la vie entre les mains d'experts incomparables, tels que Jacques Lœb, Meltzer et Noguchi, et d'autres grands savants. Grâce au génie de Flexner, l'étude de l'être vivant a été abordée dans ces laboratoires, avec une ampleur inégalée jusqu'à présent. La matière y est étudiée à tous les degrés de son organisation, de son essor vers la réalisation de l'être humain. On y examine la structure des plus petits organismes qui entrent dans la composition des liquides et des cellules du corps, les molécules, dont les rayons X nous révèlent l'architectonique. Et, à un niveau plus élevé de l'organisation matérielle, la constitution des énormes molécules de substance protéique, et des ferments qui sans cesse les désintègrent et les construisent. Aussi, les équilibres physico-chimiques permettant aux liquides organiques de garder constante leur composition et de constituer le milieu intérieur nécessaire à la vie des cellules. En un mot, l'aspect chimique des phénomènes physiologiques. On y considère en même temps les cellules, leur organisation en sociétés et les lois de leurs relations avec le milieu intérieur ; l'ensemble formé par les organes et les humeurs et ses rapports avec le milieu cosmique ; l'influence des substances chimiques sur le corps et sur la conscience. D'autres savants s'y consacrent à l'analyse des êtres minuscules, bactéries et virus, dont la présence dans notre corps détermine les maladies infectieuses ; des prodigieux moyens qu'emploient pour y résister les tissus et les humeurs ; des maladies dégénératives telles que le cancer et les affections cardiaques. On y aborde enfin le profond problème de l'individualité et de ses bases chimiques. Il a suffi à l'auteur de ce livre d'écouter les savants qui se sont spécialisés dans ces recherches et de regarder leurs expériences, pour saisir la matière dans son effort organisateur, les propriétés des êtres vivants, et la complexité de notre corps et de notre conscience. Il eut, en outre, la possibilité d'aborder lui-même les sujets les plus divers, depuis la physiologie jusqu'à la métapsychique. Car, pour la première fois, les procédés modernes qui multiplient le temps furent mis à la disposition de la science. On dirait que la subtile inspiration de Welch, et l'idéalisme pratique de Frederick T. Gates firent jaillir de l'esprit de Flexner une conception nouvelle de la biologie et des méthodes de recherches. Au pur esprit scientifique, Flexner donna l'aide de méthodes d'organisation permettant d'économiser le temps des travailleurs, de faciliter leur coopération volontaire et d'améliorer les techniques expérimentales. C'est grâce à ces innovations que chacun peut acquérir, s'il veut bien s'en donner la peine, une multitude de connaissances sur des sujets dont la maîtrise aurait demandé, à une autre époque, plusieurs existences humaines.

Le nombre immense des données que nous possédons aujourd'hui sur l'homme est un obstacle à leur emploi. Pour être utilisable, notre connaissance doit être synthétique et brève. Aussi, l'auteur de ce livre n'a-t-il pas eu l'intention d'écrire un Traité de la connaissance de nous-mêmes. Car un tel Traité, même très concis, se composerait de plusieurs douzaines de volumes. Il a voulu seulement faire une synthèse intelligible pour tous. Il s'est donc efforcé d'être court, de contracter en un petit espace un grand nombre de notions fondamentales. Et cependant, de ne pas être élémentaire. De ne pas présenter au public une forme atténuée, ou puérile, de la réalité. Il s'est gardé de faire une œuvre de vulgarisation scientifique. Il s'adresse au savant comme à l'ignorant.

Certes, il se rend compte des difficultés inhérentes à la témérité de son entreprise. Il a tenté d'enfermer l'homme tout entier dans les pages d'un petit livre. Naturellement, il y a mal réussi. Il ne satisfera pas, il le sait bien, les spécialistes qui sont, chacun dans son sujet, beaucoup plus savants que lui, et qui le trouveront superficiel. Il ne satisfera pas non plus le public non spécialisé, qui rencontrera dans ce livre trop de détails techniques. Cependant, pour acquérir une meilleure conception de ce que nous sommes, il est nécessaire de schématiser les données des sciences particulières. Et aussi de décrire à grands traits les mécanismes physiques, chimiques et physiologiques qui se cachent sous l'harmonie de nos gestes et de notre pensée. Il faut nous dire qu'une tentative maladroite, en partie avortée, vaut mieux que l'absence de toute tentative.

La nécessité pratique de réduire à un petit volume ce que nous connaissons de l'être humain a eu un grave inconvénient. Celui de donner un aspect dogmatique à des propositions qui ne sont cependant pas autre chose que les conclusions d'observations et d'expériences. Souvent, on a dû résumer en quelques mots, ou en quelques lignes, des travaux qui ont pendant des années absorbé l'attention de physiologistes, d'hygiénistes, de médecins, d'éducateurs, d'économistes, de sociologistes. Presque chaque phrase de ce livre est l'expression du labeur d'un savant, de ses patientes recherches, parfois même de sa vie entière consacrée à l'étude d'un seul sujet. A cause des limites qu'il s'est imposées, l'auteur a résumé de façon trop brève de gigantesques amas d'observations. Il a ainsi donné à la description des faits la forme d'assertions. C'est à cette même cause qu'il faut attribuer certaines inexactitudes apparentes. La plupart des phénomènes organiques et mentaux ont été traités de façon très schématique. Des choses différentes se trouvent ainsi groupées ensemble. De même que, vus de loin, les plans différents d'un massif de montagnes se confondent. Il ne faut donc pas oublier que ce livre exprime seulement d'une façon approximative la réalité. Nous ne devons pas chercher dans l'esquisse d'un paysage les détails contenus dans une photographie. La brièveté de l'exposé d'un immense sujet donne à cet exposé d'inévitables défauts.

Avant de commencer ce travail, son auteur en connaissait la difficulté, la quasi-impossibilité. Il l'a entrepris simplement parce que quelqu'un devait l'entreprendre. Parce que l'homme est aujourd'hui incapable de suivre la civilisation dans la voie où elle s'est engagée. Parce qu'il y dégénère. Fasciné par la beauté des sciences de la matière inerte, il n'a pas compris que son corps et sa conscience suivent des lois plus obscures, mais aussi inexorables, que celles du monde sidéral. Et qu'il ne peut pas les enfreindre sans danger. Il est donc impératif qu'il prenne connaissance des relations nécessaires qui l'unissent au monde cosmique et à ses semblables. Aussi, des relations de ses tissus et de son esprit. A la vérité, l'homme prime tout. Avec sa dégénérescence, la beauté de notre civilisation et même la grandeur de l'univers s'évanouiraient. C'est pour ces raisons que ce livre a été écrit. Il a été écrit, non dans la paix de la campagne, mais dans la confusion, le bruit et la fatigue de New-York. Son auteur a été entraîné à cet effort par ses amis, philosophes, savants, juristes, économistes, hommes de grandes affaires, avec lesquels il cause depuis des années des graves problèmes de notre temps. C'est de Frédéric R. Coudert, dont le regard pénétrant embrasse, au-delà des horizons de l'Amérique, ceux de l'Europe, qu'est venue l'impulsion génératrice de ce livre. Certes, la plupart des nations suivent la route ouverte par l'Amérique du Nord. Tous les pays qui ont adopté aveuglément l'esprit et les méthodes de la civilisation industrielle, la Russie aussi bien que l'Angleterre, la France, et l'Allemagne, sont exposés aux mêmes dangers que les États-Unis. L'attention de l'humanité doit se porter des machines et du monde physique sur le corps et l'esprit de l'homme. Sur les processus physiologiques et spirituels sans lesquels les machines et l'Univers de Newton et d'Einstein n'existeraient pas.

Ce livre n'a pas d'autre prétention que de mettre à la portée de chacun un ensemble de données scientifiques se rapportant à l'être humain de notre époque. Nous commençons à sentir la faiblesse de notre civilisation. Beaucoup aujourd'hui désirent échapper à l'esclavage des dogmes de la société moderne. C'est pour eux que ce livre a été écrit. Et également pour les audacieux qui envisagent la nécessité, non seulement de changements politiques et sociaux, mais du renversement de la civilisation industrielle, de l'avènement d'une autre conception du progrès humain. Ce livre s'adresse à tous ceux dont la tâche quotidienne est l'éducation des enfants, la formation ou la direction de l'individu. Aux instituteurs, aux hygiénistes, aux médecins, aux prêtres, aux professeurs, aux avocats, aux magistrats, aux officiers de l'armée, aux ingénieurs, aux chefs d'industries, etc. Aussi, aux gens qui simplement réfléchissent au mystère de notre corps, de notre conscience, et de l'univers. En somme, à chaque homme et à chaque femme. Il se présente à tous dans la simplicité d'un bref exposé de ce que l'observation et l'expérience nous révèlent au sujet de nous-mêmes.

A. C.

PRÉFACE
DE LA DERNIÈRE ÉDITION AMÉRICAINE [1]

Ce livre a eu la destinée paradoxale de devenir plus actuel en prenant des années. Depuis l'époque de sa publication, sa signification a sans cesse grandi. Car la valeur des idées, comme celle de toute chose, est relative. Elle augmente ou diminue suivant les conditions de notre esprit. Or, notre état psychologique s'est transformé progressivement sous la pression des événements qui agitent l'Europe, l'Asie et l'Amérique. Nous commençons à comprendre la signification de la crise. Nous savons qu'il ne s'agit pas simplement du retour cyclique de désordres économiques. Que ni la prospérité, ni la guerre ne résoudront les problèmes de la société moderne. Comme un troupeau à l'approche de l'orage, l'humanité civilisée sent vaguement la présence du danger. Et son inquiétude la pousse vers les idées où elle espère trouver l'explication de son mal et le moyen de le combattre.

C'est l'observation d'un fait très simple qui a été l'origine de ce livre, le haut développement des sciences de la matière inanimée, et notre ignorance de la vie. La mécanique, la chimie et la physique ont progressé beaucoup plus vite que la physiologie et la psychologie. L'homme a acquis la maîtrise du monde matériel avant de se connaître soi-même. La société moderne s'est donc construite au hasard des découvertes scientifiques, et suivant le caprice des idéologies, sans aucun égard pour les lois de notre corps et de notre âme. Nous avons été les victimes d'une illusion désastreuse l'illusion que nous pouvons vivre suivant notre fantaisie, et nous émanciper des lois naturelles. Nous avons oublié que la nature ne pardonne jamais.

Afin de durer, la société, et l'individu, doivent se conformer aux lois de la vie. De même que la construction d'une maison demande la

---

1 — Cette préface a été écrite par le Docteur CARREL, à New-York, en juin 1939, pour une nouvelle édition de son livre, parue en Amérique avant la guerre.

connaissance de la loi de la pesanteur. « Pour commander à la nature, il faut lui obéir », a écrit Bacon. Les besoins de l'être humain, les caractères de son esprit et de ses organes, ses relations avec le milieu, nous sont révélés par l'observation scientifique. La juridiction de la science s'étend à tout ce qui est observable, le spirituel, aussi bien que l'intellectuel et le physiologique. L'homme, dans sa totalité, peut être appréhendé par la méthode scientifique. Mais la science de l'homme diffère de toutes les autres sciences. Elle doit être synthétique en même temps qu'analytique puisque l'homme est à la fois unité et multiplicité. Seule elle est capable d'engendrer une technologie applicable à la construction de la société. C'est cette connaissance positive de nous-mêmes qui doit remplacer les systèmes philosophiques et sociaux dans l'organisation future de la vie individuelle et de la vie collective de l'humanité. C'est elle qui, pour la première fois dans l'histoire du monde, donne à une civilisation chancelante le pouvoir de se rénover et de continuer son ascension.

*
* *

La nécessité de cette rénovation devient plus claire chaque année. Tous les jours, les journaux, les magazines, la radio nous apportent des nouvelles qui démontrent l'opposition croissante du progrès matériel et du désordre de la société. Les triomphes de la science dans certains domaines nous empêchent de réaliser son impuissance dans d'autres. Car la technologie, dont l'expansion de New-York, par exemple, nous révèle les récentes merveilles et le succès grandissant, crée le confort, simplifie l'existence, augmente la rapidité des communications, met à notre disposition des quantités de matériaux nouveaux, fabrique des produits chimiques qui guérissent comme par miracle de dangereuses maladies. Mais peut-être aimerions-nous mieux la sécurité économique, la santé naturelle, l'équilibre moral et mental, et surtout la paix, que la possibilité de traverser l'océan en quelques heures, d'absorber des vitamines synthétiques ou de porter des vêtements faits à l'aide de produits artificiels remplaçant le coton, la laine et la soie. En réalité, les dons de la technologie se sont abattus comme une pluie d'orage sur une société trop ignorante d'elle-même pour les employer sagement. Aussi sont-ils devenus des facteurs de destruction. Ne vont-ils pas rendre catastrophique cette guerre à laquelle tous les peuples d'Europe se préparent ? Ne seront-ils pas responsables de la mort de millions d'hommes, qui sont la fleur de la civilisation, de la destruction des trésors accumulés par les siècles sur le sol de l'Europe, et de l'affaiblissement définitif des grandes races blanches ? La vie moderne nous a apporté un autre danger plus subtil, mais plus grave encore que celui de la guerre : l'extinction des meilleurs éléments de la race. La natalité diminue dans toutes les nations, excepté en Allemagne et en Russie. La France se dépeuple déjà. L'Angleterre et la Scandinavie se dépeupleront bientôt. Aux États-Unis, le tiers supérieur de la population se reproduit beaucoup moins rapidement que le tiers inférieur. L'Europe et les Etats-Unis subissent donc un affaiblissement qualitatif aussi bien que quantitatif. Au contraire, les races africaines et asiatiques, telles que les Arabes, les Indous, les Russes, s'accroissent avec une grande rapidité. La civilisation occidentale ne, s'est jamais trouvée en aussi grave péril qu'aujourd'hui. Même si elle évite le suicide par la guerre, elle s'achemine vers la dégénérescence grâce à la stérilité des groupes humains les plus forts et les plus intelligents.

Jamais nous n'aurons assez d'admiration pour les conquêtes de la physiologie et de la médecine. Ces conquêtes ont mis les nations civilisées à l'abri des grandes épidémies, telles que, la peste, le choléra, le typhus et autres maladies infectieuses. Grâce à l'hygiène et à la connaissance grandissante de la nutrition, les habitants des villes surpeuplées sont propres, bien nourris, mieux portants, et la durée moyenne de la vie a beaucoup augmenté. Néanmoins, nous réalisons chaque année davantage que l'hygiène et la médecine, même avec l'aide de la pédagogie moderne, n'ont pas réussi à améliorer la qualité intellectuelle et morale de la population. Beaucoup restent toute leur vie à l'âge psychologique de douze ans. Il y a des quantités de faibles d'esprit et d'idiots moraux. Dans les hôpitaux, le nombre des fous dépasse celui de tous les autres malades réunis. D'autre part, la criminalité augmente. Les statistiques de J. Edgard Hoover montrent que les Etats-Unis contiennent actuellement 4760000 criminels. Le ton de notre civilisation lui est donné à la fois par la faiblesse d'esprit et la criminalité. Nous ne devons pas oublier qu'un Président du *Stock Exchange* de New-York a été condamné pour vol, qu'un éminent juge fédéral a été reconnu coupable d'avoir vendu ses verdicts, qu'un Président d'Université est en prison. En même temps, les individus normaux sont accablés par le poids de ceux qui sont incapables de s'adapter à la vie. La majorité de la population vit du travail de la minorité. Car il y a peut-être aux États-Unis 30 ou 40 millions d'inadaptés et d'inadaptables. En dépit des sommes gigantesques dépensées par le gouvernement, la crise économique continue. Il est évident que l'intelligence humaine ne s'est pas accrue en même temps que la complexité des problèmes à résoudre. Aujourd'hui, autant que dans le passé, l'humanité se montre incapable de diriger son existence collective et son existence individuelle.

⁂
⁂ ⁂

En somme, la société moderne, cette société engendrée par la science et la technologie, commet la même faute que toutes les civilisations de l'Antiquité. Elle crée des conditions de vie où la vie de l'individu et celle de la race deviennent impossibles. Elle justifie la boutade du doyen Inge : *Civilization is a disease which is almost invariably fatal*. Bien que la signification réelle des événements qui se passent en Europe et aux Etats-Unis échappe encore au public, elle devient de plus en plus claire à la minorité qui a le temps et le goût de penser. Toute la civilisation occidentale est en danger. Et ce danger menace à la fois la race, les nations, et les individus. Chacun de nous sera atteint par les bouleversements causés par une guerre européenne. Chacun souffre déjà du désordre de la vie et des institutions, de l'affaiblissement général du sens moral de l'insécurité économique, des charges imposées paries défectifs et les criminels. La crise vient de la structure même de la civilisation. Elle est une crise de l'homme. L'homme ne peut pas s'adapter au monde sorti de son cerveau et de ses mains. Il n'a pas d'autre alternative que de refaire ce monde d'après les lois de la vie. Il doit adapter son milieu à la nature de ses activités organiques aussi bien que mentales, et rénover ses habitudes individuelles et sociales. Sinon, la société moderne rejoindra bientôt dans le néant la Grèce et l'Empire de Rome. Et la base de cette rénovation, nous ne pouvons la trouver que dans la connaissance de notre corps et de notre âme.

⁂
⁂ ⁂

Aucune civilisation durable ne sera jamais fondée sur des idéologies philosophiques et sociales. L'idéologie démocratique elle-même, à moins de se reconstruire sur une base scientifique, n'a pas plus de chance de survivre que l'idéologie marxiste. Car, ni l'un ni l'autre de ces systèmes n'embrasse l'homme dans sa réalité totale. En vérité, toutes les doctrines politiques et économiques ont jusqu'à présent négligé la science de l'homme. Cependant, nous connaissons bien la puissance de la méthode scientifique. La science a su conquérir le monde matériel. Elle nous donnera, quand nous le voudrons, la maîtrise du monde vivant et de nous-mêmes.

Le domaine de la science comprend la totalité de l'observable et du mesurable. C'est-à-dire, toutes les choses qui se trouvent dans le continuum spatio-temporal, — l'homme, aussi bien que l'océan, les nuages, les atomes, les étoiles. Comme l'homme manifeste des activités mentales, la science atteint par son intermédiaire le monde de l'esprit — ce monde qui se trouve en dehors de l'espace et du temps. L'observation et l'expérience sont les seuls moyens dont nous disposons polir appréhender la réalité de façon certaine. Car l'observation et l'expérience engendrent des concepts qui, quoique incomplets, resteront éternellement vrais. Ces concepts sont les concepts opérationnels, qui ont été clairement définis par Bridgman. Ces concepts procèdent immédiatement de la mesure ou de l'observation exacte des choses. Ils sont applicables à l'étude de l'homme, autant qu'à celle des objets inanimés. Il faut les établir aussi nombreux que possible à l'aide de toutes les techniques que nous sommes capables de développer. A la lumière de ces concepts, l'homme apparaît comme un être à la fois simple et complexe. Comme un foyer d'activités simultanément matérielles et spirituelles. Comme un individu étroitement dépendant du milieu physicochimique et psychologique dans lequel il est, immergé. Considéré ainsi de façon concrète, il diffère profondément de l'être abstrait construit parles idéologies politiques et sociales. C'est sur cet homme concret, et non plus sur des abstractions, que la société doit s'édifier. L'unique route ouverte au progrès humain est le développement optimum de toutes nos potentialités physiologiques, intellectuelles et spirituelles. Seule cette appréhension de la réalité totale peut nous sauver. Il faut donc abandonner les systèmes philosophiques, et mettre toute notre confiance dans les concepts scientifiques.

✽
✽ ✽

La destinée naturelle de tentes les civilisations est de grandir et de dégénérer, et de s'évanouir en poussière. Notre civilisation échappera peut-être au sort commun des grands peuples du passé, parce qu'elle a à sa disposition les ressources illimitées de la science. Mais la science ne met en branle que les forces de l'intelligence Et l'intelligence n'entraîne jamais les hommes à l'action. Seuls, la peur, l'enthousiasme, l'esprit de sacrifice, la haine ou l'amour peuvent donner la vie aux créations de l'esprit. La jeunesse de l'Allemagne et celle de l'Italie, par exemple, sont animées par la foi qui les pousse à se sacrifier pour un idéal. Peut-être les démocraties enfanteront-elles aussi des hommes ayant la passion de construire. Peut-être, en Europe et en Amérique, ces hommes existent-ils déjà, jeunes, pauvres, dispersés, inconnus. Mais l'enthousiasme et la foi, s'ils ne sont pas unis à la connaissance de la réalité totale, sont condamnés à la stérilité. Les révolutionnaires russes auraient pu créer une civilisation nouvelle s'ils avaient eu une conception vraiment scientifique de l'homme au lieu de l'incomplète vision de Karl Marx. La rénovation de notre civilisation demande de façon impérative, outre une grande impulsion spirituelle, la connaissance de l'homme dans sa totalité.

L'homme doit être considéré dans son ensemble en même temps que dans ses aspects. Ces aspects sont l'objet de sciences spéciales, telles que la physiologie, la psychologie, la sociologie, l'eugénisme, la pédagogie, la médecine. Il y a des spécialistes pour chacun d'eux. Mais nous ne possédons pas encore de spécialistes pour la connaissance de l'homme lui-même. Les sciences spéciales sont incapables de résoudre même les plus simples des problèmes humains. Un architecte, un maître d'école, un médecin, par exemple, ne connaissent que de façon incomplète les problèmes de l'habitation, de l'éducation, de la santé. Car chacun de ces problèmes intéresse toutes les activités humaines, et dépasse les limites de la connaissance de chaque spécialiste.

Nous avons besoin en ce moment d'hommes possédant, comme Aristote, une connaissance universelle. Mais Aristote lui-même ne pourrait pas embrasser toutes les connaissances que nous possédons aujourd'hui. Il nous faut donc un Aristote composite. C'est-à-dire, un petit groupe d'hommes appartenant à des spécialités différentes, et capables de fondre leurs pensées individuelles en une pensée collective. Car il y a, à toutes les époques, des esprits doués de cet universalisme qui étend ses tentacules sur toutes choses. La technique de la pensée collective demande beaucoup d'intelligence et de désintéressement. Peu d'individus y sont aptes. Mais seule elle permettra de résoudre les problèmes humains. Aujourd'hui, l'humanité doit se donner un cerveau immortel qui puisse la guider sur la route où en ce moment elle chancelle. Nos institutions de recherche scientifique ne suffisent pas, car leurs trouvailles sont toujours fragmentaires. Pour édifier une vraie science de l'homme, et une technologie de la civilisation, il nous faut créer des centres de synthèse où la pensée collective forgera la connaissance nouvelle. Ainsi, il deviendra possible de donner à l'individu et à la société la base inébranlable des concepts opérationnels, et le pouvoir de survivre.

* * *

En somme les événements de ces dernières années nous montrent de plus en plus le péril dans lequel se trouve toute la civilisation d'Occident. Beaucoup d'entre nous, cependant, ne comprennent pas encore la signification de la crise économique, de la diminution de la natalité, de la déchéance morale, nerveuse et mentale des individus. Ils ne comprennent pas non plus quelle immense catastrophe sera pour l'humanité entière une guerre européenne. Ils ne se doutent pas de l'urgence d'une rénovation. Cependant, dans les démocraties, l'initiative de cette rénovation doit partir de la masse. C'est pour cette raison que ce livre est présenté de nouveau au public. Quoique, pendant les quatre années de sa carrière, il ait franchi les frontières des pays de langue anglaise et se soit répandu dans tout le monde civilisé, les idées qu'il contient n'ont atteint que quelques millions de personnes. Pour contribuer, même d'une très humble manière, à la construction de la Cité future, ces idées doivent s'infiltrer dans l'esprit de la population comme la mer dans le sable de la plage. Car la rénovation ne sera faite par personne si ce n'est par nous-mêmes. « Pour grandir de nouveau, l'homme est obligé de se refaire. Et il ne peut pas se refaire sans douleur. Car il est à la fois le marbre et le sculpteur. C'est de sa propre substance qu'il doit, à grands coups de marteau, faire voler les éclats afin de reprendre son vrai visage. »

Alexis CARREL

L'HOMME, CET INCONNU

CHAPITRE PREMIER

DE LA NÉCESSITÉ DE NOUS CONNAÎTRE NOUS-MÊMES

I

La science des êtres vivants a progressé plus lentement que celle de la matière inanimée. — Notre ignorance de nous-mêmes.

Il y a une inégalité étrange entre les sciences de la matière inerte et celles des êtres vivants. L'astronomie, la mécanique et la physique ont, à leur base, des concepts susceptibles de s'exprimer, de façon concise et élégante, en langage mathématique. Elles ont donné à l'univers les lignes harmonieuses des monuments de la Grèce antique. Elles l'enveloppent du brillant réseau de leurs calculs et de leurs hypothèses. Elles poursuivent la réalité au-delà des formes habituelles de la pensée jusqu'à d'inexprimables abstractions, faites seulement d'équations de symboles. Il n'en est pas de même des sciences biologiques. Ceux qui étudient les phénomènes de la vie sont comme perdus dans une jungle inextricable, au milieu d'une forêt magique dont les arbres innombrables changeraient sans cesse de place et de forme.

Ils se sentent accablés sous un amas de faits, qu'ils arrivent à décrire, mais qu'ils ne sont pas capables de définir par des formules algébriques. Des choses qui se rencontrent dans le monde matériel, qu'elles soient atomes ou étoiles, rochers ou nuages, acier ou eau, on a pu abstraire certaines qualités, telles que le poids et les dimensions spatiales. Ce sont ces abstractions, et non pas les faits concrets, qui sont la matière du raisonnement scientifique. L'observation des objets ne constitue qu'une forme inférieure de la science, la forme descriptive. Celle-ci établit la classification des phénomènes. Mais les relations constantes entre les quantités variables, c'est-à-dire les lois naturelles, apparaissent seulement quand la science devient plus abstraite. C'est parce que la physique et la chimie sont abstraites et quantitatives qu'elles ont eu un si grand et si rapide succès. Bien qu'elles ne prétendent pas nous renseigner sur la nature ultime des choses, elles nous permettent de prédire les phénomènes et de les reproduire quand nous le voulons. En nous révélant le mystère de la constitution et des propriétés de la matière, elles nous ont donné la maîtrise de presque tout ce qui se trouve à la surface de la terre, à l'exception de nous-mêmes.

La science des êtres vivants en général, et de l'individu humain en particulier, n'a pas progressé aussi loin. Elle se trouve encore à l'état descriptif. L'homme est un tout indivisible d'une extrême complexité. Il est impossible d'avoir de lui une conception simple. Il n'existe pas de méthode capable de le saisir à la fois dans son ensemble, ses parties et ses relations avec le monde extérieur. Son étude doit être abordée par des techniques variées. Elle utilise plusieurs sciences distinctes. Chacune de ces sciences aboutit naturellement à une conception différente de son objet. Chacune n'abstrait de lui que ce que la nature de sa technique lui permet d'atteindre. Et la somme de toutes ces abstractions est moins riche que le fait concret. Il reste un résidu trop important pour être négligé. Car l'anatomie, la chimie, la physiologie, la psychologie, la pédagogie, l'histoire, la sociologie, l'économie politique et toutes leurs branches, n'épuisent pas leur sujet. L'homme que connaissent les spécialistes n'est donc pas l'homme concret, l'homme réel. Il n'est qu'un schéma, composé lui-même des schémas construits par les techniques de chaque science. Il est à la fois le cadavre disséqué par les anatomistes, la conscience qu'observent les psychologistes et les maîtres de la vie spirituelle, et la personnalité que l'introspection dévoile à chacun de nous. Il est les substances chimiques qui composent les tissus et les humeurs du corps. Il est le prodigieux assemblage de cellules et de liquides nutritifs dont les physiologistes étudient les lois de l'association. Il est cet ensemble d'organes et de conscience qui s'allonge dans le temps et que les hygiénistes et les éducateurs essayent de diriger vers son développement optimum. Il est le *homo œconomicus* qui doit consommer sans cesse afin que puissent fonctionner les machines dont il est l'esclave. Il est aussi le poète, le héros et le saint. Il est, non seulement, l'être prodigieusement complexe que les savants analysent par leurs techniques spéciales, mais également la somme des tendances, des suppositions, des désirs de l'humanité. Les conceptions que nous avons de lui sont imprégnées de métaphysique. Elles se composent de tant et de si imprécises données que la tentation est grande de choisir, parmi elles, celles qui nous plaisent. Aussi notre idée de l'homme varie-t-elle suivant nos sentiments et nos croyances. Un matérialiste et un spiritualiste acceptent la même définition d'un cristal de chlorure de sodium. Mais ils ne s'entendent pas sur celle de l'être humain. Un physiologiste mécaniciste et un physiologiste vitaliste ne considèrent pas l'organisme de la même façon. L'être vivant de Jacques Lœb diffère profondément de celui de Hans Driesch. Certes, l'humanité a fait un gigantesque effort pour se connaître elle-même. Bien que nous possédions le trésor des observations accumulées par les savants, les philosophes, les poètes et les mystiques, nous ne saisissons que des aspects et des fragments de l'homme. Et encore ces fragments sont-ils créés par nos méthodes. Chacun de nous n'est qu'une procession de fantômes au milieu desquels marche la réalité inconnaissable.

En fait, notre ignorance est très grande. La plupart des questions que se posent ceux qui étudient les êtres humains restent sans réponse. Des régions immenses de notre monde intérieur sont encore inconnues. Comment les molécules des substances chimiques s'agencent-elles pour former les organes complexes et transitoires des cellules ? Comment les gènes contenus dans le noyau de l'œuf fécondé déterminent-ils les caractères de l'individu qui dérive de cet œuf ? Comment les cellules s'organisent-elles d'elles-mêmes en sociétés qui sont les tissus et les organes ? On dirait que, à l'exemple des fourmis et des abeilles, elles savent d'avance quel rôle elles doivent jouer dans la vie de la communauté. Mais nous ignorons les mécanismes qui lui permettent de construire un organisme à la fois complexe et simple. Quelle est la nature de la durée de l'être humain, du temps psychologique et du temps physiologique ?

Nous savons que nous sommes un composé de tissus, d'organes, de liquides et de conscience. Mais les relations de la conscience et des cellules cérébrales sont encore un mystère. Nous ignorons même la physiologie de ces dernières. Dans quelle mesure l'organisme peut-il être changé par la volonté ? Comment l'état des organes agit-il sur l'esprit ? De quelle manière les caractères organiques et mentaux, que chaque individu reçoit de ses parents, sont-ils modifiables par le mode de vie, les substances chimiques des aliments, le climat et les disciplines physiologiques et morales ?

Nous sommes loin de connaître les relations qui existent entre le développement du squelette, des muscles et des organes, et celui des activités mentales et spirituelles. Nous ne savons pas davantage ce qui détermine l'équilibre du système nerveux, et la résistance à la fatigue et aux maladies. Nous ignorons aussi la manière d'augmenter le sens moral, le jugement et l'audace. Quelle est l'importance relative des activités intellectuelle, morale, esthétique et mystique ? Quelle est la signification du sens esthétique et religieux ? Quelle est la forme d'énergie responsable des communications idiopathiques ? Il existe sûrement certains facteurs physiologiques et mentaux qui déterminent le bonheur ou le malheur de chacun. Mais ils sont inconnus. Nous sommes incapables de produire artificiellement l'aptitude au bonheur. Nous ne savons pas encore quel milieu est le plus favorable au développement optimum de l'homme civilisé. Est-il possible de supprimer la lutte, l'effort et la souffrance dans notre formation physiologique et spirituelle ? Comment empêcher la dégénérescence des individus dans la civilisation moderne ? Un grand nombre d'autres questions pourraient être posées sur les sujets qui nous intéressent le plus. Elles resteraient aussi sans réponse.

Il est bien évident que l'effort accompli par toutes les sciences qui ont l'homme pour objet est demeuré insuffisant, et que notre connaissance de nous-mêmes est encore très incomplète.

II

Cette ignorance est due au mode d'existence de nos ancêtres, à la complexité de l'être humain, à la structure de notre esprit.

Il semble que notre ignorance soit attribuable à la fois au mode d'existence de nos ancêtres, à la complexité de notre nature, et à la structure de notre esprit. Avant tout, il fallait vivre. Et cette nécessité demandait la conquête du monde extérieur. Il était impératif de se nourrir, de se préserver du froid, de combattre les animaux sauvages et les autres hommes. Pendant d'immenses périodes, nos pères n'eurent ni le loisir, ni le besoin de s'étudier eux-mêmes. Ils employèrent leur intelligence à fabriquer des armes et des outils, à découvrir le feu, à dresser les bœufs et les chevaux, à inventer la roue, la culture des céréales, etc., etc. Longtemps avant de s'intéresser à la constitution de leur corps et de leur esprit, ils contemplèrent le soleil, la lune et les étoiles, les marées, la succession des saisons. L'astronomie était déjà très avancée à une époque où la physiologie était totalement inconnue. Galilée réduisit la terre, centre du monde, au rang d'un humble satellite du soleil, tandis qu'on ne possédait encore aucune notion de la structure et des fonctions du cerveau, du foie, ou de la glande thyroïde. Comme, dans les conditions de la vie naturelle, l'organisme fonctionne de façon satisfaisante sans avoir besoin d'aucun soin, la science se développa dans la direction où elle était poussée par la curiosité de l'homme, c'est-à-dire vers le monde extérieur.

De temps en temps, parmi les milliards d'individus qui se sont succédé sur la terre, quelques-uns naquirent doués de rares et merveilleux pouvoirs, l'intuition des choses inconnues, l'imagination créatrice de mondes nouveaux, et la faculté de découvrir les relations cachées qui existent entre les phénomènes. Ces hommes fouillèrent le monde matériel. Celui-ci est de constitution simple. Aussi il céda rapidement à l'attaque des savants et livra certaines de ses lois. Et la connaissance de ces lois nous donna le pouvoir d'exploiter à notre profit la matière. Les applications pratiques des découvertes scientifiques sont à la fois lucratives pour ceux qui les développent et agréables au public dont elles facilitent l'existence et augmentent le confort. Naturellement, chacun s'intéressa beaucoup plus aux inventions qui rendent le travail moins pénible, accélèrent la rapidité des communications, et diminuent la dureté de la vie, qu'aux découvertes apportant quelque lumière aux problèmes si difficiles de la constitution de notre corps et de notre conscience. La conquête du monde matériel, vers laquelle l'attention et la volonté des hommes sont constamment tendues, fit oublier presque complètement l'existence du monde organique et spirituel. La connaissance du milieu cosmique était indispensable, mais celle de notre propre nature se montrait d'une utilité beaucoup moins immédiate. Cependant, la maladie, la douleur, la mort, des aspirations plus ou moins vagues vers un pouvoir caché et dominant l'univers visible, attirèrent, dans une faible mesure, l'attention des hommes sur le monde intérieur de leur corps et de leur esprit. La médecine ne s'occupa d'abord que du problème pratique de soulager les malades par des recettes empiriques. Elle réalisa seulement à une époque récente que, pour prévenir ou pour guérir les maladies, le plus sûr moyen est de connaître le corps sain et malade, c'est-à-dire de construire les sciences que nous appelons anatomie, chimie biologique, physiologie et pathologie. Néanmoins, le mystère de notre existence, la souffrance morale, et les phénomènes métapsychiques, parurent à nos ancêtres plus importants que la douleur physique et les maladies. L'étude de la vie spirituelle et de la philosophie attira de plus grands hommes que celle de la médecine. Les lois de la mystique furent connues avant celles de la physiologie. Mais les unes et les autres ne virent le jour que lorsque l'humanité eut le loisir de détourner un peu son attention de la conquête du monde extérieur.

Il y eut une autre raison à la lenteur du progrès de la connaissance de nous-mêmes. C'est la structure même de notre intelligence qui aime la contemplation des choses simples. Nous avons une sorte de répugnance à aborder l'étude si complexe des êtres vivants et de l'homme. L'intelligence, a écrit Bergson, est caractérisée par une incompréhension naturelle de la vie[2]. Nous nous plaisons à retrouver dans le cosmos les formes géométriques qui existent dans notre conscience. L'exactitude des proportions des monuments et la précision des machines sont l'expression d'un caractère fondamental de notre esprit. C'est l'homme qui a introduit la géométrie dans le monde terrestre. Les procédés de la nature ne sont jamais aussi précis que les nôtres. Nous cherchons instinctivement dans l'univers la clarté et l'exactitude de notre pensée. Nous essayons d'abstraire de la complexité des phénomènes des systèmes simples, dont les parties sont unies par des relations susceptibles d'être traitées mathématiquement. C'est cette propriété de notre intelligence qui a causé les progrès si étonnamment rapides de la physique et de la chimie. Un succès analogue a signalé l'étude physico-chimique des êtres vivants. Les lois de la chimie et de la physique sont identiques dans le monde des vivants et dans celui de la matière inanimée, ainsi que le pensait déjà Claude Bernard. C'est pourquoi on a découvert, par exemple, que les mêmes lois expriment la constance de l'alcalinité du sang et de l'eau de l'Océan, que l'énergie de la contraction du muscle est fournie par la fermentation du sucre, etc. Il est aussi facile d'étudier l'aspect physico-chimique des êtres vivants que celui des autres objets de la surface terrestre. C'est la tâche qu'accomplit avec succès la physiologie générale.

Quand on aborde les phénomènes physiologiques proprement dits, c'est-à-dire ceux qui résultent de l'organisation de la matière vivante, on rencontre des obstacles plus sérieux. L'extrême petitesse des choses à étudier rend impossible l'application des techniques ordinaires de la physique et de la chimie. Par quelle méthode découvrir la constitution chimique du noyau des cellules sexuelles, des chromosomes qu'il contient, et des *gènes* qui composent ces chromosomes ? Ce sont, cependant, ces minuscules amas de substance dont la connaissance serait d'un intérêt capital, car ils contiennent l'avenir de l'individu et de l'humanité. La fragilité de certains tissus, tels que la substance nerveuse, est si grande que leur étude à l'état vivant est presque impossible. Nous ne possédons pas de technique capable de nous introduire dans les mystères du cerveau et de l'harmonieuse association de ses cellules. Notre esprit, qui aime la sobre beauté des formules mathématiques, se trouve

---

2 — Henri BERGSON, *l'Évolution créatrice*, p. 179

égaré au milieu du mélange prodigieusement complexe de cellules, d'humeurs, et de conscience, qui constitue l'individu. Il essaye alors d'appliquer à celui-ci les concepts appartenant à la physique, à la chimie et à la mécanique, ou aux disciplines philosophiques et religieuses. Mais il y réussit mal, car nous ne sommes réductibles ni à un système physico-chimique, ni à un principe spirituel. Certes la science de l'homme doit utiliser les concepts de toutes les autres sciences. Cependant, il est impératif qu'elle développe les siens propres. Car elle est aussi fondamentale que la science des molécules, des atomes et des électrons.

En résumé, la lenteur du progrès de la connaissance de l'être humain, par rapport à la splendide ascension de la physique, de l'astronomie, de la chimie et de la mécanique, est due au manque de loisirs, à la complexité du sujet, à la forme de notre intelligence. De telles difficultés sont trop fondamentales pour qu'on puisse espérer les atténuer. Nous aurons toujours à les surmonter au prix d'un grand effort. Jamais la connaissance de nous-mêmes n'atteindra l'élégante simplicité et la beauté de la physique. Les facteurs qui ont retardé son développement sont permanents. Il faut clairement réaliser que la science de l'être humain est, de toutes les sciences, celle qui présente le plus de difficultés.

III

La manière dont les sciences mécaniques, physiques et chimiques ont transforme notre milieu.

Le milieu, sur lequel le corps et l'âme de nos ancêtres se sont modelés pendant des millénaires, a été remplacé par un autre. Nous avons accueilli sans émotion cette révolution pacifique. Celle-ci constitue cependant un des événements les plus importants de l'histoire de l'humanité, car toute modification de leur milieu retentit inévitablement, et de façon profonde, sur les êtres vivants. Il est donc indispensable de réaliser l'étendue des transformations que la science a imposées au mode de vie ancestral, et par suite à nous-mêmes.

Depuis l'avènement de l'industrie, une grande partie de la population s'est confinée dans des espaces restreints. Les ouvriers vivent en troupeaux soit dans les suburbes des grandes villes, soit dans des villages construits pour eux. Ils sont occupés dans les usines, à heures fixes, à un travail facile, monotone, et bien payé. Dans les villes habitent également les travailleurs de bureaux, les employés des magasins, des banques, des administrations publiques, les médecins, les avocats, les instituteurs, et la foule de ceux qui, directement ou indirectement, vivent du commerce et de l'industrie. Usines et bureaux sont vastes, bien éclairés, propres. La température y est égale, car des appareils de chauffage et de réfrigération élèvent la température pendant l'hiver et l'abaissent pendant l'été. Les hautes maisons des grandes villes ont transformé les rues en tranchées obscures. Mais la lumière du soleil est remplacée dans l'intérieur des appartements par une lumière artificielle riche en rayons ultra-violets. Au lieu de l'air de la rue pollué par les vapeurs d'essence, les bureaux et les ateliers reçoivent de l'air aspiré au niveau du toit. Les habitants de la cité nouvelle sont protégés contre toutes les intempéries. Ils ne vivent plus, comme autrefois, près de leur atelier, de leur boutique ou de leur bureau. Les uns, les plus riches, habitent les gigantesques bâtiments des grandes avenues. Les rois de ce monde possèdent, au faîte de vertigineuses tours, de délicieuses maisons entourées d'arbres, de gazon et de fleurs. Ils s'y trouvent à l'abri des bruits, des poussières et de l'agitation, comme au sommet d'une montagne. Ils sont isolés plus complètement du commun des êtres humains que l'étaient les seigneurs féodaux derrière les murailles et les fossés de leurs châteaux forts. Les autres, même les plus modestes, logent dans des appartements dont le confort dépasse celui qui entourait Louis XIV ou Frédéric le Grand. Beaucoup ont leur domicile loin de la cité. Chaque soir, les trains rapides transportent une foule innombrable dans les banlieues dont les larges voies ouvertes entre les bandes vertes du gazon et des arbres sont garnies de jolies et confortables maisons. Les ouvriers et les plus humbles employés ont des demeures mieux agencées qu'autrefois celles des riches. Les appareils de chauffage à marche automatique qui règlent la température des maisons, les réfrigérateurs, les fourneaux électriques, les machines domestiques employées à la préparation des aliments et au nettoyage des chambres, les salles de bain, et les garages pour automobiles, donnent à l'habitation de tous, non seulement dans les villes, mais aussi dans les campagnes, un caractère qui n'appartenait auparavant qu'à celle de quelques rares privilégiés de la fortune.

En même temps que l'habitat, le mode de vie s'est transformé. Cette transformation est due surtout à l'accélération de la rapidité des communications. Il est bien évident que l'usage des trains et des bateaux modernes, des avions, des automobiles, du télégraphe et du téléphone, a modifié les relations des hommes et des pays les uns avec les autres. Chacun fait beaucoup plus de choses qu'autrefois. Il prend part à plus d'événements. Il entre en contact avec un nombre plus considérable d'individus. Les moments inutilisés de son existence sont exceptionnels. Les groupes étroits de la famille, de la paroisse, se sont dissous. A la vie du petit groupe a été substituée celle de la foule. La solitude est considérée comme une punition, ou comme un luxe rare. Le cinéma, les spectacles sportifs, les clubs, les meetings de toutes sortes, les agglomérations des grandes usines, des grands magasins et des grands hôtels ont donné aux individus l'habitude de vivre en commun. Grâce au téléphone, aux radios et aux disques des gramophones, la banalité vulgaire de la foule, avec ses plaisirs et sa psychologie, pénètre sans cesse dans le domicile des particuliers, même dans les lieux les plus isolés et les plus lointains. A chaque instant, chacun est en communication directe ou indirecte avec d'autres êtres humains, et se tient au courant des événements minuscules ou importants qui se passent dans son village ou sa ville, ou aux extrémités du monde. Les cloches de Westminster se font entendre dans les maisons les plus ignorées du fond de la campagne française. Le fermier du Vermont écoute, si cela lui plaît, des orateurs parlant à Berlin, à Londres ou à Paris.

Les machines ont diminué partout l'effort et la fatigue, dans les villes aussi bien que dans les campagnes, dans les maisons particulières comme à l'usine, à l'atelier, sur les routes, dans les champs et dans les fermes. Les escaliers ont été remplacés par des ascenseurs. Il n'y a plus besoin de marcher. On circule en automobile, en omnibus, et en tramway, même quand la distance à parcourir est très petite. Les exercices naturels, tels que la marche et la course en terrain accidenté, l'ascension des montagnes, le travail de la terre avec des outils, la lutte contre la forêt avec la hache, l'exposition à la pluie, au soleil, au vent, au froid et à la chaleur ont fait place à des exercices bien réglés où le risque est moindre, et à des machines qui suppriment la peine. Il y a partout des courts de tennis, des champs de golf, des patinoires de glace artificielle, des piscines chauffées, et des arènes où les athlètes s'entraînent et luttent à l'abri des intempéries. Tous peuvent ainsi développer leurs muscles, tout en évitant la fatigue et la continuité de l'effort que demandaient auparavant les exercices appropriés à une forme plus primitive de la vie.

A l'alimentation de nos ancêtres, qui était composée surtout de farines grossières, de viande et de boissons alcooliques, a été substituée une nourriture beaucoup plus délicate et variée. Les viandes de bœuf et de mouton ne sont plus la base de l'alimentation. Le lait, la crème, le beurre, les céréales rendues blanches par l'élimination des enveloppes du grain, les fruits des régions tropicales aussi bien que tempérées, les légumes frais ou conservés, les salades, le sucre en très grande abondance sous la forme de tartes, de bonbons et de puddings, sont les éléments principaux de la nourriture moderne. Seul, l'alcool a gardé la place qu'il avait autrefois. L'alimentation des enfants a été modifiée plus profondément encore. Son abondance est devenue très grande. Il en est de même de la nourriture des adultes. La régularité des heures de travail dans les bureaux et dans les usines a entraîné celle des repas. Grâce à la richesse qui, jusqu'à ces dernières années, était générale, à la diminution de l'esprit religieux et des jeûnes rituels, jamais les êtres humains ne se sont alimentés de façon aussi continue et bien réglée.

C'est cette richesse également qui a permis l'énorme diffusion de l'éducation. Partout des écoles et des universités ont été construites, et envahies aussitôt par des foules immenses d'étudiants. La jeunesse a compris le rôle de la science dans le monde moderne. «*Knowledge is power,*» a écrit Bacon. Toutes ces institutions se sont consacrées au développement intellectuel des enfants et des jeunes gens. En même temps, elles s'occupent attentivement de leur état physique. On peut dire que les établissements s'intéressent surtout à l'intelligence et aux muscles. La science a montré son utilité d'une façon si évidente qu'on lui a donné la première place dans les études. Des quantités de jeunes gens se soumettent à ses disciplines. Mais les instituts scientifiques, les universités et les organisations industrielles ont construit tant de laboratoires que chacun peut trouver un emploi à ses connaissances particulières.

Le mode de vie des hommes modernes a reçu l'empreinte de l'hygiène et de la médecine et des principes résultant des découvertes de Pasteur. La promulgation des doctrines pastoriennes a été pour l'humanité entière un événement d'une haute importance. Grâce à ces doctrines, les maladies infectieuses, qui ravageaient périodiquement les pays civilisés, ont été supprimées. La nécessité de la propreté a été démontrée. Il en est résulté une grande diminution dans la mortalité des enfants. La durée moyenne de la vie a augmenté de façon étonnante. Elle atteint aujourd'hui cinquante-neuf ans aux États-Unis et soixante-cinq ans en Nouvelle-Zélande. Les gens ne vivent pas plus vieux, mais plus de gens deviennent vieux. L'hygiène a donc accru beaucoup la quantité des êtres humains. En même temps, la médecine, par une meilleure conception de la nature des maladies, et par une application judicieuse des techniques chirurgicales, a étendu sa bienfaisante influence sur les faibles, les incomplets, les prédisposés aux maladies microbiennes, sur ceux qui, jadis, n'étaient pas capables de supporter les conditions d'une existence plus rude. C'est un gain énorme en capital humain que la civilisation a réalisé par elle. Et chaque individu lui est redevable aussi d'une sécurité plus grande devant la maladie et la douleur.

Le milieu intellectuel et moral, dans lequel nous sommes plongés, a été lui aussi modelé par la science. Le monde, où vit l'esprit des hommes d'aujourd'hui, n'est nullement celui de leurs ancêtres. Devant les triomphes de l'intelligence qui nous apporte la richesse et le confort, les valeurs morales ont naturellement baissé. La raison a balayé les croyances religieuses. Seules importent la connaissance des lois naturelles et la puissance que cette connaissance nous donne sur le monde matériel et sur les êtres vivants. Les banques, les universités, les laboratoires, les écoles de médecine sont devenus aussi beaux que les temples antiques, les cathédrales gothiques, les palais des Papes. Jusqu'aux récentes catastrophes, le président de banque ou de chemin de fer était l'idéal de la jeunesse. Cependant, le président de grande université est encore placé très haut dans l'esprit de la société parce qu'il dispense la science et que la science est génératrice de richesse, de bien-être et de santé. Mais l'atmosphère dans laquelle baigne le cerveau des masses change vite. Banquiers et professeurs se sont abaissés dans l'estime du public. Les hommes d'aujourd'hui sont assez instruits pour lire chaque jour les journaux, et écouter les discours radiodiffusés par les politiciens, les commerçants, les charlatans et les apôtres. Ils sont imprégnés par la propagande commerciale, politique ou sociale, dont les techniques se sont de plus en plus perfectionnées. En même temps, ils lisent les articles, les livres de vulgarisation scientifique et philosophique. Notre univers, grâce aux magnifiques découvertes de la physique et de l'astro-physique, est devenu d'une étonnante grandeur. Chacun peut, si cela lui plait, entendre parler des théories d'Einstein, ou lire les livres d'Eddington et de Jeans, les articles de Shapley et de Millikan. Il s'intéresse aux rayons cosmiques autant qu'aux artistes de cinéma et aux joueurs de baseball. Il sait que l'espace est courbe, que le monde se compose de forces aveugles et inconnaissables, que nous sommes des particules infiniment petites à la surface d'un grain de poussière perdu dans l'immensité du cosmos. Et que celui-ci est totalement privé de vie et de pensée. Notre univers est devenu exclusivement mécanique. Il ne peut en être autrement puisque son existence est due aux techniques de la physique et de l'astronomie. Comme tout ce qui environne aujourd'hui les êtres humains, il est l'expression du merveilleux développement des sciences de la matière inanimée.

IV

Ce qui en est résulté pour nous.

Les profondes modifications imposées aux habitudes de l'humanité par les applications de la science sont récentes. En fait, nous nous trouvons encore en pleine révolution. Aussi est-il difficile de savoir exactement quel effet la substitution de ce mode artificiel d'existence aux conditions naturelles de la vie, et ce changement si marqué du milieu, ont eu sur les êtres humains civilisés. Il est indubitable cependant qu'un tel effet s'est produit. Car tout être vivant dépend étroitement de son milieu et s'adapte aux fluctuations de ce milieu par une évolution appropriée. On doit donc se demander de quelle manière les hommes ont été influencés par le mode de vie, l'habitat, la nourriture, l'éducation et les habitudes intellectuelles et morales, que leur a imposés la civilisation moderne. Pour répondre à cette question si grave, il faut examiner, avec une soigneuse attention, ce qui arrive actuellement aux populations qui ont bénéficié les premières des applications des découvertes scientifiques.

Il est évident que les hommes ont accueilli avec joie la civilisation moderne. Ils sont venus rapidement des campagnes dans les villes et les usines. Ils se sont empressés d'adopter le mode de vie et la façon d'être et de penser de l'ère nouvelle. Ils ont abandonné sans hésitation leurs habitudes anciennes, car ces habitudes demandaient un effort plus grand. Il est moins fatigant de travailler dans une usine ou un bureau que dans les champs. Et même dans les fermes, la dureté de l'existence a été très diminuée par les machines. Les maisons modernes nous assurent une vie égale et douce. Par leur confort et leur lumière elles donnent à ceux qui les habitent le sentiment du repos et du contentement. Leur agencement atténue aussi beaucoup l'effort demandé autrefois par la vie domestique. Outre la diminution de l'effort et l'acquisition du bien-être, les êtres humains ont accepté avec bonheur la possibilité de ne jamais être seuls, de jouir des distractions continuelles de la ville, de faire partie de grandes foules, de ne jamais penser. Ils ont apprécié également d'être relevés, par une éducation purement intellectuelle, de la contrainte morale imposée par la discipline puritaine et par les règles religieuses. La vie moderne les a vraiment rendus libres. Elle les engage à acquérir la richesse par tous les moyens, pourvu que ces moyens ne les conduisent pas devant les tribunaux. Elle leur a ouvert toutes les contrées de la terre. Elle les a affranchis de toutes les superstitions. Elle leur permet l'excitation fréquente et la satisfaction facile de leurs appétits sexuels. Elle supprime la contrainte, la discipline, l'effort, tout ce qui était gênant et pénible. Les gens, surtout dans les classes inférieures, sont matériellement plus heureux qu'autrefois. Beaucoup, cependant, cessent peu à peu d'apprécier les distractions et les plaisirs banaux de la vie moderne. Parfois leur santé ne leur permet pas de continuer indéfiniment les excès alimentaires, alcooliques et sexuels auxquels les entraîne la suppression de toute discipline. En outre, ils sont hantés par la crainte de perdre leur emploi, leurs économies, leur fortune leurs moyens de subsistance. Ils ne peuvent pas satisfaire le besoin de sécurité qui existe au fond de chacun de nous. En dépit des assurances sociales, ils restent inquiets. Souvent ceux qui sont capables de réfléchir deviennent malheureux.

Il est certain, cependant, que la santé s'est améliorée. Non seulement la mortalité est moins grande, mais chaque individu est plus beau, plus grand et plus fort. Les enfants ont aujourd'hui une taille bien supérieure à celle de leurs parents. Le mode d'alimentation et les exercices physiques ont élevé la stature et augmenté la force musculaire. Ce sont souvent les Etats-Unis qui fournissent les meilleurs athlètes. On trouve aujourd'hui dans les équipes sportives des universités des jeunes gens qui sont des spécimens vraiment magnifiques d'êtres humains. Dans les conditions présentes de l'éducation américaine, le squelette et les muscles se développent de façon parfaite. On est arrivé à reproduire les formes les plus admirables de la beauté antique. Certes, la durée de la vie des hommes habitués aux sports, et menant la vie moderne, n'est pas supérieure à celle de leurs ancêtres. Peut-être même est-elle plus courte. Il semble aussi que leur résistance à la fatigue ne soit pas très grande. On dirait que les individus entraînés aux exercices naturels et exposés aux intempéries, comme l'étaient leurs pères, sont capables, de plus longs et plus durs efforts que nos athlètes. Ceux-ci ont besoin également de beaucoup de sommeil, d'une bonne nourriture, d'habitudes régulières. Leur système nerveux est fragile. Ils supportent mal la vie des bureaux, des grandes villes, les soucis des affaires, et même les difficultés et les souffrances ordinaires de la vie. Les triomphes de l'hygiène et de l'éducation moderne ne sont peut-être pas aussi avantageux qu'ils paraissent au premier abord.

Il faut également se demander si la grande diminution de la mortalité pendant l'enfance et la jeunesse ne présente pas quelques inconvénients. En effet, les faibles sont conservés comme les forts. La sélection naturelle ne joue plus. Nul ne sait quel sera le futur d'une race ainsi protégée par les sciences médicales. Mais nous sommes confrontés avec un problème beaucoup plus grave et qui demande une solution immédiate. En même temps que les maladies, telles que les diarrhées infantiles, la tuberculose, la diphtérie, la fièvre typhoïde, etc., sont éliminées et que la mortalité diminue, le nombre des maladies mentales augmente. Dans certains États, la quantité des fous internés dans les asiles dépasse celle de tous les autres malades hospitalisés. A côté de la folie, le déséquilibre nerveux accentue sa fréquence. Il est un des facteurs les plus actifs du malheur des individus, et de la destruction des familles. Peut-être cette détérioration mentale est-elle plus dangereuse pour la civilisation que les maladies infectieuses, dont la médecine et l'hygiène se sont exclusivement occupées.

Malgré les immenses sommes dépensées pour l'éducation des enfants et des jeunes gens, il ne semble pas que l'élite intellectuelle soit devenue plus nombreuse. La moyenne est, sans nul doute, plus instruite, plus policée. Le goût de la lecture est plus grand. On achète beaucoup plus de revues et de livres qu'autrefois. Le nombre de gens qui s'intéressent à la science, à la littérature, à l'art, a augmenté. Mais ce sont les formes les plus basses de la littérature et les contrefaçons de la science et de l'art qui, en général, attirent le public. Il ne paraît pas que les excellentes conditions hygiéniques dans lesquelles on élève les enfants, et les soins dont ils sont l'objet dans les écoles, aient réussi à élever leur niveau intellectuel et moral. On peut même se demander s'il n'y a pas souvent une sorte d'antagonisme entre leur développement physique et leur développement mental. Après tout, nous ne savons pas si l'augmentation de la stature dans une race donnée n'est pas une dégénérescence, au lieu d'un progrès, ainsi que nous le croyons aujourd'hui. Certes, les enfants sont beaucoup plus heureux dans des écoles où la contrainte a été supprimée, où ils ne font que ce qui les intéresse, où la tension de l'esprit et l'attention volontaire ne sont pas demandées. Quels sont les résultats d'une telle éducation ? Dans la civilisation moderne, l'individu se caractérise surtout par une activité assez grande et tournée entièrement vers le côté pratique de la vie, par beaucoup d'ignorance, par une certaine ruse, et par un état de faiblesse mentale qui lui fait subir de façon profonde l'influence de milieu où il lui arrive de se trouver. Il semble qu'en l'absence d'armature morale l'intelligence elle-même s'affaisse. C'est peut-être pour cette raison que cette faculté, jadis si caractéristique de la France, a baissé de façon aussi manifeste dans ce pays. Aux Etats-Unis, le niveau intellectuel reste inférieur, malgré la multiplication des écoles et des universités.

On dirait que la civilisation moderne est incapable de produire une élite douée à la fois d'imagination, d'intelligence et de courage. Dans presque tous les pays, il y a une diminution du calibre intellectuel et moral chez ceux qui portent la responsabilité de la direction des affaires politiques, économiques et sociales. Les organisations financières, industrielles et commerciales ont atteint des dimensions gigantesques. Elles sont influencées non seulement par les conditions du pays où elles sont nées, mais aussi par l'état des pays voisins et du monde entier. Dans chaque nation des modifications sociales se produisent avec une grande rapidité. Presque partout, la valeur du régime politique est remise en question. Les grandes démocraties se trouvent en face de problèmes redoutables qui intéressent leur existence elle-même et dont la solution est urgente. Et nous nous apercevons que, en dépit des immenses espoirs que l'humanité avait placés dans la civilisation moderne, cette civilisation n'a pas été capable de développer des hommes assez intelligents et audacieux pour la diriger sur la route dangereuse où elle s'est engagée. Les êtres humains n'ont pas grandi en même temps que les institutions issues de leur cerveau. Ce sont surtout la faiblesse intellectuelle et morale des chefs et leur ignorance qui mettent en danger notre civilisation.

Il faut se demander enfin quelle influence le nouveau mode de vie aura sur l'avenir de la race. La réponse des femmes aux modifications apportées aux habitudes ancestrales par la civilisation moderne a été immédiate et décisive. La natalité s'est abaissée aussitôt. Ce phénomène si important a été plus précoce et plus grave dans les couches sociales et dans les nations qui ont, les premières, bénéficié des progrès engendrés, directement ou indirectement, par la science. La stérilité volontaire des femmes n'est pas une chose nouvelle dans l'histoire des peuples. Elle s'est produite déjà à une certaine période des civilisations passées. C'est un symptôme classique. Nous connaissons sa signification.

Il est donc évident que les changements produits dans notre milieu par les applications de la science ont eu sur nous des effets marqués. Ces effets ont un caractère inattendu. Ils sont bien différents de ceux qu'on avait espérés, et qu'on pouvait légitimement attendre des améliorations de toutes sortes apportées dans l'habitat, le mode de vie, l'alimentation, l'éducation et l'atmosphère intellectuelle des êtres humains. Comment un résultat aussi paradoxal a-t-il été obtenu ?

V

CES TRANSFORMATIONS DU MILIEU SONT NUISIBLES PARCE QU'ELLES ONT ÉTÉ FAITES SANS CONNAISSANCE DE NOTRE NATURE.

On pourrait donner à cette question une réponse simple. La civilisation moderne se trouve en mauvaise posture, parce qu'elle ne nous convient pas. Elle a été construite sans connaissance de notre vraie nature. Elle est due au caprice des découvertes scientifiques, des appétits des hommes, de leurs illusions, de leurs théories, et de leurs désirs. Quoique édifiée par nous, elle n'est pas faite à notre mesure.

En effet, il est évident que la science n'a suivi aucun plan. Elle s'est développée au hasard de la naissance de quelques hommes de génie, de la forme de leur esprit, et de la route que prit leur curiosité. Elle ne fut nullement inspirée par le désir d'améliorer l'état des êtres humains. Les découvertes se produisirent au gré des intuitions des savants et des circonstances plus ou moins fortuites de leur carrière. Si Galilée, Newton, ou Lavoisier avaient appliqué la puissance de leur esprit à l'étude du corps et de la conscience, peut-être notre monde serait-il différent de ce qu'il est aujourd'hui. Les hommes de science ignorent où ils vont. Ils sont guidés par le hasard, par des raisonnements subtils, par une sorte de clairvoyance. Chacun d'eux est un monde à part, gouverné par ses propres lois. De temps en temps, des choses, obscures pour les autres, deviennent claires pour eux. En général, les découvertes sont faites sans aucune prévision de leurs conséquences. Mais ce sont ces conséquences qui ont donné sa forme à notre civilisation.

Parmi les richesses des découvertes scientifiques, nous avons fait un choix. Et ce choix n'a nullement été déterminé par la considération d'un intérêt supérieur de l'humanité. Il a suivi simplement la pente de nos tendances naturelles. Ce sont les principes de la plus grande commodité et du moindre effort, le plaisir que nous donnent la vitesse, le changement et le confort, et aussi le besoin de nous échapper de nous-mêmes, qui ont fait le succès des inventions nouvelles. Mais personne ne s'est demandé comment les êtres humains supporteraient l'accélération énorme du rythme de la vie produite par les transports rapides, le télégraphe, le téléphone, les machines qui écrivent, calculent, et font tous les lents travaux domestiques d'autrefois, et par les techniques modernes des affaires. L'adoption universelle de l'avion, de l'automobile, du cinéma, du téléphone, de la radio, et bientôt de la télévision, est due à une tendance aussi naturelle que celle qui, au fond de la nuit des âges, a déterminé l'usage de l'alcool. Le chauffage des maisons à la vapeur, l'éclairage électrique, les ascenseurs, la morale biologique, les manipulations chimiques des denrées alimentaires ont été acceptés uniquement parce que ces innovations étaient agréables et commodes. Mais leur effet probable sur les êtres humains n'a pas été pris en considération.

Dans l'organisation du travail industriel, l'influence de l'usine sur l'état physiologique et mental des ouvriers a été complètement négligée. L'industrie moderne est basée sur la conception de la production maximum au plus bas prix possible afin qu'un individu ou un groupe d'individus gagnent le plus d'argent possible. Elle s'est développée sans idée de la nature vraie des êtres humains qui conduisent les machines et sans préoccupation de ce que produit sur eux et sur leur descendance la vie artificielle imposée par l'usine. La construction des grandes villes s'est faite sans plus d'égards pour nous. La forme et les dimensions des bâtiments modernes ont été inspirées par la nécessité d'obtenir le revenu maximum par mètre carré du terrain, et d'offrir aux locataires des bureaux et des logements qui leur plaisent. On est arrivé ainsi à la construction des maisons géantes qui accumulent en un espace restreint des masses beaucoup trop considérables d'individus. Ceux-ci y habitent avec plaisir, car jouissant du confort et du luxe ils ne s'aperçoivent pas qu'ils sont privés du nécessaire. La ville moderne se compose de ces habitations monstrueuses et de rues obscures, pleines d'air pollué par les fumées, les poussières, les vapeurs d'essence et les produits de sa combustion, déchirées par le fracas des camions et des tramways, et encombrées sans cesse par une grande foule. Il est évident qu'elle n'a pas été construite pour le bien de ses habitants.

Notre vie est influencée dans une très large mesure par les journaux. La publicité est faite uniquement dans l'intérêt des producteurs, et jamais des consommateurs. Par exemple, on a fait croire au public que le pain blanc est supérieur au brun. La farine a été blutée de façon de plus en plus complète et privée ainsi de ses principes les plus utiles. Mais elle se conserve mieux, et le pain se fait plus facilement. Les meuniers et les boulangers gagnent plus d'argent. Les consommateurs mangent sans s'en douter un produit inférieur. Et dans tous les pays où le pain est la partie principale de l'alimentation, les populations dégénèrent. Des sommes énormes sont dépensées pour la publicité commerciale. Aussi des quantités de produits alimentaires et pharmaceutiques, inutiles, et souvent nuisibles, sont-ils devenus une nécessité pour les hommes civilisés. C'est ainsi que l'avidité des individus assez habiles pour diriger le goût des masses populaires vers les produits qu'ils ont à vendre, joue un rôle capital dans notre civilisation.

Cependant, les influences qui agissent sur notre mode de vie n'ont pas toujours une telle origine. Souvent, au lieu de s'exercer dans l'intérêt financier d'individus ou de groupes d'individus, elles ont réellement pour but l'avantage général. Mais leur effet peut aussi être nuisible, si ceux dont elles émanent, quoique honnêtes, ont une conception fausse ou incomplète de l'être humain. Faut-il, par exemple, grâce à une alimentation et des exercices appropriés, activer autant que possible l'augmentation du poids et de la taille des enfants, ainsi que le font la plupart des médecins ? Les enfants très gros et très lourds sont-ils supérieurs aux enfants plus petits ? Le développement de l'intelligence, de l'activité, de l'audace, de la résistance aux maladies n'est pas solidaire de l'accroissement du volume de l'individu. L'éducation donnée dans les écoles et les universités, qui consiste surtout dans la culture de la mémoire, s'adresse-t-elle vraiment aux hommes modernes qui doivent être pourvus d'équilibre mental, de solidité nerveuse, de jugement, de courage moral, et de résistance à la fatigue ? Pourquoi les hygiénistes se comportent-ils comme si l'homme était un être exposé seulement aux maladies infectieuses, tandis qu'il est menacé de façon aussi dangereuse par les maladies nerveuses et mentales, et par la faiblesse de l'esprit ? Quoique les médecins, les éducateurs et les hygiénistes appliquent avec désintéressement leurs efforts au profit des êtres humains, ils n'atteignent pas leur but, car ils visent des schémas qui ne contiennent qu'une partie de la réalité. Il en est de même de tous ceux qui prennent leurs désirs, leurs rêves, ou leurs doctrines pour l'être humain concret. Ils édifient une civilisation qui, destinée par eux à l'homme, ne convient en réalité qu'à des images incomplètes ou monstrueuses de l'homme. Les systèmes de gouvernement, construits de toutes pièces dans l'esprit des théoriciens, ne sont que des châteaux de cartes. L'homme auquel s'appliquent les principes de la Révolution française est aussi irréel que celui qui, dans les visions de Marx ou de Lénine, construira la société future. Nous ne devons pas oublier que les lois des relations humaines sont encore inconnues. La sociologie et l'économie politique ne sont que des sciences conjecturales, des pseudo-sciences.

Il apparaît donc que le milieu dont nous avons réussi à nous entourer, grâce à la science, ne nous convient pas, parce qu'il a été construit au hasard, sans connaissance suffisante de la nature des êtres humains et sans égards pour eux.

VI

Nécessité pratique de la connaissance de l'homme.

En somme, les sciences de la matière ont fait d'immenses progrès tandis que celles des êtres vivants restaient dans un état rudimentaire. Le retard de la biologie est attribuable aux conditions de l'existence de nos ancêtres, à la complexité des phénomènes de la vie et à la nature même de notre esprit, qui se complaît dans les constructions mécaniques et les abstractions mathématiques. Les applications des découvertes scientifiques ont transformé notre monde matériel et mental. Ces transformations ont sur nous une influence profonde. Leur effet néfaste vient de ce qu'elles ont été faites sans considération pour nous. C'est cette ignorance de nous-mêmes qui a donné à la mécanique, à la physique et à la chimie le pouvoir de modifier au hasard les formes anciennes de la vie.

L'homme devrait être la mesure de tout. En fait, il est un étranger dans le monde qu'il a créé. Il n'a pas su organiser ce monde pour lui, parce qu'il ne possédait pas une connaissance positive de sa propre nature. L'énorme avance prise par les sciences des choses inanimées sur celles des êtres vivants est donc un des événements les plus tragiques de l'histoire de l'humanité. Le milieu construit par notre intelligence et nos inventions n'est ajusté ni à notre taille, ni à notre forme. Il ne nous va pas. Nous y sommes malheureux. Nous y dégénérons moralement et mentalement. Ce sont précisément les groupes et les nations où la civilisation industrielle a atteint son apogée qui s'affaiblissent davantage. Ce sont eux dont le retour à la barbarie est le plus rapide. Ils demeurent sans défense devant le milieu adverse que la science leur a apporté. En vérité, notre civilisation, comme celles qui l'ont précédée, a créé des conditions où, pour des raisons que nous ne connaissons pas exactement, la vie elle-même devient impossible. L'inquiétude et les malheurs des habitants de la Cité nouvelle viennent de leurs institutions politiques, économiques et sociales, mais surtout de leur propre déchéance. Ils sont les victimes du retard des sciences de la vie sur celles de la matière.

Seule, une connaissance beaucoup plus profonde de nous-mêmes peut apporter un remède à ce mal. Grâce à elle, nous verrons par quels mécanismes l'existence moderne affecte notre conscience et notre corps. Nous apprendrons comment nous adapter à ce milieu, comment nous en défendre, et aussi par quoi le remplacer dans le cas où une révolution deviendrait indispensable. En nous montrant ce que nous sommes, nos potentialités, et la manière de les actualiser, cette connaissance nous apportera l'explication de notre affaiblissement physiologique, de nos maladies morales et intellectuelles. Elle seule peut nous dévoiler les lois inexorables dans lesquelles sont enfermées nos activités organiques et spirituelles, nous faire distinguer le défendu du permis, nous enseigner que nous ne sommes pas libres de modifier, suivant notre fantaisie, notre milieu et nous-mêmes. En vérité, depuis que les conditions naturelles de l'existence ont été supprimées par la civilisation moderne, la science de l'homme est devenue la plus nécessaire de toutes les sciences.

CHAPITRE II

LA SCIENCE DE L'HOMME

I

Nécessité d'un choix dans la masse des données hétérogènes que nous possédons sur nous-mêmes. — Le concept opérationnel de Brigdman. Son application à l'étude des êtres vivants. Concepts biologiques. — Le mélange des concepts des différentes sciences. — Élimination des systèmes philosophiques et scientifiques, des illusions et des erreurs. — Rôle des conjectures.

Notre ignorance de nous-mêmes est d'une nature particulière. Elle ne vient ni de la difficulté de nous procurer les informations nécessaires, ni de leur inexactitude ou de leur rareté. Elle est due, au contraire, à l'extrême abondance et à la confusion des notions que l'humanité a accumulées à son propre sujet pendant le cours des âges. Et aussi à la division de nous-mêmes en un nombre presque infini de fragments par les sciences qui se sont partagé l'étude de notre corps et de notre conscience. Cette connaissance est restée, en grande partie, inutilisée. En fait, elle est difficilement utilisable. Sa stérilité se traduit par la pauvreté des schémas classiques qui sont la base de la médecine, de l'hygiène, de la pédagogie et de la vie sociale, politique et économique. Cependant, il y a une réalité vivante et riche dans le gigantesque amas de définitions, d'observations, de doctrines, de désirs et de rêves, qui représente l'effort des hommes vers la connaissance d'eux-mêmes. A côté des systèmes et des conjectures des savants et des philosophes, on y trouve les résultats positifs de l'expérience des générations passées, et une multitude d'observations conduites avec l'esprit, et parfois avec les techniques de la science. Il s'agit seulement de faire, dans ces choses disparates, un choix judicieux.

Parmi les nombreux concepts qui se rapportent à l'être humain, les uns sont des constructions logiques de notre esprit. Ils ne s'appliquent à aucun être observable par nous dans le monde. Les autres sont l'expression pure et simple de l'expérience. A de tels concepts, Bridgman a donné le nom d'opérationnels. Un concept opérationnel est équivalent à l'opération, ou à la série d'opérations, que l'on doit faire pour l'acquérir. En effet, toute connaissance positive dépend de l'emploi d'une certaine technique. Quand on dit qu'un objet a une longueur d'un mètre, cela signifie que cet objet a la même longueur qu'une baguette de bois ou de métal dont la longueur est égale à celle de l'étalon du mètre conservé à Paris au Bureau international des poids et mesures. Il est bien évident que nous ne savons réellement que ce que nous pouvons observer. Dans le cas précédent, le concept de longueur est synonyme de la mesure de cette longueur. Les concepts qui se rapportent à des choses placées en dehors du champ de l'expérience sont, d'après Bridgman, dépourvus de sens. De même, une question ne possède aucune signification, s'il est impossible de trouver les opérations qui permettraient de lui donner une réponse.

La précision d'un concept quelconque dépend de celle des opérations qui servent à l'acquérir. Si on définit l'homme comme composé de matière et de conscience, on émet une proposition vide de sens. Car les relations de la matière corporelle et de la conscience n'ont pas, jusqu'à présent, été amenées dans le champ de l'expérience. Mais on peut donner de l'homme une définition opérationnelle en le considérant comme un tout indivisible, manifestant des activités physico-chimiques, physiologiques et psychologiques. En biologie, comme en physique, les concepts sur lesquels il faut édifier la science, ceux qui resteront toujours vrais, sont liés à certains procédés d'observation. Par exemple, le concept que nous avons aujourd'hui des cellules de l'écorce cérébrale, avec leur corps pyramidal, leurs prolongements dendritiques et leur axone lisse, est le résultat des techniques de Ramon y Cajal. C'est un concept opérationnel. Il ne changera qu'avec le progrès futur des techniques. Mais dire que les cellules cérébrales sont le siège des processus mentaux est une affirmation sans valeur parce qu'il n'existe pas de moyen d'observer la présence d'un processus mental dans l'intérieur des cellules cérébrales. Seul, l'emploi des concepts opérationnels nous permet de construire sur un terrain solide. Dans le nombre immense des informations que nous possédons sur nous-mêmes, nous devons choisir les données positives qui correspondent à ce qui existe, non pas seulement dans notre esprit, mais aussi dans la nature.

Nous savons que, parmi les concepts opérationnels qui se rapportent à l'homme, les uns lui sont propres, les autres appartiennent à tous les êtres vivants, d'autres, enfin, sont ceux de la chimie, de la physique et de la mécanique. Il y a autant de systèmes de concepts différents que d'étages différents dans l'organisation de la matière vivante. Au niveau des édifices électroniques, atomiques et moléculaires, qui existent dans les tissus de l'homme comme dans les arbres ou les nuages, il faut employer les concepts de continuum espace-temps, d'énergie, de force, de masse, d'entropie. Et aussi ceux de tension osmotique, de charge électrique, d'ion, de capillarité, de perméabilité, de diffusion. Au niveau des agrégats matériels plus gros que les molécules apparaissent les concepts de micelle, de dispersion, d'absorption, de floculation. Quand les molécules et leurs combinaisons ont édifié les cellules, et que les cellules se sont associées en organes et en organismes, il faut ajouter aux concepts précédents ceux de chromosome, de gène, d'hérédité, d'adaptation, de temps physiologique, de réflexe, d'instinct, etc. Ce sont les concepts physiologiques proprement dits. Ils coexistent avec les concepts physico-chimiques, mais ne leur sont pas réductibles. A l'étage le plus élevé de l'organisation, il y a, outre les molécules, les cellules et les tissus, un ensemble composé d'organes, d'humeurs et de conscience. Les concepts physico-chimiques et physiologiques deviennent insuffisants. On doit y ajouter les concepts psychologiques, qui sont spécifiques de l'être humain. Tels l'intelligence, le sens moral, le sens esthétique, le sens social. Aux lois de la thermodynamique et à celles de l'adaptation, par exemple, nous sommes obligés de substituer les principes du minimum d'effort pour le maximum de jouissance ou de rendement, de la recherche de la liberté et de l'égalité, etc.

Chaque système de concepts ne peut s'employer de façon légitime que dans le domaine de la science à laquelle il appartient. Les concepts de la physique, de la chimie, de la physiologie, de la psychologie sont applicables aux étages superposés de l'organisation corporelle. Mais il n'est pas permis de confondre les concepts propres à un étage avec ceux qui sont spécifiques d'un autre. Par exemple, la seconde loi de la thermodynamique, indispensable au niveau moléculaire, est inutile au niveau psychologique, où s'applique le principe du moindre effort pour le maximum de jouissance. Le concept de la capillarité et celui de la tension osmotique n'éclairent pas les problèmes de la conscience. L'explication d'un phénomène psychologique en termes de physiologie cellulaire ou de mécanique électronique, n'est qu'un jeu verbal. Cependant, les physiologistes du dix-neuvième siècle, et leurs successeurs qui s'attardent parmi nous, ont commis une telle erreur, en essayant de réduire l'homme tout entier à la physico-chimie. Cette généralisation injustifiée de notions exactes a été l'œuvre de savants trop spécialisés. Il est indispensable que chaque système de concepts garde son rang propre dans la hiérarchie des sciences.

La confusion des données que nous possédons sur nous-mêmes vient surtout de la présence, parmi les faits positifs, des débris de systèmes scientifiques, philosophiques et religieux. L'adhésion de notre esprit à un système quelconque change l'aspect et la signification des phénomènes observés par nous. De tous temps, l'humanité s'est contemplée à travers des verres colorés par des doctrines, des croyances et des illusions. Ce sont ces notions fausses ou inexactes qu'il importe de supprimer. Comme l'écrivait autre fois Claude Bernard, il faut se débarrasser des systèmes philosophiques et scientifiques comme on briserait les chaînes d'un esclavage intellectuel. Cette libération n'est pas encore réalisée. Les biologistes, et surtout les éducateurs, les économistes et les sociologistes, se trouvant en face de problèmes d'une extrême complication, ont souvent cédé à la tentation de construire des hypothèses, et ensuite, d'en faire des articles de foi. Et les savants se sont immobilisés dans des formules aussi rigides que les dogmes d'une religion.

Nous retrouvons, dans toutes les sciences, le souvenir encombrant de pareilles erreurs. Une des plus célèbres a donné lieu à la grande querelle des vitalistes et des mécanistes, dont le futilité nous étonne aujourd'hui. Les vitalistes pensaient que l'organisme était une machine dont les parties s'intégraient grâce à un facteur non physico-chimique. D'après eux, les processus responsables de l'unité de l'être vivant étaient dirigés par un principe indépendant, une entéléchie, une idée analogue à celle de l'ingénieur qui construit une machine. Cet agent autonome n'était pas une forme d'énergie et ne créait pas d'énergie. Il ne s'occupait que de la direction de l'organisme. Évidemment, l'entéléchie n'est pas un concept opérationnel. C'est une pure construction de l'esprit. En somme, les vitalistes considéraient le corps comme une machine dirigée par un ingénieur, qu'ils nommaient entéléchie. Et ils ne se rendaient pas compte que cet ingénieur, cette entéléchie, n'était pas autre chose que leur propre intelligence. Quant aux mécanistes, ils croyaient que tous les phénomènes physiologiques et psychologiques sont explicables par les lois de la physique, de la chimie et de la mécanique. Ils construisaient ainsi une machine dont ils étaient l'ingénieur. Ensuite, comme le fait remarquer

Woodger, ils oubliaient l'existence de cet ingénieur. Ce concept n'est pas opérationnel. Il est évident que mécanisme et vitalisme doivent être rejetés au même titre que tout autre système. Il faut nous libérer en même temps de la masse des illusions, des erreurs, des observations mal faites, des faux problèmes poursuivis par les faibles d'esprit de la science, des pseudo-découvertes des charlatans, des savants célébrés par la presse quotidienne. Et aussi des travaux tristement inutiles, des longues études de choses sans signification, inextricable fouillis qui s'élève comme une montagne depuis que la recherche scientifique est devenue une profession comme celles de maître d'école, de pasteur ou d'employé de banque.

Cette élimination faite, il nous reste les résultats du patient effort de toutes les sciences qui s'occupent de l'homme, le trésor des observations et des expériences qu'elles ont accumulées. Il suffit de chercher dans l'histoire de l'humanité pour y trouver l'expression plus ou moins nette de toutes ses activités fondamentales. A côté des observations positives, des faits certains, il y a une quantité de choses qui ne sont ni positives, ni certaines, et qui cependant ne doivent pas être rejetées. Certes, les concepts opérationnels, seuls, permettent de placer la connaissance de l'homme sur une base solide. Mais, seule aussi, l'imagination créatrice peut nous inspirer les conjectures et les rêves d'où naîtra le plan des constructions futures. Il faut donc continuer à nous poser des questions qui, au point de vue de la saine critique scientifique, n'ont aucun sens. D'ailleurs, même si nous essayions d'interdire à notre esprit la recherche de l'impossible et de l'inconnaissable, nous n'y arriverions pas. La curiosité est une nécessité de notre nature. Elle est une impulsion aveugle qui n'obéit à aucune règle. Notre esprit s'infiltre autour des choses du monde extérieur, et dans les profondeurs de nous-mêmes, de façon aussi irraisonnée et irrésistible qu'un raton explore à l'aide de ses adroites petites pattes les moindres détails du lieu où il est enfermé. C'est cette curiosité qui nous oblige à découvrir l'univers. Elle nous entraîne irrésistiblement à sa suite sur des routes inconnues. Et les montagnes infranchissables s'évanouissent devant elle comme la fumée dispersée par le vent.

II

Il est indispensable de faire un inventaire complet. — Aucun aspect de l'homme ne doit être privilégié. — Éviter de donner une importance exagérée à quelque partie aux dépens des autres. — Ne pas se limiter a ce qui est simple. — Ne pas supprimer ce qui est inexplicable. La méthode scientifique est applicable dans toute l'étendue de l'être humain.

Il est indispensable de faire de nous-mêmes un examen complet. La pauvreté des schémas classiques vient de ce que, malgré l'étendue de nos connaissances, nous ne nous sommes jamais embrassés d'un regard assez général. En effet, il s'agit, non pas de saisir l'aspect que présente l'homme à une certaine époque, dans certaines conditions de vie, mais de l'appréhender dans toutes ses activités, celles qui se manifestent ordinairement, et aussi celles qui peuvent rester virtuelles. Une telle information n'est obtenable que par la recherche soigneuse dans le monde présent, et dans le passé, des manifestations de nos pouvoirs organiques et mentaux. Et également par un examen, à la fois analytique et synthétique, de notre constitution et de nos relations physiques, chimiques et psychologiques avec le milieu extérieur. Il faut suivre le sage conseil que Descartes, dans le Discours de la Méthode, donne à ceux qui cherchent la vérité, et diviser notre sujet en autant de parties qu'il est nécessaire pour faire de chacune d'elles un inventaire complet. Mais nous devons réaliser en même temps que cette division n'est qu'un artifice méthodologique, qu'elle est créée par nous, et que l'homme demeure un tout insécable.

Il n'y a aucun territoire privilégié. Dans l'immensité de notre monde intérieur, tout a une signification. Nous ne pouvons pas y choisir seulement ce qui nous convient, au gré de nos sentiments, de notre fantaisie, de la forme scientifique et philosophique de notre esprit. La difficulté ou l'obscurité d'un sujet n'est pas une raison suffisante pour le négliger, Toutes les méthodes doivent être employées. Le qualitatif est aussi vrai que le quantitatif. Les relations exprimables en langage mathématique ne possèdent pas une réalité plus grande que celles qui ne le sont pas. Darwin, Claude Bernard et Pasteur, qui ne purent pas décrire leurs découvertes à l'aide de formules algébriques, furent d'aussi grands savants que Newton et Einstein. La réalité n'est pas nécessairement claire et simple. Il n'est même pas sûr qu'elle soit toujours intelligible pour nous. En outre, elle se présente sous des formes infiniment variées. Un état de conscience, l'os humérus, une plaie, sont des choses également vraies. Un phénomène ne tient pas son intérêt de la facilité avec laquelle nos techniques s'appliquent à son étude. Il doit être jugé en fonction, non pas de l'observateur et de ses méthodes, mais du sujet, de l'être humain. La douleur de la mère qui a perdu son enfant, la détresse de l'âme mystique plongée dans la nuit obscure, la souffrance du malade dévoré par un cancer, sont d'une évidente réalité, bien qu'elles ne soient pas mesurables. On n'a pas plus le droit de négliger l'étude des phénomènes de clairvoyance que celle de la chronaxie des nerfs, sous prétexte que la clairvoyance ne se reproduit pas à volonté et ne se mesure pas, tandis que la chronaxie est exactement mesurable par une méthode simple. Il faut se servir, dans cet inventaire, de tous les moyens possibles, et se contenter d'observer ce qu'on ne peut pas mesurer.

Il arrive souvent qu'une importance exagérée soit donnée à quelque partie aux dépens des autres. Nous sommes obligés de considérer dans l'homme ses différents aspects : physico-chimique, anatomique, physiologique, métapsychique, intellectuel, moral, artistique, religieux, économique, social, etc. Chaque savant, grâce à une déformation professionnelle bien connue, s'imagine connaître l'être humain, tandis qu'il n'en saisit qu'une partie minuscule. Des vues fragmentaires sont considérées comme exprimant le tout. Et ces vues sont prises au hasard de la mode, qui, tour à tour, attache plus d'importance à l'individu ou à la société, aux appétits physiologiques ou aux activités spirituelles, à la puissance du muscle ou à celle du cerveau, à la beauté ou à l'utilité, etc. C'est pourquoi l'homme nous apparaît avec des visages multiples. Nous choisissons arbitrairement parmi eux celui qui nous convient, et nous oublions les autres.

Une autre erreur consiste à retrancher de l'inventaire une partie de la réalité. Elle est due à plusieurs causes. Nous étudions de préférence les systèmes aisément isolables, ceux qui sont abordables par des méthodes simples. Nous négligeons les plus complexes. Notre esprit aime la précision et la sécurité des solutions définitives. Il a une tendance presque irrésistible à choisir ses sujets d'étude d'après leur facilité technique, et leur clarté, plutôt que d'après leur importance. C'est pour cette raison que les physiologistes modernes s'occupent surtout des phénomènes physico-chimiques qui se passent chez les animaux vivants, et négligent les processus physiologiques et la psychologie. De même, les médecins se spécialisent dans les sujets dont les techniques sont simples et déjà connues, plutôt que dans l'étude des maladies dégénératives, des névroses et des psychoses, qui demanderait l'intervention de l'imagination et la création de méthodes nouvelles. Chacun sait cependant que la découverte de quelques-unes des lois de l'organisation de la matière vivante serait plus importante que celle, par exemple, du rythme des cils vibratiles des cellules de la trachée. Sans nul doute, il vaudrait mieux délivrer l'humanité du cancer, de la tuberculose, de l'artério-sclérose, de la syphilis, et des malheurs innombrables apportés par les maladies nerveuses et mentales, que de s'absorber dans l'étude minutieuse des phénomènes physico-chimiques d'importance secondaire qui se produisent au cours des maladies. Ce sont des difficultés techniques qui nous conduisent parfois à éliminer certains sujets du domaine de la recherche scientifique, et à leur refuser le droit de se faire connaître à nous.

Parfois, des faits importants sont complètement supprimés. Notre esprit a une tendance naturelle à rejeter ce qui n'entre pas dans le cadre des croyances scientifiques ou philosophiques de notre époque. Les savants, après tout, sont des hommes. Ils sont imprégnés par les préjugés de leur milieu et de leur temps. Ils croient volontiers que ce qui n'est pas explicable par les théories courantes n'existe pas. Pendant la période où la physiologie était identifiée à la physico-chimie, la période de Jacques Lœb et de Bayliss, l'étude des phénomènes mentaux fut négligée. On ne s'intéressait nullement à la psychologie et aux maladies de l'esprit. Aujourd'hui encore, la télépathie et les autres phénomènes métapsychiques sont considérés comme des illusions par les savants qui s'intéressent uniquement à l'aspect physique, chimique et physico-chimique des processus physiologiques. Des faits évidents sont ignorés quand ils ont une apparence hétérodoxe. C'est pour toutes ces raisons que l'inventaire des choses capables de nous conduire à une conception meilleure de l'être humain est resté incomplet. Il faut donc revenir à l'observation naïve de nous-mêmes sous tous nos aspects, ne rien négliger, et décrire simplement ce que nous voyons.

Au premier abord, la méthode scientifique ne paraît pas applicable à l'étude de la totalité de nos activités. Il est évident que nous, les observateurs, nous ne sommes pas capables de pénétrer dans toutes les régions où se prolonge la personne humaine. Nos techniques ne saisissent pas ce qui n'a ni dimensions, ni poids. Elles n'atteignent que les choses placées dans l'espace et le temps. Elles sont impuissantes à mesurer la vanité, la haine, l'amour, la beauté, l'élévation vers Dieu de l'âme religieuse, le rêve du savant et celui de l'artiste. Mais elles enregistrent facilement l'aspect physiologique et les résultats matériels de ces états psychologiques. La mise en jeu fréquente des activités mentales et spirituelles s'exprime par un certain comportement, certains actes, une certaine attitude envers nos semblables. C'est de cette façon indirecte que les fonctions morale, esthétique et mystique peuvent être explorées par nous. Nous avons aussi à notre disposition les récits de ceux qui ont voyagé dans ces régions mal connues. Mais l'expression verbale de leurs expériences est, en général, déconcertante. En dehors du domaine intellectuel, rien n'est définissable de façon claire. Certes, l'impossibilité de définir une chose ne signifie pas sa non-existence. Lorsqu'on navigue dans le brouillard, les rochers invisibles sont néanmoins présents. De temps en temps, leur forme menaçante apparaît soudain. Puis la nuée se referme sur eux. Il en est de même de la réalité évanescente des visions des artistes, et surtout des grands mystiques. Ces choses, insaisissables par nos techniques, laissent cependant sur les initiés une empreinte visible. C'est de cette façon indirecte que la science connaît le monde spirituel, où, par définition, elle ne peut pas pénétrer. L'être humain se trouve donc tout entier dans la juridiction des techniques scientifiques.

III

Il faut développer une science véritable de l'homme. — Elle est plus nécessaire que les sciences mécaniques, physiques et chimiques. Son caractère analytique et synthétique.

En somme, la critique des données que nous possédons sur l'homme nous fournit des notions positives et nombreuses. Grâce à ces notions, nous pouvons faire un inventaire complet de nos activités. Cet inventaire nous permettra de construire des schémas plus riches que les schémas classiques. Mais le progrès ainsi obtenu ne sera pas très grand. Il faudra aller plus loin et édifier une science véritable de l'homme. Une science qui, à l'aide de toutes les techniques connues, fera une exploration plus profonde de notre monde intérieur, et réalisera aussi la nécessité d'étudier chaque partie en fonction de l'ensemble. Pour développer une telle science, il serait nécessaire, pendant quelque temps, de détourner notre attention du progrès mécanique, et même, dans une certaine mesure, de l'hygiène classique, de la médecine, et de l'aspect purement matériel de notre existence. Chacun s'intéresse à ce qui augmente la richesse et le confort. Mais personne ne se rend compte qu'il est indispensable d'améliorer la qualité structurale, fonctionnelle et mentale de chacun de nous. La santé de l'intelligence et des sentiments affectifs, la discipline morale et le développement spirituel sont aussi nécessaires que la santé organique et la prévention des maladies infectieuses.

Il n'y a aucun avantage à augmenter le nombre des inventions mécaniques. Peut-être même faudrait-il donner moins d'importance aux découvertes de la physique, de l'astronomie, et de la chimie. Certes, la science pure ne nous apporte jamais directement le mal. Mais elle devient dangereuse quand, par sa fascinante beauté, elle enferme complètement notre intelligence dans la matière inanimée. L'humanité doit aujourd'hui concentrer son attention sur elle-même et sur les causes de son incapacité morale et intellectuelle. A quoi bon augmenter le confort, le luxe, la beauté, la grandeur et la complication de notre civilisation, si notre faiblesse ne nous permet pas de les diriger ? Il est vraiment inutile de continuer l'élaboration d'un mode d'existence qui amène la démoralisation et la disparition des éléments les plus nobles des grandes races. Il vaudrait beaucoup mieux nous occuper de nous-mêmes que de construire de plus grands télescopes pour explorer la structure des nébuleuses, des bateaux plus rapides, des automobiles plus confortables, des radios à meilleur marché. Quel progrès véritable sera accompli quand des avions nous transporteront en quelques heures en Europe ou en Chine ? Est-il nécessaire d'augmenter sans cesse la production, afin que les hommes consomment une quantité de plus en plus grande de choses inutiles ? Ce ne sont pas les sciences mécaniques, physiques et chimiques qui nous apporteront la moralité, l'intelligence, la santé, l'équilibre nerveux, la sécurité, et la paix.

Il faut que notre curiosité prenne une autre route que celle où elle est engagée aujourd'hui. Elle doit se diriger du physique et physiologique vers le mental et le spirituel. Jusqu'à présent, les sciences qui s'occupent des êtres humains ont limité leur activité à certains aspects de leur sujet. Elles n'ont pas réussi à se soustraire à l'influence du dualisme cartésien. Elles ont été dominées par le mécanisme. En physiologie, en hygiène, en médecine, aussi bien que dans l'étude de la pédagogie ou de l'économie politique et sociale, l'attention des chercheurs a été attirée surtout par l'aspect organique, humoral et intellectuel de l'homme. Elle ne s'est pas arrêtée à sa forme affective et morale, à sa vie intérieure, à son caractère, à ses besoins esthétiques et religieux, au substratum commun des phénomènes organiques et psychologiques, aux relations profondes de l'individu et de son milieu mental et spirituel. C'est donc un changement radical d'orientation qui est indispensable. Ce changement demande, à la fois, des spécialistes consacrés aux sciences particulières qui se sont partagé notre corps et notre esprit, et des savants capables de réunir dans des vues d'ensemble les découvertes des spécialistes. La science nouvelle doit progresser, par un double effort d'analyse et de synthèse, vers une conception de l'homme à la fois assez complète et assez simple pour servir de base à notre action.

IV

Pour analyser l'homme, des techniques multiples sont nécessaires. — Ce sont les techniques qui ont créé la division de l'homme en parties. Les spécialistes. — Leur danger. — Fragmentation indéfinie du sujet. — Le besoin de savants non spécialisés. — Comment améliorer les résultats des recherches. — Diminution du nombre des savants, et établissement de conditions propres à la création intellectuelle.

L'homme n'est pas séparable en parties. Si on isolait ses organes les uns des autres, il cesserait d'exister. Quoique indivisible, il présente des aspects divers. Ses aspects sont la manifestation hétérogène de son unité à nos organes des sens. Il est comparable à une lampe électrique, qui se montre sous des formes différentes à un thermomètre, à un voltamètre et à une plaque photographique. Nous ne sommes pas capables de l'appréhender directement dans sa simplicité. Nous le saisissons par l'intermédiaire de nos sens et de nos appareils scientifiques. Suivant nos moyens d'investigation, son activité nous apparaît comme physique, chimique, physiologique ou psychologique. A cause de sa richesse même, elle demande à être analysée par des techniques variées. En s'exprimant à nous par l'intermédiaire de ces techniques, elle prend naturellement l'apparence de la multiplicité

La science de l'homme se sert de toutes les autres sciences. C'est une des raisons de sa difficulté. Pour étudier, par exemple, l'influence d'un facteur psychologique sur un individu sensible, il faut employer les procédés de la médecine, de la physiologie, de la physique et de la chimie. Supposons, en effet, qu'une mauvaise nouvelle soit annoncée au sujet. Cet événement psychologique peut se traduire à la fois par une souffrance morale, par des troubles nerveux, par des désordres de la circulation sanguine, par des modifications physico-chimiques du sang, etc. Chez l'homme, l'expérience la plus simple demande toujours l'usage des méthodes et des concepts de plusieurs sciences. Si on désire examiner l'effet d'un certain aliment, animal ou végétal, sur un groupe d'individus, il faut d'abord connaître la composition chimique de cet aliment. Et ensuite l'état physiologique et psychologique des individus sur lesquels doivent porter les études et leurs caractères ancestraux. Enfin, au cours de l'expérience, on enregistre les modifications du poids, de la taille, de la forme du squelette, de la force musculaire, de la susceptibilité aux maladies, des caractères physiques, chimiques et anatomiques du sang, de l'équilibre nerveux, de l'intelligence, du courage, de la fécondité, de la longévité, etc.

Il est bien évident qu'aucun savant n'est capable à lui seul de maîtriser les techniques nécessaires à l'étude d'un seul problème humain. Aussi, le progrès de la connaissance de nous-mêmes demande-t-il des spécialistes variés. Chaque spécialiste s'absorbe dans l'étude d'une partie du corps, ou de la conscience, ou de leurs relations avec le milieu. Il est anatomiste, physiologiste, chimiste, psychologiste, médecin, hygiéniste, éducateur, prêtre, sociologiste, économiste. Et chaque spécialisé se divise en morceaux de plus en plus petits. Il y a des spécialistes pour la physiologie des glandes, pour les vitamines, pour les maladies du rectum, pour celles du nez, pour l'éducation des petits enfants, pour celle des adultes, pour l'hygiène des usines, pour celles des prisons, pour la psychologie de toutes les catégories d'individus, pour l'économie domestique, pour l'économie rurale, etc., etc. C'est grâce à cette division du travail que les sciences particulières se sont développées. La spécialisation des savants est indispensable. Et il est impossible à un spécialiste, engagé activement dans la poursuite de sa propre tâche, de connaître l'ensemble de l'être humain. Cette situation est rendue nécessaire par la grande étendue de chaque science. Mais elle présente un certain danger. Par exemple, Calmette, qui s'était spécialisé dans la bactériologie, voulut empêcher la propagation de la tuberculose parmi la population de la France. Naturellement, il prescrivit l'emploi du vaccin qu'il avait inventé. Si au lieu d'être un spécialiste, il avait eu une connaissance plus générale de l'hygiène et de la médecine, il aurait conseillé des mesures intéressant à la fois l'habitation, l'alimentation, le mode de travail et les habitudes de vie des gens. Un fait analogue se produisit aux États-Unis dans l'organisation des écoles primaires. John Dewey, qui est un philosophe, entreprit d'améliorer l'éducation des enfants. Mais ses méthodes s'adressèrent seulement au schéma d'enfant que sa déformation professionnelle lui représentait. Comment une telle éducation pourrait-elle convenir à l'enfant concret ?

La spécialisation extrême des médecins est plus nuisible encore. L'être humain malade a été divisé en petites régions. Chaque région a son spécialiste. Quand celui-ci se consacre, dès le début de sa carrière, à une partie minuscule du corps, il reste tellement ignorant du reste qu'il n'est pas capable de bien connaître cette partie. Un phénomène analogue se produit chez les éducateurs, les prêtres, les économistes, et les sociologues qui ont négligé de s'initier à une connaissance générale de l'homme, avant de se limiter à leur champ particulier. L'éminence même d'un spécialiste le rend plus dangereux. Souvent, des savants qui se sont distingués de façon extraordinaire par de grandes découvertes ou par des inventions utiles, arrivent à croire que leur connaissance d'un sujet s'étend à tous les autres. Édison, par exemple, n'hésitait pas à faire part au public de ses vues sur la philosophie et la religion. Et le public accueillait avec respect sa parole, se figurant qu'elle avait, sur ces sujets nouveaux, la même autorité que sur les anciens. C'est ainsi que de grands hommes, en enseignant des choses qu'ils ignorent, retardent, dans un de ses domaines, le progrès humain auquel ils ont contribué dans un autre. La presse quotidienne nous entretient souvent des élucubrations sociologiques, économiques et scientifiques d'industriels, de banquiers, d'avocats, de professeurs, de médecins, etc., dont l'esprit trop spécialisé est incapable de saisir, dans leur ampleur, les grands problèmes de l'heure présente. Certes, les spécialistes sont nécessaires. La science ne peut pas progresser sans eux. Mais l'application à l'homme du résultat de leurs efforts demande la synthèse préalable des données éparses de l'analyse.

Une telle synthèse ne peut pas s'obtenir par la simple réunion des spécialistes autour d'une table. Elle réclame l'effort, non d'un groupe, mais d'un homme. Jamais une œuvre d'art n'a été faite par un comité d'artistes, ni une grande découverte par un comité de savants. Les synthèses dont nous avons besoin pour le progrès de la connaissance de nous-mêmes doivent s'élaborer dans un cerveau unique. Aujourd'hui, les données accumulées par les spécialistes demeurent inutilisables. Car personne ne coordonne les notions acquises, et n'envisage l'être humain dans son ensemble. Nous possédons beaucoup de travailleurs scientifiques, mais très peu de vrais savants. Cette singulière situation ne vient pas de l'absence d'individus capables d'un grand effort intellectuel. Certes, les vastes synthèses demandent beaucoup de puissance mentale et une résistance physique à toute épreuve. Les esprits larges et forts sont plus rares que les esprits précis et étroits. Il est facile de devenir un bon chimiste, un bon physicien, un bon physiologiste, ou un bon psychologiste. Seuls, des hommes exceptionnels sont capables d'acquérir une connaissance utilisable de plusieurs sciences à la fois. Cependant de tels hommes existent.

Parmi ceux que nos institutions scientifiques et universitaires ont obligés à se spécialiser trop étroitement, certains seraient capables de saisir un grand sujet dans son ensemble en même temps que dans ses parties. Jusqu'à présent, on a toujours favorisé les travailleurs scientifiques qui se cantonnent dans un champ étroit, et se consacrent à l'étude prolongée d'un détail souvent insignifiant. Un travail original sans importance est considéré comme ayant une valeur supérieure à la connaissance approfondie de toute une science. Les présidents d'universités et leurs conseillers ne comprennent pas que les esprits synthétiques sont aussi indispensables que les esprits analytiques. Si la supériorité de ce type intellectuel était reconnue, et si on favorisait son développement, les spécialistes cesseraient d'être dangereux. Car la signification des parties dans la construction de l'ensemble pourrait être justement évaluée.

Au début de son histoire plus qu'à son apogée une science a besoin d'esprits supérieurs. Par exemple, il faut plus d'imagination, de jugement, et d'intelligence pour devenir un grand médecin que pour devenir un grand chimiste. En ce moment, la connaissance de l'homme ne peut progresser qu'en attirant à elle une puissante élite intellectuelle. Nous devons demander de hautes capacités mentales aux jeunes gens qui désirent se consacrer à la biologie. Il semble que l'exagération de la spécialisation, l'augmentation du nombre des travailleurs scientifiques, et leur ségrégation en sociétés limitées à l'étude d'un petit sujet, aient amené un rétrécissement de l'intelligence. Il est certain que la qualité d'un groupe humain diminue quand son volume augmente au delà de certaines limites. La Cour suprême des Etats-Unis se compose de neuf hommes vraiment éminents par leur habileté professionnelle et par leur caractère. Mais si elle se composait de neuf cents juristes au lieu de neuf, le public perdrait tout de suite, et avec raison, le respect qu'il a pour elle.

Le meilleur moyen d'augmenter l'intelligence des savants serait de diminuer leur nombre. Il suffirait d'un très petit groupe d'hommes pour développer les connaissances dont nous avons besoin, si ces hommes étaient doués d'imagination, et disposaient de puissants moyens de travail. Nous gaspillons chaque année de grandes sommes d'argent en recherches scientifiques, parce que ceux à qui elles sont confiées ne possèdent pas à un assez haut degré les qualités indispensables aux conquérants des mondes nouveaux. Et aussi, parce que les rares hommes qui possèdent ces qualités sont placés dans des conditions de vie où la création intellectuelle est impossible. Ni les laboratoires, ni les appareils, ni l'excellence de l'organisation du travail scientifique ne fournissent, à eux seuls, au savant le milieu qui lui est nécessaire. La vie moderne est opposée à la vie de l'esprit. Les hommes de science sont plongés dans une foule dont les appétits sont purement matériels, et dont les habitudes sont entièrement différentes des leurs. Ils épuisent inutilement leurs forces, et perdent une grande partie de leur temps à la poursuite des conditions indispensables au travail de la pensée. Aucun d'eux n'est assez riche pour se procurer l'isolement et le silence que chacun pouvait obtenir autrefois de façon gratuite, même dans les plus grandes villes. On n'a pas essayé jusqu'à présent de créer, au milieu de l'agitation de la Cité moderne, des îlots de solitude, où la méditation soit possible. Une telle innovation, cependant, s'impose. Les hautes constructions synthétiques sont hors de la portée de ceux dont l'esprit se disperse chaque jour dans la confusion des modes actuels de la vie. Le développement de la science de l'homme, plus encore que celui des autres sciences, dépend d'un immense effort intellectuel. Il réclame une révision, non seulement de notre conception du savant, mais aussi des conditions dans lesquelles se fait la recherche scientifique.

V

L'OBSERVATION ET L'EXPÉRIENCE DANS LA SCIENCE DE L'HOMME. — LA DIFFICULTÉ DES EXPÉRIENCES COMPARATIVES. — LA LENTEUR DES RÉSULTATS. — UTILISATION DES ANIMAUX. — LES EXPÉRIENCES FAITES SUR DES ANIMAUX D'INTELLIGENCE SUPÉRIEURE. L'ORGANISATION DES EXPÉRIENCES DE LONGUE DURÉE.

Les êtres humains se prêtent mal à l'observation et à l'expérience. On ne trouve pas facilement parmi eux des témoins identiques aux sujets, et auxquels les résultats finaux puissent être référés. Supposons, par exemple, que l'on veuille comparer deux méthodes d'éducation. On choisira pour cette étude des groupes d'enfants aussi semblables que possible. Si ces enfants, quoique de même âge et de même taille, appartiennent à des milieux sociaux différents, s'ils n'ont pas la même nourriture, s'ils ne vivent pas dans la même atmosphère psychologique, les résultats ne seront pas comparables. De même, l'étude des effets de deux modes de vie sur les enfants d'une même famille a peu de valeur, car les races humaines n'étant pas pures, les produits des mêmes parents diffèrent souvent les uns des autres d'une façon profonde. Au contraire, les résultats seront probants, si les enfants, dont on compare le comportement sous l'influence de conditions différentes sont des jumeaux provenant du même œuf. On est obligé, en général, de se contenter de résultats approximatifs. C'est une des raisons pour lesquelles la science de l'homme a progressé aussi lentement.

Dans les recherches qui se rapportent à la physique et à la chimie, et aussi à la physiologie, on cherche toujours à isoler des systèmes relativement simples dont on connaît exactement les conditions. Mais, quand il s'agit d'étudier l'homme dans son ensemble, et dans ses relations avec son milieu, cela est impossible. Aussi, l'observateur doit-il être pourvu d'une grande sagacité afin de ne pas se perdre dans la complexité des phénomènes. Les difficultés deviennent presque insurmontables dans les études rétrospectives : Ces recherches demandent un esprit très averti. Certes, il faut aussi rarement que possible recourir à la science conjecturale qu'est l'histoire. Mais il y a eu, dans le passé, certains événements qui révèlent l'existence chez l'homme de potentialités extraordinaires. Il serait important de connaître leur genèse. Quels sont, par exemple, les facteurs qui déterminèrent, à l'époque de Périclès, l'apparition simultanée de tant de génies ? Un phénomène analogue se produisit au moment de la Renaissance. A quelle cause faut-il attribuer l'immense épanouissement, non seulement de l'intelligence, de l'imagination scientifique, et de l'intuition esthétique, mais aussi de la vigueur physique, de l'audace, et de l'esprit d'aventure des hommes de cette époque ? Pourquoi furent-ils doués de si puissantes activités physiologiques et mentales ? On conçoit combien il serait utile de connaître les détails du mode de vie, de l'alimentation, de l'éducation, du milieu intellectuel, moral, esthétique et religieux des époques qui ont immédiatement précédé l'apparition des pléiades de grands hommes.

Une autre difficulté des expériences faites sur les êtres humains vient de ce que l'observateur et son sujet vivent au même rythme. Les effets d'un mode d'alimentation, d'une discipline intellectuelle ou morale d'un changement politique ou social sont tardifs. Ce n'est qu'au bout de trente ou quarante ans qu'on peut apprécier la valeur d'une méthode éducative. L'influence d'un facteur donné sur les activités physiologiques et mentales d'un groupe humain ne devient manifeste qu'après le passage d'une génération. Les succès attribués à leur propre invention par les auteurs de systèmes nouveaux d'alimentation, de culture physique, d'hygiène, d'éducation, de morale, d'économie sociale sont toujours publiés trop tôt. C'est aujourd'hui seulement qu'on pourrait analyser avec fruit les résultats du système Montessori, ou des procédés d'éducation de John Dewey. On devra attendre vingt-cinq ans pour savoir la signification des intelligence-tests, faits ces dernières années dans les écoles par les psychologistes. C'est en suivant un grand nombre d'individus à travers les vicissitudes de leur vie jusqu'à leur mort qu'on connaîtra, et encore de façon grossièrement approximative, l'effet exercé sur eux par certains facteurs.

La marche de l'humanité nous paraît très lente, puisque nous, les observateurs, nous faisons partie du troupeau. Chacun de nous ne peut faire à lui seul que peu d'observations. Notre vie est trop courte. Beaucoup d'expériences devraient être prolongées pendant au moins un siècle. Il faudrait créer des institutions telles que les observations et les expériences ne soient pas interrompues par la mort du savant qui les a commencées. De telles organisations sont encore inconnues dans le domaine scientifique. Mais elles existent déjà pour d'autres disciplines. Au monastère de Solesmes, trois générations successives de moines bénédictins, au cours d'environ cinquante-cinq ans, se sont employées à reconstituer le chant grégorien. Une méthode analogue serait applicable à l'étude des problèmes de la biologie humaine. Il faut suppléer à la durée trop courte de la vie de chaque observateur par des institutions, en quelque sorte immortelles, permettant la continuation, aussi prolongée qu'il est nécessaire, d'une expérience. A la vérité, certaines notions d'une urgente nécessité peuvent s'acquérir à l'aide d'animaux dont la vie est courte. Dans ce but, les souris et les rats ont surtout été employés. Des colonies composées de plusieurs milliers de ces animaux ont servi à l'étude des aliments, de leur influence sur la rapidité de la croissance, sur la taille, les maladies, la longévité. Malheureusement, les rats et les souris ne présentent que de lointaines analogies avec l'homme. Il est dangereux, par exemple, d'appliquer à des enfants les conclusions de recherches faites sur ces animaux, dont la constitution est par trop différente de la leur. En outre, on ne peut pas étudier de la même manière les modifications psychologiques qui accompagnent les changements anatomiques et fonctionnels subis par le squelette, les tissus et les humeurs, sous l'influence de la nourriture, du mode de vie, etc. Au contraire, des animaux plus intelligents, tels que les singes et les chiens, nous permettraient d'analyser les facteurs de la formation mentale.

Les singes, en dépit de leur développement cérébral, ne sont pas de bons sujets d'expérience. En effet, on ne connaît pas le pedigree des individus dont on se sert. On ne peut pas les élever facilement ni en assez grand nombre. Ils sont difficiles à manier. Au contraire, il est aisé de se procurer des chiens très intelligents, dont les caractères ancestraux sont exactement connus. Ces animaux se reproduisent rapidement. Ils deviennent adultes en une année. La durée totale de leur vie ne se prolonge pas, en général, au delà de quinze ans. On peut faire sur eux des observations psychologiques très détaillées, surtout chez les chiens de berger qui sont sensibles, intelligents, alertes et attentifs. Grâce à des animaux de ce type, de race pure, et en nombre suffisant, il serait possible d'élucider le problème si complexe de l'influence du milieu sur l'individu. Par exemple, nous devons chercher comment obtenir le développement optimum des individus appartenant à une race donnée, quelle est leur taille normale, quel aspect il faut leur imprimer. Nous avons à découvrir comment le mode de vie et l'alimentation modernes agissent sur la résistance nerveuse des enfants, sur leur intelligence, leur activité, leur audace. Une vaste expérience conduite pendant vingt ans sur plusieurs centaines de chiens de bergers nous renseignerait sur ces sujets si importants. Elle nous indiquerait, plus rapidement que l'observation des êtres humains, dans quelle direction il faut modifier la nourriture et le genre de vie. Elle remplacerait d'une façon avantageuse les expériences fragmentaires et de trop courte durée dont se contentent aujourd'hui les spécialistes de la nutrition. Assurément, elle ne pourrait pas se substituer entièrement aux observations faites sur les hommes. Pour le développement d'une connaissance définitive, il faudrait instituer sur des groupes humains des expériences capables de se prolonger pendant plusieurs générations de savants.

VI

RECONSTITUTION DE L'ÊTRE HUMAIN. — CHAQUE FRAGMENT DOIT ÊTRE CONSIDÉRÉ DANS SES RELATIONS AVEC LE TOUT. — LES CARACTÈRES D'UNE SYNTHÈSE UTILISABLE.

Pour acquérir une meilleure connaissance de nous-mêmes, il ne suffit pas de choisir dans la masse des données que nous possédons déjà, celles qui sont positives, et de faire avec leur aide un inventaire complet des activités humaines. Il ne suffit pas non plus de préciser davantage ces notions par de nouvelles observations et expériences, et d'édifier une véritable science de l'homme. Il faut surtout, grâce à ces documents, construire une synthèse utilisable.

En effet, le but de cette connaissance est, non pas de satisfaire notre curiosité, mais de nous reconstruire nous-mêmes, et de modifier notre milieu dans un sens qui nous soit favorable. Ce but est, en un mot, pratique. Il ne servirait donc à rien d'accumuler une grande quantité de données nouvelles, si ces données devaient rester dispersées dans le cerveau et dans les livres des spécialistes. La possession d'un dictionnaire ne donne pas à son propriétaire la culture littéraire ou philosophique. Il faut que nos idées soient réunies en un tout vivant dans l'intelligence et la mémoire de quelques individus. Ainsi, les efforts que l'humanité a faits et fera encore pour se mieux connaître deviendront féconds. La science de nous-mêmes sera l'œuvre de l'avenir. Pour le moment, nous devons nous contenter d'une initiation, à la fois analytique et synthétique, à ces caractères de l'être humain que la critique scientifique nous a fait reconnaître comme réels. Dans les pages suivantes, l'homme nous apparaîtra aussi naïvement qu'il se présente à l'observateur et à ses techniques. Nous le verrons sous la forme des fragments découpés par ces techniques. Autant que possible, ces fragments seront replacés dans l'ensemble. Certes, une telle connaissance est très insuffisante. Mais elle est sûre. Elle ne contient pas d'éléments métaphysiques. Elle est, également, empirique, car le choix et l'ordre des observations ne sont guidés par aucun principe. Nous ne cherchons à prouver ou à renverser aucune théorie. Les différents aspects de l'homme sont considérés aussi simplement que, au cours de l'ascension d'une montagne, on regarde les rochers, les torrents, les prairies et les sapins, et même, au-dessus de l'ombre de la vallée, la lumière des cimes. C'est au hasard de la route que, dans les deux cas, les observations sont faites. Cependant ces observations sont scientifiques. Elles constituent un corps plus ou moins systématisé de connaissances. Certes, elles n'ont pas la précision de celles des astronomes et des physiciens. Mais elles sont aussi exactes que le comportent les techniques employées, et la nature de l'objet auquel ces techniques sont appliquées. On sait, par exemple, que les hommes sont pourvus de mémoire, et de sens esthétique. Et aussi que le pancréas sécrète de l'insuline, que certaines maladies mentales dépendent de lésions du cerveau, que certains individus manifestent des phénomènes de clairvoyance. On peut mesurer la mémoire, et l'activité de l'insuline, mais non l'émotion esthétique et le sens moral. Les relations des maladies mentales et du cerveau, les caractères de la clairvoyance ne sont pas encore susceptibles d'une étude exacte. Cependant, toutes ces données, quoique approximatives, sont certaines.

On peut reprocher à cette connaissance d'être banale et incomplète. Elle est banale parce que le corps et la conscience, la durée, l'adaptation, l'individualité sont bien connus des spécialistes de l'anatomie, de la physiologie, de la psychologie, de la métapsychique, de l'hygiène, de la médecine, de l'éducation, de la religion et de la sociologie. Elle est incomplète, car dans le nombre immense des faits, nous sommes obligés de faire un choix. Et ce choix est nécessairement arbitraire. Il se limite à ce qui nous paraît le plus important. Il néglige le reste, car la synthèse doit être courte et saisissable d'un seul coup d'œil. L'intelligence humaine n'est capable d'embrasser qu'un certain nombre de détails. Il semble donc que, pour être utilisable, notre connaissance doive être incomplète. D'ailleurs, c'est la sélection des détails, et non pas leur nombre, qui donne à un portrait sa ressemblance. Le caractère d'un individu peut être plus fortement exprimé par un destin que par une photographie.

Nous ne tracerons de nous-mêmes que de grossières esquisses, comme ces figures anatomiques faites à la craie sur le tableau noir. Malgré la suppression intentionnelle des détails, de telles esquisses seront exactes. Elles s'inspireront de données positives, et non pas de théories et d'espérances. Elles ignoreront le vitalisme et le mécanicisme, le réalisme et le nominalisme, l'âme et le corps, l'esprit et la matière. Mais elles contiendront tout ce qui est observable. Même les faits inexplicables que les conceptions classiques laissent dans l'obscurité. En effet, nous ne négligerons pas les phénomènes qui refusent d'entrer dans les cadres de notre pensée habituelle. Car ils nous conduiront peut-être dans des régions de nous-mêmes jusqu'à présent inconnues. Nous comprendrons, ans notre inventaire, toutes les activités manifestées et manifestables par l'individu humain.

Nous nous initierons ainsi à une connaissance de nous-même qui est uniquement descriptive, et encore très proche du concret. Cette connaissance n'a que les plus modestes prétentions. Elle sera, d'une part, empirique, approximative, banale, et incomplète. Mais, d'autre part, positive, et intelligible pour chacun de nous.

CHAPITRE III

LE CORPS ET LES ACTIVITÉS PHYSIOLOGIQUES

I

L'HOMME. — SES DEUX ASPECTS. — LE SUBSTRATUM CORPOREL ET LES ACTIVITÉS HUMAINES.

Nous avons conscience d'exister, de posséder une activité propre, une personnalité. Nous nous sentons différents de tous les autres individus. Nous croyons nous déterminer librement. Nous sommes heureux ou malheureux. Ces intuitions constituent pour chacun de nous l'ultime réalité.

Nos états de conscience coulent dans le temps comme une rivière le long d'une vallée. De même que la rivière, nous sommes à la fois changement et permanence. Beaucoup plus que les autres animaux, nous sommes indépendants de notre milieu. Notre intelligence nous en a libérés. L'homme est, avant tout, l'inventeur des armes, des outils et des machines. C'est à l'aide de ces inventions qu'il a pu manifester ses caractères propres, ceux qui le distinguent de tous les autres êtres vivants. Il les a exprimés de façon objective par des statues, des temples, des théâtres, des cathédrales, des hôpitaux, des universités, des laboratoires et des usines. Il a ainsi marqué la surface de la terre de l'empreinte de ses activités fondamentales, c'est-à-dire de son sens esthétique et religieux, de son sens moral, de son intelligence, et de sa curiosité scientifique.

Ce foyer de puissantes activités, nous pouvons le regarder du dedans, ou du dehors. Vu du dedans, il montre à l'observateur unique, qui est nous-même, nos pensées, nos tendances, nos désirs, nos joies, nos douleurs. Vu du dehors, il apparaît comme le corps humain, le nôtre d'abord, et aussi celui de tous nos semblables. Il a donc deux aspects totalement différents. C'est pourquoi il a été considéré comme fait de deux parties, le corps et l'âme. Mais jamais on n'a observé d'âme sans corps, ni de corps sans âme. De notre corps nous voyons la surface extérieure. Nous sentons l'obscur bien-être de son fonctionnement normal. Mais nous n'avons conscience d'aucun de ses organes. Le corps obéit à des mécanismes qui nous sont entièrement cachés. Il ne les montre qu'à ceux qui connaissent les techniques de l'anatomie et de la physiologie. Il dévoile alors, sous sa simplicité, une stupéfiante complexité. Et jamais il ne nous permet de le contempler à la fois dans son aspect extérieur et public, et son aspect intérieur et privé. Même si nous nous engageons dans l'inextricable labyrinthe du cerveau et des fonctions nerveuses, nulle part nous ne rencontrons la conscience. L'âme et le corps sont la création de nos méthodes d'observation. Ils sont taillés par elles dans un tout indivisible.

Ce tout est à la fois tissus, liquides organiques, et conscience. Il s'étend simultanément dans l'espace et dans le temps. Il remplit les trois dimensions de l'espace et celle du temps de sa masse hétérogène. Mais il n'est pas compris entièrement dans ces quatre dimensions. Car la conscience se trouve à la fois dans la matière cérébrale et hors du continuum physique.

L'être humain est trop complexe pour être saisi par nous dans son ensemble. Nous ne pouvons l'étudier qu'après l'avoir réduit en fragments par nos procédés d'observation. C'est donc une nécessité méthodologique de le décrire comme composé d'un substratum corporel et de différentes activités. Et aussi de considérer séparément les aspects temporel, adaptif, et individuel de ces activités. En même temps, il faut éviter de tomber dans les erreurs classiques, de le décrire comme étant un corps, ou une conscience, ou une association des deux, et de croire à l'existence réelle des parties qu'y découpe notre pensée.

II

Dimensions et forme du corps.

Le corps humain se trouve, sur l'échelle des grandeurs, à mi-chemin entre l'atome et l'étoile. Suivant les objets auxquels on le compare, il apparaît grand ou petit. Sa longueur est équivalente à celle de deux cent mille cellules des tissus, ou de deux millions de microbes ordinaires, ou de deux milliards de molécules d'albumine placées bout à bout. Par rapport à un atome d'hydrogène, il est d'une grandeur impossible à imaginer. Mais, comparé à une montagne, ou à la terre, il devient minuscule. Pour égaler la hauteur du mont Everest, il faudrait placer, debout les uns sur les autres, plus que quatre mille hommes. Le méridien terrestre équivaut approximativement à vingt millions de corps humains disposés les uns à la suite des autres. On sait que la lumière parcourt en une seconde environ cent cinquante millions de fois la longueur de notre corps, et que les distances interstellaires se mesurent en années de lumière. Aussi notre stature, rapportée à ce système de références, devient-elle d'une inconcevable petitesse. C'est pourquoi les astronomes Eddington et Jeans, dans leurs ouvrages de vulgarisation, réussissent-ils toujours à impressionner leurs lecteurs en leur montrant la parfaite insignifiance de l'homme dans l'univers. En réalité, notre grandeur ou notre petitesse spatiales n'ont aucune importance. Car ce qui est spécifique de nous-mêmes ne possède pas de dimensions physiques. La place que nous occupons dans le monde ne dépend certainement pas de notre volume.

Il semble que notre taille soit appropriée aux caractères des cellules des tissus et à la nature des échanges chimiques, du métabolisme de l'organisme. Comme l'influx nerveux se propage chez tous avec la même vitesse, des individus, beaucoup plus grands que nous le sommes, auraient une perception trop lente des choses extérieures et leurs réactions motrices seraient trop tardives. En même temps, leurs échanges chimiques seraient profondément modifiés. Il est bien connu qu'un animal possède un métabolisme d'autant plus actif que la surface de son corps est plus étendue par rapport à son volume. Et que le rapport de la surface au volume d'un objet augmente quand le volume décroît. C'est pourquoi le métabolisme des grands animaux est plus faible que celui des petits. Celui du cheval, par exemple, est moins actif que celui de la souris. Un grand accroissement de notre taille diminuerait l'intensité de nos échanges chimiques. Il nous enlèverait sans doute une partie de la rapidité de nos perceptions et de notre agilité. Un tel accident ne se produira pas, car la stature des êtres humains varie peu. Les dimensions de notre corps sont déterminées à la fois par notre hérédité et par les conditions de notre développement. Il y a des races grandes et des races petites, telles que les Suédois et les Japonais. Dans une race donnée, on rencontre des individus de taille très différentes. Ces différences dans le volume du squelette viennent de l'état des glandes endocrines, et de la corrélation de leurs activités dans l'espace et le temps. Elles ont donc une signification profonde. Par une nourriture et un genre de vie appropriés, il est possible d'augmenter ou diminuer la stature des individus composant une nation. Et en même temps de modifier la qualité de leurs tissus, et probablement aussi de leur esprit. Il ne faut donc pas aveuglément changer les dimensions du corps pour lui donner plus de beauté et de force musculaire. Car de simples modifications de notre volume peuvent entraîner des modifications profondes de nos activités physiologiques et mentales. En général, les individus les plus sensibles, les plus alertes et les plus résistants ne sont pas grands. Il en est de même des hommes de génie. Mussolini est de taille moyenne, et Napoléon était petit.

Ce que nous connaissons surtout de nos semblables, ce sont leur forme, leur allure, l'aspect de leur figure. La forme exprime la qualité, les puissances du corps et de la conscience. Dans une même race, elle change suivant le genre de vie des individus. L'homme de la Renaissance qui passait sa vie à combattre, qui bravait sans cesse les intempéries et les dangers, qui s'enthousiasmait pour les découvertes de Galilée autant que pour les chefs-d'œuvre de Leonardo de Vinci et de Michel-Ange avait un aspect très différent de celui de l'homme moderne dont l'existence se limite à un bureau, à une voiture bien close, qui contemple des films stupides, écoute sa radio, joue au golf et au bridge. Chaque époque met son empreinte sur l'être humain. Nous voyons se dessiner, surtout chez les Latins, un type nouveau, produit par l'automobile et le cinéma. Ce type est caractérisé par un aspect adipeux, des tissus mous, une peau blafarde, un gros ventre, des jambes grêles, une démarche maladroite, et une face inintelligente et brutale. Un autre type apparaît simultanément. Le type athlétique, à épaules larges, à taille mince et à crâne d'oiseau. En somme, notre forme représente nos habitudes physiologiques, et même nos pensées ordinaires. Ses caractères viennent surtout des muscles qui s'allongent sous la peau, le long des os, et dont le volume dépend de l'exercice auquel ils sont soumis. La beauté du corps est faite du développement harmonieux de tous les muscles et de toutes les parties du squelette. Elle atteignit son plus haut degré chez les athlètes grecs, surtout ceux de l'époque de Périclès, dont Phidias et ses élèves nous ont laissé l'image. La forme de la figure, celle de la bouche, des joues, des paupières, et tous les autres traits du visage sont déterminés par l'état habituel des muscles plats, qui se meuvent dans la graisse, au-dessous de la peau. Et l'état de ces muscles vient de celui de nos pensées. Certes, chacun peut donner à sa figure l'expression qu'il désire. Mais il ne garde pas ce masque de façon permanente. A notre insu, notre figure se modèle peu à peu sur nos états de conscience. Et avec les progrès de l'âge, elle devient l'image de plus en plus exacte des sentiments, des appétits, des aspirations de l'être tout entier. La beauté d'un jeune homme résulte de l'harmonie naturelle des traits de son visage. Celle, si rare, d'un vieillard manifeste l'état de son âme.

Le visage exprime des choses plus profondes encore que les activités de la conscience. On peut y lire, non seulement les vices, les vertus, l'intelligence, la stupidité, les sentiments, les habitudes les plus cachées d'un individu, mais aussi la constitution de son corps, et ses tendances aux maladies organiques et mentales. En effet, l'aspect du squelette, des muscles, de la graisse, de la peau, et des poils, dépend de la nutrition des tissus. Et la nutrition des tissus est réglée par la composition du milieu intérieur, c'est-à-dire par les modes de l'activité des systèmes glandulaires et digestifs. L'aspect du corps nous renseigne donc sur l'état des organes. La figure est un résumé du corps entier. Elle reflète l'état fonctionnel à la fois, des glandes endocrines, de l'estomac, de l'intestin, et du système nerveux. Elle nous indique quelles sont les tendances morbides des individus. En effet, ceux qui appartiennent aux différents types morphologiques, cérébraux, digestifs, musculaires, ou respiratoires, ne sont pas exposés aux mêmes maladies organiques et mentales. Entre les hommes longs et étroits, et ceux qui sont larges et courts, il y a une grande différence de constitution. Le type long, asthénique ou athlétique, est prédisposé à la tuberculose et à la démence précoce. Le type large, à la folie circulaire, au diabète, au rhumatisme, à la goutte. Dans le diagnostic et pronostic des maladies, les anciens médecins attribuaient, avec juste raison, une grande importance au tempérament, aux idiosyncrasies, aux diathèses. Pour celui qui sait observer, chaque homme porte sur sa face la description de son corps et de son âme.

III

Ses surfaces extérieure et intérieure.

La peau, qui recouvre la surface extérieure du corps, est imperméable à l'eau et au gaz. Elle ne laisse pas entrer les microbes qui vivent à sa surface. Elle a aussi le pouvoir de les détruire à l'aide des substances qu'elle sécrète. Mais les êtres si minuscules et si dangereux, que nous appelons virus, sont capables de la traverser. Par sa face externe, elle est exposée à la lumière, au vent, à l'humidité, à la sécheresse, à la chaleur, et au froid. Par sa face interne, elle est au contact d'un monde aquatique, chaud et privé de lumière, où les cellules des tissus et des organes vivent comme des animaux marins. En dépit de sa minceur, elle protège effectivement le milieu intérieur des variations incessantes du milieu cosmique. Elle est humide, souple, extensible, élastique, inusable. Elle est inusable parce qu'elle se compose de plusieurs couches de cellules qui se reproduisent sans cesse. Ces cellules meurent en restant unies les unes aux autres comme les ardoises d'un toit. Comme des ardoises qui seraient continuellement emportées par le vent et continuellement remplacées par des ardoises nouvelles. Néanmoins, la peau reste humide et souple parce que de petites glandes sécrètent à sa surface de l'eau et de la graisse. Au niveau du nez, de la bouche, de l'anus, de l'urètre, et du vagin, elle se continue avec les muqueuses, membranes qui couvrent la surface interne du corps. Mais ces orifices, à l'exception du nez, sont fermés par des anneaux musculaires. La peau est donc la frontière, presque parfaitement défendue, d'un monde fermé.

C'est par elle que le corps entre en relations avec toutes les choses de son milieu. En effet, elle sert d'abri à une immense quantité de petits organes récepteurs qui enregistrent, chacun suivant sa nature propre, les modifications du monde extérieur. Les corpuscules du tact, répandus sur toute sa surface, sont sensibles à la pression, à la douleur, à la chaleur, et au froid. Ceux qui sont placés dans la muqueuse de la langue sont impressionnés par certaines qualités des aliments, et aussi par la température. Les vibrations de l'air agissent sur les appareils très compliqués de l'oreille interne par l'intermédiaire de la membrane du tympan et des os de l'oreille moyenne. Les réseaux du nerf olfactif, qui s'étend dans la muqueuse nasale, sont sensibles aux odeurs. Enfin, le cerveau envoie une partie de lui-même, le nerf optique et la rétine, jusque sous la peau, et y recueille les ondulations électromagnétiques depuis le rouge jusqu'au violet. La peau subit à ce niveau une étrange modification. Elle devient transparente et forme la cornée et le cristallin, et s'unit à d'autres tissus, pour édifier le prodigieux système optique que nous appelons œil.

De tous ces organes s'échappent des fibres nerveuses qui se rendent à la moelle et au cerveau. Par l'intermédiaire de ces nerfs, le système nerveux central s'étale à la façon d'une membrane sur toute la surface du corps, où il entre en contact avec le monde extérieur. De la constitution des organes des sens, et de leur degré de sensibilité dépend l'aspect que prend pour nous l'Univers. Si, par exemple, la rétine enregistrait les rayons infra-rouges de grande longueur d'onde, la nature se présenterait à nous avec un autre visage. A cause des changements de la température, la couleur de l'eau, des rochers, et des arbres varierait suivant les saisons. Les claires journées de juillet, où les moindres détails du paysage se détachent sur des ombres dures, seraient obscurcies par un brouillard rougeâtre. Les rayons calorifiques, devenus visibles, cacheraient tous les objets. Pendant les froids de l'hiver, l'atmosphère s'éclaircirait, et les contours des choses deviendraient précis. Mais l'aspect des hommes resterait bien changé. Leur profil serait indécis. Un nuage rouge, s'échappant des narines et de la bouche, masquerait leur figure. Après un exercice violent, le volume du corps augmenterait, car la chaleur dégagée par lui l'entourerait d'une plus large aura. De même, le monde extérieur se modifierait, quoique d'une autre manière, si la rétine devenait sensible aux rayons ultraviolets, la peau aux rayons lumineux, ou si, seulement, la sensibilité de chacun de nos organes des sens augmentait de façon marquée.

Nous ignorons les choses qui n'agissent pas sur les terminaisons nerveuses de la surface de notre corps. C'est pourquoi les rayons cosmiques ne sont nullement perçus par nous, bien qu'ils nous traversent de part en part. Il semble que tout ce qui atteint le cerveau doive passer par les sens, c'est-à-dire impressionner la couche nerveuse qui nous entoure. Seul, l'agent inconnu des communications télépathiques fait peut-être exception à cette règle. On dirait que, dans la clairvoyance, le sujet saisit directement la réalité extérieure sans utiliser les voies nerveuses habituelles. Mais de tels phénomènes sont rares. Les sens sont la porte par où le monde physique entre en nous. La qualité de l'individu dépend en partie de celle de sa surface. Car le cerveau se forme d'après les messages incessants qui lui viennent du milieu extérieur. Aussi, faut-il nous garder de modifier à la légère l'état de notre enveloppe par nos habitudes de vie. Par exemple, nous ne savons pas exactement quel est l'effet de l'exposition au soleil de la surface de notre corps. Jusqu'au moment où cet effet sera connu le nudisme et le brunissement exagéré de la peau par la lumière naturelle, ou les rayons ultraviolets, ne devront pas être acceptés aveuglément par les races blanches. La peau et ses dépendances jouent, à notre égard, le rôle d'un attentif gardien. Elles laissent entrer en nous certaines des choses des mondes physique et psychologique, et excluent les autres. Elles sont la porte toujours ouverte, et néanmoins surveillée, de notre système nerveux central. Il faut les considérer comme un aspect très important de nous-mêmes.

Notre frontière interne commence à la bouche et au nez, et finit à l'anus. C'est par ces ouvertures que le monde extérieur pénètre dans les appareils digestif et respiratoire. Tandis que la peau est imperméable à l'eau et au gaz, les membranes muqueuses du poumon et de l'intestin laissent passer ces substances. Par leur intermédiaire, nous sommes en continuité chimique avec notre milieu. Notre surface intérieure est beaucoup plus grande que celle de la peau. L'étendue couverte par les cellules aplaties des alvéoles pulmonaires est immense. Elle est approximativement égale à un rectangle de cinquante mètres de longueur et de dix mètres de largeur. Ces cellules se laissent traverser par l'oxygène de l'air, et par l'acide carbonique du sang veineux. Elles sont facilement affectées par les poisons et par les bactéries et plus particulièrement par les pneumocoques. L'air atmosphérique, avant de les atteindre, traverse le nez, l'arrière-gorge, le larynx, la trachée, et les bronches où il s'humidifie et se débarrasse des poussières et des microbes qu'il transporte avec lui. Mais cette protection naturelle est devenue insuffisante depuis que l'air des villes a été pollué par les poussières du charbon, les vapeurs d'essence, et les bactéries libérées par la foule des êtres humains. Les muqueuses respiratoires sont beaucoup plus fragiles que la peau. C'est à cause de cette fragilité que des populations entières pourront, dans les guerres de l'avenir, être exterminées par des gaz toxiques.

De la bouche à l'anus, le corps est traversé par un courant de matière alimentaire. Les membranes digestives établissent les relations chimiques entre le monde extérieur et le milieu organique. Leurs fonctions sont plus compliquées que celles des membranes respiratoires, car elles doivent faire subir des transformations profondes aux substances qui se trouvent à leur surface. Il ne leur suffit pas de jouer le rôle d'un filtre. Elles doivent être aussi une véritable usine chimique. Les ferments qu'elles sécrètent collaborent avec ceux du pancréas pour transformer les aliments en substances absorbables par les cellules de l'intestin. Cette surface est extraordinairement vaste. Elle sécrète et absorbe de grandes quantités de liquides. Elle laisse passer aussi les substances alimentaires une fois qu'elles sont digérées. Mais elle s'oppose à la pénétration des bactéries qui pullulent dans le tube digestif. En général, ces dangereux ennemis sont tenus en respect par cette mince membrane et les leucocytes qui la défendent. Mais ils sont toujours menaçants. Les virus se plaisent dans l'arrière-gorge Les streptocoques et les bacilles de la diphtérie, sur les amygdales. Les bacilles de la fièvre typhoïde et de la dysenterie se multiplient facilement dans l'intestin. De la bonne qualité des membranes respiratoires et digestives dépendent en grande partie la résistance de l'organisme aux maladies infectieuses, sa force, son équilibre, son affectivité, et même son attitude intellectuelle.

Notre corps constitue donc un monde fermé, limité d'une part par la peau, et d'autre part, par les muqueuses des appareils digestif et respiratoire. Quand cette surface est détruite en quelqu'un de ses points, l'existence de l'individu est menacée. Une brûlure même superficielle, si elle s'étend à, une grande partie de la peau, amène la mort. Cette enveloppe, qui isole de façon si parfaite notre milieu intérieur du milieu cosmique, permet cependant les communications physiques et chimiques les plus étendues entre ces deux mondes. Elle réalise le prodige d'être une frontière simultanément fermée et ouverte. Car elle n'existe pas pour les agents psychologiques. Et nous pouvons être blessés, et même tués, par des ennemis qui, ignorant totalement nos limites anatomiques, envahissent notre conscience, comme des avions bombardent une ville sans se soucier des fortifications qui la défendent.

IV

Sa constitution interne. — Les cellules et leurs associations. — Leur structure. — Les différentes races cellulaires.

L'intérieur de notre corps n'est nullement ce que nous enseigne l'anatomie classique. Celle-ci nous donne de l'être humain un schéma purement structural et tout à fait irréel. Il ne suffit pas d'ouvrir un cadavre pour savoir comment l'organisme est constitué. Certes, nous pouvons observer ainsi sa charpente, le squelette et les muscles, qui sont l'armature des organes. Dans la cage formée par la colonne vertébrale, les côtes et le sternum, sont suspendus le cœur et les poumons. Le foie, la rate, les reins, l'estomac, l'intestin, les glandes génitales s'attachent par des replis du péritoine à la surface intérieure de la grande cavité dont le fond est constitué par le bassin, les côtés par les muscles de l'abdomen, et la voûte par le diaphragme. Les plus fragiles de tous les organes, le cerveau et la moelle, sont enfermés dans des boîtes osseuses, et protégés contre la dureté de leurs parois par un système de membranes et une couche de liquide.

Sur le cadavre, il est impossible de comprendre la constitution de l'être vivant, car on contemple les tissus privés de leurs fonctions et de leur milieu naturel, le sang et les humeurs. En réalité, un organe séparé de son milieu n'existe plus. Sur le vivant, le sang circulant est partout présent. Il bat dans les artères, glisse dans les veines bleuâtres, remplit les vaisseaux capillaires, et baigne tous les tissus de lymphe transparente.

Pour saisir ce monde intérieur tel qu'il est, des techniques plus délicates que celles de l'anatomie et de l'histologie sont nécessaires. Il faut étudier les organes sur des animaux et des hommes vivants, comme on les voit au cours des opérations chirurgicales, et non pas seulement sur des cadavres préparés pour la dissection. Il faut apprendre leur structure à la fois sur les coupes microscopiques de tissus morts et modifiées par les fixatifs et les colorants, sur des tissus vivants qui fonctionnent, et sur les films cinématographiques où leurs mouvements sont enregistrés. Nous ne devons créer de séparation artificielle ni entre les cellules et leur milieu, ni entre la forme et la fonction.

Dans l'intérieur de l'organisme, les cellules se comportent comme de petites bêtes aquatiques plongées dans un milieu obscur et tiède. Ce milieu est analogue à l'eau de mer. Cependant, il est moins salé qu'elle, et sa composition est beaucoup plus riche et variée. Les globules blancs du sang, et les cellules qui tapissent les vaisseaux sanguins et lymphatiques, ressemblent à des poissons qui nagent librement dans la masse des eaux, ou qui s'aplatissent sur le sable des fonds. Mais les cellules qui forment les tissus ne flottent pas dans du liquide. Elles sont comparables, non à des poissons, mais à des amphibies vivant dans des marécages ou dans du sable humide. Toutes dépendent absolument des conditions du milieu dans lequel elles sont plongées. Sans cesse, elles modifient ce milieu et sont modifiées par lui. En réalité, elles en sont inséparables. Aussi inséparables que leur corps de son noyau. Leur structure et leurs fonctions sont déterminées par l'état physique, physico-chimique et chimique du liquide qui les entoure. Ce liquide est la lymphe interstitielle qui, à la fois, vient du sang et le produit. Cellule et milieu, structure et fonction sont une seule et même chose. Néanmoins, des nécessités méthodologiques nous obligent à diviser en morceaux cet ensemble fonctionnellement indivisible, à décrire d'une part, les cellules et les tissus, et d'autre part, le milieu intra-organique, le sang et les humeurs.

Les cellules forment des sociétés que nous appelons les tissus et les organes. Mais l'analogie de ces sociétés aux communautés d'insectes et aux communautés humaines est bien superficielle. Car l'individualité des cellules est beaucoup moins grande que celle des hommes et même des insectes. Dans les unes et les autres de ces sociétés, les règles qui paraissent unir les individus sont l'expression de leurs propriétés inhérentes. Il est plus facile de connaître les caractères des êtres humains que ceux des sociétés humaines. Le contraire a lieu pour les sociétés cellulaires. Les anatomistes et les physiologistes savent depuis longtemps quels sont les caractères généraux des tissus et des organes. Mais ils n'ont réussi que récemment à analyser les propriétés des cellules, c'est-à-dire des individus qui constituent les sociétés organiques. Grâce aux procédés qui permettent de cultiver les tissus dans des flacons, il a été possible d'en obtenir une connaissance plus approfondie. Les cellules se sont révélées alors comme douées de pouvoirs insoupçonnés, de propriétés étonnantes, qui, virtuelles dans les conditions ordinaires de la vie, sont susceptibles de s'actualiser sous l'influence de certains états physico-chimiques du milieu. Ce sont ces caractères fonctionnels, et non pas seulement leurs caractères anatomiques, qui les rendent capables de construire l'organisme vivant.

Malgré sa petitesse, chaque cellule est un organisme très compliqué. Elle ne ressemble en aucune façon à l'abstraction favorite des chimistes, à une goutte de gélatine entourée d'une membrane semi-perméable. On ne trouve pas non plus dans son noyau ou dans son corps la substance à laquelle les biologistes donnent le nom de protoplasma. En fait, le protoplasma est un concept dépourvu de sens objectif. Autant que le serait le concept anthro-poplasma si, par un tel concept, on voulait exprimer ce qui se trouve à l'intérieur de notre corps. Il est possible aujourd'hui de projeter sur un écran des films cinématographiques de cellules agrandies de telle sorte que leur taille soit supérieure à celle d'un homme. Dans ces conditions, tous leurs organes deviennent visibles. Au milieu de leur corps, on voit flotter une sorte de ballon ovoïde, à paroi élastique, qui paraît rempli d'une gelée complètement transparente. Ce noyau contient deux nucléoles qui changent lentement de forme. Autour de lui, il y a une grande agitation. Celle-ci se produit surtout au niveau d'un amas de vésicules, qui correspondent à ce que les anatomistes appellent l'appareil de Golgi ou de Renaut. Des granules, presque indistincts, se meuvent sans cesse et en nombre immense dans cette région. Ils courent aussi jusque dans les membres mobiles et transitoires de la cellule. Mais les organes les plus frappants sont de longs filaments, les mitochondries, qui ressemblent à des serpents, ou, dans certaines cellules, à de courtes bactéries. Vésicules, granulations et filaments s'agitent violemment et continuellement dans le liquide intracellulaire.

La complexité apparente des cellules vivantes est déjà très grande. Sa complexité réelle l'est davantage encore. Le noyau qui, à l'exception des nucléoles, paraît complètement vide, contient cependant des substances d'une nature merveilleuse. La simplicité attribuée par les chimistes aux nucléoprotéines qui le constituent est une illusion. En réalité, le noyau contient les gènes, ces êtres dont nous ignorons tout, si ce n'est qu'ils sont les tendances héréditaires des cellules, et des hommes qui en dérivent. Les gènes sont invisibles. Mais nous savons qu'ils habitent les chromosomes, ces bâtonnets qui apparaissent dans le noyau clair de la cellule quand elle va se diviser. A ce moment, les chromosomes dessinent de façon confuse les figures classiques, de la division indirecte. Puis leurs deux groupes s'éloignent l'un de l'autre. Alors on voit, sur les films cinématographiques, le corps cellulaire se secouer violemment, agiter dans tous les sens son contenu, et se diviser en deux parties, les cellules filles. Ces cellules se séparent en laissant traîner derrière elles des filaments élastiques qui finissent par se rompre. C'est ainsi que s'individualisent deux éléments nouveaux de l'organisme.

De même que les animaux, les cellules appartiennent à plusieurs races. Ces races sont déterminées à la fois par des caractères structuraux et par des caractères fonctionnels. Des cellules provenant de régions spatiales différentes, par exemple, de la glande thyroïde, de la rate ou de la peau, montrent naturellement des types différents. Mais, chose inexplicable, si on recueille à des moments successifs de la durée, des cellules d'une même région spatiale, on trouve qu'elles constituent aussi des races différentes. L'organisme est aussi hétérogène dans le temps que dans l'espace. Les types cellulaires se divisent grossièrement en deux classes. Les cellules fixes, qui s'unissent pour former les organes. Et les cellules mobiles, qui voyagent dans le corps entier. Les cellules fixes comprennent la race des cellules conjonctives, et celle des cellules épithéliales, cellules nobles qui forment le cerveau, la peau, les glandes endocrines. Les cellules conjonctives constituent le squelette des organes. Elles sont présentes partout. Autour d'elles s'accumulent des substances variées, cartilage, os, tissu fibreux, fibres élastiques, qui donnent au squelette, aux muscles, aux vaisseaux sanguins et aux organes la solidité et l'élasticité nécessaires. Elles se métamorphosent aussi en éléments contractiles. Elles sont les muscles du cœur, des vaisseaux de l'appareil digestif, et aussi ceux de notre appareil locomoteur. Quoiqu'elles nous paraissent immobiles et portent encore leur vieux nom de cellules fixes, elles sont cependant douées de mouvements, ainsi que la cinématographie nous l'a montré. Mais leurs mouvements sont lents. Elles glissent dans leur milieu comme de l'huile s'étendant sur l'eau, et entraînent avec elles leur noyau qui flotte dans la masse liquide de leur corps. Les cellules mobiles comprennent les différents types de leucocytes du sang et des tissus. Leur allure est rapide. Les leucocytes à plusieurs noyaux ressemblent à des amibes. Les lymphocytes rampent plus lentement, comme de petits vers. Les plus grands, les monocytes, sont de véritables pieuvres qui, en outre de leurs bras multiples, sont entourées d'une membrane ondulante. Ils enveloppent des plis de cette membrane les cellules et les microbes, dont ensuite ils se nourrissent avec voracité.

Quand on élève dans des flacons ces différents types cellulaires, leurs caractères deviennent aussi apparents que ceux de différentes races de microbes. Chaque type possède des propriétés qui lui sont inhérentes, et qu'il conserve même lorsqu'il a été séparé du corps pendant plusieurs années. C'est par leur mode de locomotion, par la façon dont elles s'associent les unes aux autres, par l'aspect de leurs colonies, le taux de leur croissance, les substances qu'elles sécrètent, les aliments qu'elles demandent, aussi bien que par leur forme, que les races, cellulaires sont caractérisées. Chaque société cellulaire, c'est-à-dire chaque organe, est redevable de ses lois propres à ces propriétés élémentaires. Les cellules ne seraient pas capables de construire l'organisme si elles ne possédaient que les caractères connus des anatomistes. Grâce à leurs propriétés habituelles, et à un nombre immense de propriétés virtuelles susceptibles de se manifester comme réponse à des changements physico-chimiques du milieu, elles font face aux situations nouvelles qui se présentent au cours de la vie normale et des maladies. Elles s'associent en masses denses dont l'agencement est réglé par les besoins structuraux et fonctionnels de l'ensemble.

Le corps humain est une unité compacte et mobile. Et son harmonie est assurée à la fois par le sang, et par les nerfs dont sont pourvus tous les groupes cellulaires. L'existence des tissus n'est pas concevable sans celle d'un milieu liquide. Ce sont les relations nécessaires des cellules avec leurs vaisseaux nourriciers qui déterminent la forme des organes. Cette forme dépend aussi de la présence des voies d'élimination des sécrétions glandulaires. Tout le dispositif intérieur du corps dépend des besoins nutritifs des éléments anatomiques. L'architecture de chaque organe est dominée par la nécessité, où se trouvent les cellules, d'être immergées dans un milieu toujours riche en matières alimentaires, et jamais encombré par les déchets de la nutrition.

V

Le sang et le milieu intérieur.

Le milieu intérieur fait partie des tissus. Il en est inséparable. Sans lui, les éléments anatomiques cesseraient d'exister. Toutes les manifestations de la vie des organes et des centres nerveux, nos pensées, nos affections, la cruauté, la laideur et la beauté de l'univers, son existence même, dépendent de l'état physico-chimique de ce milieu. Il se compose du sang qui circule dans les artères et les veines, et du liquide qui filtre à travers la paroi des vaisseaux capillaires dans l'intérieur des tissus et des organes. Il y a un milieu général, le sang, et des milieux régionaux constitués par la lymphe interstitielle. On peut comparer chaque organe à un bassin complètement rempli de plantes aquatiques, et alimenté par un petit ruisseau. L'eau presque stagnante, analogue à la lymphe qui baigne les cellules, se charge des débris des plantes, et des substances chimiques libérées par eux. Son degré de stagnation et de pollution dépend de la rapidité et du volume du ruisseau. Il en est de même de la lymphe interstitielle, dont la composition est réglée par le débit de l'artère nourricière de l'organe. En dernière analyse, c'est le sang qui, directement ou indirectement, constitue le milieu où vivent toutes les cellules du corps.

Le sang est un tissu, comme tous les autres tissus. Il se compose d'environ 30 000 milliards de globules rouges, et de 50 milliards de globules blancs. Mais ces cellules ne sont pas, comme celles des autres tissus, immobilisées par une charpente. Elles sont suspendues dans un liquide visqueux, le plasma. Le sang est un tissu mouvant, qui s'insinue dans toutes les parties du corps. Il porte à chaque cellule la nourriture dont elle a besoin. En même temps, il sert d'égout collecteur aux produits de déchet de la vie tissulaire. Mais il contient aussi des substances chimiques et des cellules capables d'opérer des reconstructions organiques dans les régions du corps où elles sont nécessaires. Dans cet acte étrange, il se comporte comme un torrent qui, à l'aide de la boue et des troncs d'arbres qu'il charrie, se mettrait à réparer les maisons placées sur sa rive.

Le plasma sanguin n'est pas, en réalité, ce que les chimistes nous enseignent. Certes, il répond vraiment aux abstractions auxquelles ces derniers l'ont réduit. Mais il est incomparablement plus riche qu'elles. Il est, sans nul doute, la solution de bases, d'acides, de sels, et de protéines dont van Slyke et Henderson ont découvert les lois de l'équilibre physicochimique. C'est grâce à cette composition particulière qu'il peut maintenir constante, et tout près de la neutralité, son alcalinité ionique, malgré les acides qui sont sans cesse libérés par les tissus. Il offre ainsi à toutes les cellules de l'organisme un milieu qui n'est ni trop acide, ni trop alcalin, et qui ne varie pas. Mais il est fait aussi de protéines, de polypeptides, d'acides aminés, de sucres, de graisses, de ferments, de métaux en quantité infinitésimale, des produits de sécrétion de toutes les glandes, de tous les tissus. Nous connaissons encore très mal la nature de la plupart de ces substances. Nous entrevoyons à peine l'immense complexité de leurs fonctions. Chaque type cellulaire trouve dans le plasma sanguin les aliments qui lui conviennent, les substances qui accélèrent ou modèrent son activité. C'est ainsi que certaines graisses liées aux protéines du sérum ont le pouvoir de freiner la prolifération cellulaire, et même de l'arrêter complètement. Il y a aussi dans le sérum des substances qui empêchent la multiplication des bactéries, ces substances prennent naissance dans les tissus lorsque ceux-ci doivent se défendre contre une invasion de microbes. Et enfin une protéine, le fibrinogène, père de la fibrine qui, avec une gluante ténacité, s'applique spontanément sur les plaies des vaisseaux, et arrête les hémorragies.

Les cellules dit sang, globules rouges et globules blancs, jouent un rôle capital dans la constitution du milieu intérieur. En effet, le plasma ne peut dissoudre qu'une petite quantité de l'oxygène de l'air. Il serait incapable de fournir à l'immense population des cellules enfermées dans le corps l'oxygène qu'elles demandent, si cet oxygène ne se fixait pas sur les globules rouges. Les globules rouges ne sont pas des cellules vivantes. Ce sont de petits sacs pleins d'hémoglobine. A leur passage dans les poumons, ils se chargent de l'oxygène que leur prendront, quelques instants plus tard, les avides cellules des organes. Et en même temps, celles-ci se débarrasseront dans le sang de leur acide carbonique, et de leurs autres déchets. Les globules blancs, au contraire, sont des cellules vivantes. Tantôt ils flottent dans le plasma des vaisseaux, tantôt ils s'en échappent par les interstices des capillaires, et rampent à la surface des cellules des muqueuses, de l'intestin, de tous les organes. C'est grâce à ces éléments microscopiques que le sang joue son rôle de tissu mobile, d'agent réparateur, à la fois milieu solide et milieu liquide, capable de se porter où sa présence est nécessaire. Il accumule rapidement, autour des microbes envahisseurs d'une région de l'organisme, de grands amas de leucocytes qui combattent l'infection. Il apporte aussi, au niveau des plaies de la peau ou des organes, des globules blancs qui sont un matériel virtuel de reconstruction. Ces leucocytes ont le pouvoir de se transformer en cellules fixes. Ils font naître autour d'eux des fibres conjonctives, et réparent, grâce à une cicatrice solide, le tissu blessé.

Les liquides, et les cellules qui sortent des vaisseaux capillaires sanguins, constituent le milieu local des tissus et des organes. Ce milieu est presque impossible à étudier. Quand on injecte dans l'organisme, comme l'a fait Roux, des substances dont la couleur change suivant l'acidité ionique des tissus, on voit les organes prendre des couleurs différentes. Il devient alors possible de percevoir la diversité des milieux locaux. En réalité, cette diversité est beaucoup plus profonde qu'elle ne paraît. Mais nous ne sommes pas capables de déceler tous ses caractères. Dans le vaste monde que constitue l'organisme humain, il y a des pays très variés. Bien que ces pays soient irrigués par les branches du même fleuve, la qualité de l'eau de leurs lacs et de leurs étangs dépend de la constitution du sol et de la nature de la végétation. Chaque organe, chaque tissu crée aux dépens du plasma sanguin son propre milieu. Et c'est de l'ajustement réciproque des cellules et de ce milieu que dépendent la santé ou la maladie, la force ou la faiblesse, le bonheur ou le malheur de chacun de nous.

VI

La nutrition des tissus. — Les échanges chimiques.

Entre les liquides qui constituent le milieu intérieur, et le monde des tissus et des organes, il y a des échanges chimiques continuels. L'activité nutritive est un mode d'être des cellules, de même que la forme et la structure. Dès que leur nutrition cesse, les organes se mettent en équilibre avec leur milieu, et meurent. Nutrition est synonyme d'existence. Les tissus vivants sont avides d'oxygène et l'arrachent au plasma sanguin. Ce qui signifie, en termes physico-chimiques, qu'ils ont un pouvoir réducteur élevé, qu'un système compliqué de certaines substances chimiques et de ferments leur permet d'employer l'oxygène atmosphérique à des réactions productrices d'énergie. Grâce à l'oxygène, à l'hydrogène et au carbone qu'elles reçoivent des sucres et des graisses, les cellules vivantes sont pourvues de l'énergie mécanique nécessaire au maintien de leur structure et à leurs mouvements, de l'énergie électrique qui se manifeste dans tous les changements d'état organique, et de la chaleur indispensable aux réactions chimiques et aux processus physiologiques. Elles trouvent aussi dans le plasma sanguin l'azote, le soufre, et le phosphore, dont elles se servent pour la construction de nouvelles cellules, et pour la croissance et la réparation des organes. A l'aide de leurs ferments, elles divisent en fragments de plus en plus petits les protéines, les sucres et les graisses de leur milieu, et utilisent l'énergie libérée par ces réactions. En même temps, elles édifient, grâce à des réactions qui absorbent de l'énergie, des corps plus compliqués, d'un plus haut potentiel énergétique, qu'elles incorporent à leur propre substance.

L'intensité des échanges chimiques, du métabolisme des groupes cellulaires et de l'être vivant tout entier, est l'expression de l'intensité de la vie organique. On mesure le métabolisme par la quantité d'oxygène absorbé et celle d'acide carbonique dégagé, quand le corps se trouve à l'état de repos complet. Dès que les muscles se contractent et produisent un travail mécanique, l'activité des échanges s'élève beaucoup. Le métabolisme est plus intense chez l'enfant que chez l'adulte, chez les petits animaux que chez les grands animaux. C'est une des raisons pour lesquelles il ne faut pas augmenter, au delà d'une certaine limite, la taille humaine. Dans le métabolisme nous ne trouvons pas l'expression de toutes nos fonctions. Le cerveau, le foie et les glandes ont une grande activité chimique. Mais c'est le travail musculaire qui accroît de la façon la plus marquée l'intensité des échanges. Chose curieuse, le travail intellectuel ne produit aucune élévation du métabolisme. On dirait qu'il ne demande pas de dépense énergétique ou qu'il se contente d'une quantité d'énergie trop faible pour être mesurée par les techniques actuelles. Certes, il est étrange que la pensée qui transforme la surface de la terre, détruit et construit les nations, et découvre de nouveaux univers au fond de l'immensité inconcevable de l'espace, s'élabore en nous sans consommer une quantité mesurable d'énergie. Les plus puissantes créations de l'intelligence augmentent beaucoup moins le métabolisme que le muscle biceps quand il se contracte pour soulever un poids d'une livre. Ni l'ambition de César, ni la méditation de Newton, ni l'inspiration de Beethoven, ni la contemplation ardente de Pasteur n'ont réussi à accélérer la nutrition de leurs tissus, comme l'auraient fait aisément quelques microbes ou une faible exagération de la sécrétion de leur glande thyroïde.

Il est très difficile de ralentir le rythme de la nutrition. L'organisme maintient l'activité normale des échanges chimiques dans les conditions les plus adverses. Un froid extérieur intense ne diminue pas notre métabolisme. Ce n'est qu'aux approches de la mort que le corps se refroidit. Au contraire, pendant l'hiver, l'ours, la marmotte et le raton abaissent leur température et entrent dans un état de vie ralentie. Chez les rotifères, la dessiccation arrête, complètement la nutrition. Et cependant, si au bout de plusieurs semaines de vie latente on humidifie ces petits animaux, ils ressuscitent, et le rythme de leurs échanges chimiques redevient normal. Nous n'avons pas encore trouvé le secret de produire chez les animaux domestiques et chez l'homme une telle suspension de la nutrition. Il serait d'un évident avantage, dans les pays froids, de mettre en état de vie latente les vaches et les moutons pendant les longs hivers. Peut-être pourrait-on prolonger la durée de la vie humaine, guérir certaines maladies, utiliser de meilleure façon les individus exceptionnellement doués, si on pouvait les faire hiberner de temps en temps. Mais, sauf par la méthode barbare et insuffisante, qui consiste à enlever la glande thyroïde, nous ne sommes pas capables d'abaisser le taux des échanges chimiques de l'organisme humain. La vie latente est, pour le moment, impossible.

VII

La circulation du sang. — Les poumons et les reins.

Au cours des processus nutritifs, les tissus et les organes éliminent des déchets. Ces déchets ont une tendance à s'accumuler dans le milieu local, et à le rendre inhabitable aux cellules. Les phénomènes de la nutrition demandent donc l'existence d'appareils capables d'assurer la circulation rapide du milieu intérieur, le remplacement des matières alimentaires utilisées par les tissus, et l'élimination des substances toxiques. Le volume des liquides circulants comparé à celui des organes, est très petit. Un homme possède une quantité de sang inférieure au dixième de son poids. D'autre part, les tissus vivants consomment beaucoup d'oxygène et de glucose. Ils libèrent aussi dans leur milieu des quantités considérables d'acide carbonique, d'acide lactique, etc. Il faut donner à un fragment de tissus vivant, cultivé dans un flacon, un volume de liquide égal à deux mille fois son propre volume, afin qu'il ne soit pas empoisonné en quelques jours par les déchets de sa nutrition. Et encore doit-il avoir à sa disposition une atmosphère gazeuse au moins dix fois plus grande que son milieu liquide. Par conséquent, un corps humain réduit en pulpe demanderait environ deux cent mille litres de liquide nutritif. C'est grâce à la merveilleuse perfection des appareils qui font circuler le sang, le chargent de substances alimentaires et le débarrassent de ses déchets que nos tissus peuvent vivre dans sept ou huit litres de liquide, au lieu de deux cent mille.

La rapidité de la circulation est assez grande pour que la composition du sang ne soit pas modifiée par les produits de la nutrition. Ce n'est qu'après un exercice violent que l'acidité du plasma augmente. Chaque organe règle, par les nerfs dilatateurs et constricteurs de ses vaisseaux, le volume et la rapidité du sang circulant. Quand la circulation se ralentit, ou s'arrête, le milieu intérieur devient acide. Suivant la nature de leurs cellules, les organes résistent plus ou moins à cette intoxication. On peut enlever le rein d'un chien, le laisser sur une table pendant une heure, et le replanter ensuite sur l'animal. Ce rein supporte sans inconvénient la privation temporaire du sang et fonctionne indéfiniment de façon normale. De même, l'interruption de la circulation dans un membre pendant trois ou quatre heures n'a aucune suite fâcheuse. Mais le cerveau est beaucoup plus sensible au manque d'oxygène. Lorsque l'anémie y est complète pendant vingt minutes environ, la mort se produit de façon fatale. Un arrêt de la circulation pendant dix minutes suffit à produire des désordres très graves, irréparables. Il est impossible de ressusciter un individu dont le cerveau a été complètement dépourvu d'oxygène pendant cet espace de temps. Pour que nos organes fonctionnent de façon normale, il est indispensable aussi que le sang s'y trouve sous une certaine pression. Notre conduite et la qualité de nos pensées dépendent de la valeur de la tension artérielle. C'est par les conditions physiques aussi bien que chimiques du milieu intérieur que le cœur et les vaisseaux sanguins influencent les activités humaines.

Le sang garde la constance de sa composition, parce qu'il traverse continuellement des appareils où il se purifie, et où il récupère les substances nutritives utilisées par les tissus. Quand le sang veineux revient des muscles et des organes, il est chargé d'acide carbonique et de tous les déchets de la nutrition. Les contractions du cœur le chassent alors dans le réseau immense des capillaires des poumons où chaque globule rouge se trouve au contact de l'oxygène atmosphérique. Suivant de simples lois physico-chimiques, l'oxygène pénètre dans le sang où il se fixe sur l'hémoglobine des globules rouges. En même temps, l'acide carbonique s'échappe dans les bronches, d'où les mouvements respiratoires l'expulsent dans l'atmosphère extérieure. Plus la respiration est rapide, plus actifs sont les échanges chimiques entre l'air et le sang. Mais, dans la traversée pulmonaire, le sang ne se débarrasse que de l'acide carbonique. Il contient encore des acides non volatils, et tous les autres déchets du métabolisme. C'est en passant dans les reins qu'il achève de se purifier. Les reins séparent du sang les produits qui doivent être éliminés et règlent la quantité des sels qui sont indispensables au plasma pour que sa tension osmotique reste constante. Le travail des reins et des poumons est d'une prodigieuse efficacité. C'est grâce à lui que le volume du milieu nécessaire à la vie des tissus est aussi réduit, et que le corps humain possède une densité aussi grande et une telle agilité.

VIII

Les relations chimiques du corps avec le monde extérieur.

Les substances nutritives que le sang porte aux tissus lui viennent de trois sources. De l'air atmosphérique par l'intermédiaire du poumon, de la surface intestinale, et enfin des glandes endocrines. A l'exception de l'oxygène, toutes les substances utilisées par l'organisme lui sont fournies, directement ou indirectement, par l'intestin. Les aliments sont traités successivement par la salive, par le suc gastrique, par les sécrétions du pancréas, du foie, et de la muqueuse intestinale. Les ferments digestifs divisent les molécules des protéines, des hydrates de carbone, et des graisses en fragments plus petits. Ce sont ces fragments qui sont capables de traverser la barrière muqueuse. Ils sont alors absorbés par les vaisseaux sanguins et lymphatiques de cette muqueuse, et pénètrent dans le milieu intérieur. Seuls certaines graisses et le glucose entrent dans le corps sans être, au préalable, modifiés. C'est pourquoi la consistance des amas adipeux varie suivant la nature des graisses animales ou végétales contenues dans les aliments. On peut, par exemple, rendre la graisse d'un chien dure ou molle en le nourrissant soit avec des graisses à haut point de fusion, soit avec de l'huile liquide à la température du corps. Quant aux matières protéiques, elles sont réduites par les ferments en leurs acides aminés constitutifs. Elles perdent ainsi leur individualité. Après la digestion intestinale, les acides aminés, et les groupes d'acides aminés, qui viennent des protéines du bœuf, du mouton, du grain de blé, n'ont plus aucune spécificité originelle. Ils traversent alors la muqueuse intestinale et construisent dans le corps des protéines nouvelles, qui sont spécifiques de l'être humain et même de l'individu. La paroi de l'intestin protège le milieu intérieur de façon à peu près complète contre l'invasion de molécules propres aux tissus d'autres êtres, plantes ou animaux. Cependant elle laisse pénétrer parfois les protéines animales ou végétales des aliments. C'est ainsi que la sensibilisation ou la résistance de l'organisme à de nombreuses substances étrangères peuvent se produire de façon silencieuse et inaperçue. La barrière qu'oppose l'intestin au monde extérieur n'est pas toujours infranchissable.

Bien que la muqueuse intestinale choisisse soigneusement parmi les matières alimentaires celles qui sont utilisables, elle se laisse traverser par des substances de plus ou moins bonne qualité. Parfois aussi, elle ne peut pas digérer ou absorber les éléments dont nous avons besoin. Bien que ces éléments se trouvent dans notre nourriture, nos tissus en restent alors privés. Les substances chimiques du milieu extérieur s'insinuent donc dans chacun de nous de façon différente, au gré des capacités individuelles de la muqueuse intestinale. Ce sont elles qui construisent nos tissus et nos humeurs. Nous sommes littéralement faits du limon de la terre. C'est pourquoi notre corps et ses qualités physiologiques et mentales sont influencés par la constitution géologique du pays où nous vivons, par la nature des animaux et des plantes dont nous nous nourrissons habituellement. Notre structure et les caractères de notre activité dépendent aussi du choix que nous faisons d'une certaine classe d'aliments. Les chefs se sont toujours attribué une nourriture différente de celle des esclaves. Ceux qui conquièrent, qui commandent, et qui combattent, se nourrissent surtout de viandes et de boissons fermentées, tandis que les pacifiques, les faibles, les passifs se contentent de lait, de légumes, de fruits, et de céréales. Nos aptitudes et notre destinée dépendent, dans une mesure importante, de la nature des substances chimiques qui servent à la synthèse de nos tissus. Il est possible de donner artificiellement certains caractères aux êtres humains, comme aux animaux, en les soumettant, dès leur jeune âge, à une alimentation appropriée.

Outre l'oxygène atmosphérique, et les produits de la digestion intestinale, le sang contient une troisième classe de substances nutritives : les sécrétions des glandes endocrines. L'organisme a le singulier pouvoir de se construire lui-même, de fabriquer aux dépens des éléments du sang des substances qu'il utilise pour nourrir certains tissus, stimuler certaines fonctions. Cette sorte de création de soi-même par soi-même est analogue à l'entraînement de la volonté par un effort de la volonté. Les glandes, telles que la thyroïde, la surrénale, le pancréas, synthétisent, en utilisant les substances contenues dans le plasma sanguin, des corps nouveaux, la thyroxine, l'adrénaline, l'insuline. Elles sont de véritables transformateurs chimiques. Elles créent ainsi des produits indispensables à la nutrition des cellules et des organes, à nos activités physiologiques et mentales. Ce phénomène est presque aussi étrange que le serait la fabrication, par certaines pièces d'un moteur à gaz, de l'huile qui doit être employée par d'autres parties de la machine, de substances activant la combustion, et même de la pensée du mécanicien. Il est évident que les tissus ne peuvent pas se nourrir uniquement des substances qui traversent la muqueuse intestinale. Ces substances doivent être remaniées par les glandes. Et c'est grâce à ces glandes que l'existence de l'ensemble de l'organisme devient possible.

Le corps vivant est avant tout un processus nutritif. Il consiste en un mouvement incessant de substances chimiques. Il est comparable à la flamme d'un cierge, ou aux jets d'eau qui s'élèvent au milieu des jardins de Versailles. Ces formes, à la fois permanentes et temporaires, dépendent d'un courant de gaz ou de liquide. Comme nous, elles se modifient suivant les changements de la qualité et de la quantité des substances qui les animent. Nous sommes traversés par un grand fleuve de matière qui vient du monde extérieur et y retourne. Mais pendant son passage, cette matière cède aux tissus l'énergie dont ils ont besoin, et aussi les éléments chimiques dont se forment les édifices transitoires et fragiles de nos organes et de nos humeurs. Le substratum corporel de toutes les activités humaines vient du monde inanimé, auquel, tôt ou tard, il retourne. Il est fait des mêmes éléments que les êtres non vivants. Il ne faut donc pas nous étonner, comme le font encore certains physiologistes modernes, de trouver en nous-mêmes les lois de la physique et de la chimie, telles qu'elles existent dans le monde extérieur. Il serait incroyable que nous ne les y rencontrions pas.

IX

Les fonctions sexuelles et la reproduction.

Les glandes sexuelles ne poussent pas seulement au geste qui, dans la vie primitive, perpétuait l'espèce, elles intensifient aussi nos activités physiologiques, mentales et spirituelles. Parmi les eunuques, il n'y a jamais eu de grands philosophes, de grands savants, ou même de grands criminels. Les testicules et les ovaires ont une fonction très étendue. D'abord, ils donnent naissance aux cellules mâle ou femelle dont l'union produit le nouvel être humain. En même temps, ils sécrètent des substances qui se déversent dans le sang, et impriment aux tissus, aux organes et à la conscience, les caractères mâle ou femelle. Ils donnent aussi à toutes nos fonctions leur caractère d'intensité. Le testicule engendre l'audace, la violence, la brutalité, les caractères qui distinguent le taureau de combat du bœuf qui traîne la charrue le long du sillon. L'ovaire exerce une action analogue sur l'organisme de la femme. Mais il n'agit que pendant une partie de l'existence. Au moment de la ménopause, il s'atrophie. La durée moindre de la vie de l'ovaire donne à la femme vieillissante une infériorité manifeste sur l'homme. Au contraire, le testicule reste actif jusqu'à l'extrême vieillesse. Les différences qui existent entre l'homme et la femme ne sont pas dues simplement à la forme particulière des organes génitaux, à la présence de l'utérus, à la gestation, ou au mode d'éducation. Elles viennent d'une cause très profonde, l'imprégnation de l'organisme tout entier par des substances chimiques, produits des glandes sexuelles. C'est l'ignorance de ces faits fondamentaux qui a conduit les promoteurs du féminisme à l'idée que les deux sexes peuvent avoir la même éducation, les mêmes occupations, les mêmes pouvoirs, les mêmes responsabilités. En réalité, la femme est profondément différente de l'homme. Chacune des cellules de son corps porte la marque de son sexe. Il en est de même de ses systèmes organiques, et surtout de son système nerveux. Les lois physiologiques sont aussi inexorables que les lois du monde sidéral. Il est impossible de leur substituer les désirs humains. Nous sommes obligés de les accepter telles qu'elles sont. Les femmes doivent développer leurs aptitudes dans la direction de leur propre nature, sans chercher à imiter les mâles. Leur rôle dans le progrès de la civilisation est plus élevé que celui des hommes.. Il ne faut pas qu'elles l'abandonnent.

L'importance des deux sexes dans la propagation de la race est inégale. Les cellules du testicule forment sans cesse, pendant tout le cours de la vie, des animalcules doués de mouvements très actifs, les spermatozoïdes. Ces spermatozoïdes cheminent dans le mucus qui couvre le vagin et l'utérus, et rencontrent à la surface de la muqueuse utérine, l'ovule. L'ovule est le produit d'une lente maturation des cellules germinales de l'ovaire. Celui-ci, chez la jeune femme, contient environ 300 000 ovules. Mais quatre cents environ seulement arrivent à maturité. Au moment de la menstruation, l'ovule est projeté, après éclatement du kyste qui le contient, sur la membrane hérissée de cils vibratiles qui le transportent dans l'utérus. Déjà, son noyau a subi une modification importante. Il a expulsé la moitié de sa substance, c'est-à-dire la moitié de chaque chromosome. Un spermatozoïde pénètre alors dans l'ovule. Et ses chromosomes, qui ont aussi perdu la moitié de leur substance, s'unissent à ceux de l'ovule. L'être nouveau est né. Il se compose d'une cellule, greffée sur la muqueuse utérine. Cette cellule se divise en deux parties, et le développement de l'embryon commence.

Le père et la mère contribuent également à la formation du noyau de la cellule qui engendre toutes les cellules du nouvel organisme. Mais la mère donne aussi à l'ovule, outre la moitié de la substance nucléaire, tout le protoplasma qui entoure le noyau. Elle joue ainsi un rôle plus important que le père dans la formation de l'embryon. Certes, les caractères des parents se transmettent par le noyau. Mais les lois actuellement connues de l'hérédité, et les théories présentes des généticistes, ne nous apportent pas encore une lumière complète. Il faut se souvenir, quand on songe à la part prise par le père et par la mère dans la reproduction, des expériences de Bataillon et de Lœb. D'un œuf fécondé on peut, par une technique appropriée, et sans l'intervention de l'élément mâle, obtenir une grenouille. Un agent physique ou chimique est susceptible de remplacer le spermatozoïde. Seul, l'élément femelle est essentiel.

L'œuvre de l'homme dans la reproduction est courte. Celle de la femme dure neuf mois. Pendant ce temps, le fœtus est nourri par les substances qui lui arrivent du sang maternel après avoir filtré à travers les membranes du placenta. Tandis que l'enfant prend à sa mère les éléments chimiques dont il construit ses tissus, celle-ci reçoit certaines substances sécrétées par les tissus de son enfant. Ces substances peuvent être bienfaisantes ou dangereuses. En effet, le fœtus est fait à la fois des substances nucléaires du père et de la mère. C'est un être d'origine, en partie, étrangère, qui est installé dans le corps de la femme. Pendant toute la grossesse, cette dernière est soumise à cette influence. Parfois elle est comme empoisonnée par le fœtus. Toujours son état physiologique et psychologique est modifié par lui. On dirait que les femelles, au moins chez les mammifères, n'atteignent leur plein développement qu'après une ou plusieurs grossesses. Les femmes qui n'ont pas d'enfants sont moins équilibrées, plus nerveuses que les autres. En somme, la présence du fœtus, dont les tissus diffèrent des siens par leur jeunesse, et surtout parce qu'ils sont en partie ceux de son mari, agit profondément sur la femme. On méconnaît, en général, l'importance qu'a pour elle la fonction de la génération. Cette fonction est indispensable à son développement optimum. Aussi est-il absurde de détourner les femmes de la maternité, Il ne faut pas donner aux jeunes filles la même formation intellectuelle, le même genre de vie, le même idéal qu'aux garçons. Les éducateurs doivent prendre en considération les différences organiques et mentales du mâle et de la femelle, et leur rôle naturel. Entre les deux sexes, il y a d'irrévocables différences. Il est impératif d'en tenir compte dans la construction du monde civilisé.

X

Les relations physiques du corps avec le monde extérieur. — Système nerveux volontaire. — Systèmes squelettique et musculaire.

Grâce à son système nerveux, l'être humain enregistre les excitations qui lui viennent du milieu extérieur, et y répond de façon appropriée par ses organes et ses muscles. Il lutte pour son existence avec sa conscience autant qu'avec son corps. Dans ce combat incessant, son cœur, ses poumons, son foie, ses glandes endocrines lui sont aussi indispensables que ses muscles, ses poings, ses outils, ses machines et ses armes. Aussi possède-t-il deux systèmes nerveux. Le système central, ou cérébro-spinal, conscient et volontaire, commande aux muscles. Le système sympathique, autonome et inconscient, aux organes. Le second système dépend du premier. Ce double appareil donne à la complexité de notre corps la simplicité indispensable à son action sur le monde extérieur.

Le système central comprend le cerveau, le cervelet, le bulbe, la moelle. Il engendre directement les nerfs des muscles, et indirectement ceux des organes. Il se compose d'une masse molle, blanchâtre, extrêmement fragile, qui remplit le crâne et la colonne vertébrale. Il reçoit les nerfs sensitifs, qui arrivent de la surface du corps et des organes des sens. Par eux, il est en relations incessantes avec le monde cosmique. En même temps, il communique avec tous les muscles du corps par les nerfs moteurs, et avec tous les organes par les rameaux qui se rendent au système grand sympathique. Des nerfs, en nombre immense, sillonnent donc de toutes parts l'organisme. Leurs rameaux microscopiques s'insinuent entre les cellules de la peau, autour des culs-de-sac des glandes, de leurs canaux excréteurs, dans les tuniques des artères et des veines, dans les enveloppes contractiles de l'estomac et de l'intestin, à la surface des fibres musculaires, etc. Ils étendent la ténuité de leur réseau sur le corps entier. Tous, ils émanent des cellules qui habitent le système nerveux central, la double chaîne des ganglions sympathiques, et les petits amas ganglionnaires disséminés dans les organes.

Ces cellules sont les plus nobles et les plus délicats des éléments du corps. Avec l'aide des techniques de Ramon y Cajal, elles nous apparaissent avec une admirable clarté. Elles ont un corps volumineux qui, dans les espèces habitant l'écorce du cerveau, ressemble à une pyramide, et des organes compliqués, aux fonctions encore inconnues. Elles se prolongent en des filaments graciles, les dendrites et les axones. Certains axones parcourent sans s'interrompre la distance qui sépare la surface cérébrale de la partie inférieure de la moelle. Les axones, les dendrites, et la cellule dont ils proviennent, forment un individu distinct, le neurone. Les fibres d'une cellule ne s'unissent jamais à celles d'une autre cellule. Elles se terminent par une frondaison de boutons microscopiques, dont on observe, sur les films cinématographiques, l'agitation incessante. Ces boutons s'articulent par l'intermédiaire d'une membrane, la membrane synaptique, avec les terminaisons semblables d'une autre cellule. Dans chaque neurone, l'influx nerveux se propage, par rapport au corps cellulaire, toujours dans le même sens. Sa direction est centripète dans les dendrites et centrifuge dans les axones. Il passe d'un neurone à l'autre en franchissant la membrane synaptique. Il pénètre de la même façon dans la fibre musculaire sur laquelle s'appliquent les bulbes terminaux des fibrilles. Mais il y a une condition étrange à son passage. Il faut que la valeur du temps, la chronaxie, soit identique dans les neurones contigus, ou dans le neurone et la fibre musculaire. Entre deux neurones qui comptent chacun de façon différente le passage du temps, la propagation de l'influx nerveux ne se fait pas. De même, un muscle et son nerf doivent être isochroniques. Si un poison, tel que le curare ou la strychnine, modifie la chronaxie d'un nerf, l'influx cesse de passer de ce nerf au muscle. Une paralysie se produit, bien que le muscle soit normal. Ces relations temporelles du nerf et du muscle sont aussi indispensables que leurs relations spatiales à l'intégrité de la fonction. Ce qui se produit dans les nerfs pendant la douleur ou les mouvements volontaires, nous l'ignorons. Nous savons seulement qu'une variation du potentiel électrique se déplace le long du nerf pendant son activité. C'est ainsi qu'Adrian a pu mettre en évidence, dans des fibrilles isolées, la marche des ondes négatives dont l'arrivée au cerveau se traduit par une sensation douloureuse.

Les neurones s'articulent les uns aux autres en un système de relais, comme des relais électriques. Ils se divisent en deux groupes. L'un comprend les neurones récepteurs et moteurs, qui reçoivent les impressions du monde extérieur, ou des organes, et dirigent les muscles. L'autre, les neurones d'association, dont le nombre immense donne aux centres nerveux de l'homme leur richesse et leur complexité. Notre intelligence est aussi incapable d'embrasser l'étendue du cerveau que celle de l'Univers sidéral. Les centres nerveux contiennent plus de douze milliards de cellules. Ces cellules sont unies les unes aux autres par des fibres, dont chacune possède des branches multiples. Grâce à ces fibres, elles s'associent entre elles plusieurs trillions de fois. Et ce prodigieux ensemble, malgré son inimaginable complexité, fonctionne comme une chose essentiellement une. A nous, observateurs habitués à la simplicité des machines et des instruments de précision, il se présente comme un phénomène incompréhensible et merveilleux.

Une des fonctions principales des centres nerveux est de donner une réponse appropriée aux excitations qui viennent du milieu extérieur. En d'autres termes, de produire des mouvements réflexes. Une grenouille décapitée est suspendue, les jambes pendantes. On pince un des orteils. La jambe se fléchit. Ce phénomène est dû à la présence d'un arc réflexe, de deux neurones, l'un sensitif, l'autre moteur, articulés l'un à l'autre au sein de la moelle. En général, l'arc réflexe est compliqué par la présence des neurones d'association qui s'interposent entre les neurones sensitif et moteur. C'est grâce à ces systèmes neuroniques que se produisent les actes réflexes, tels que la respiration, la déglutition, la station debout, la locomotion, la plupart des mouvements de notre vie habituelle. Ces mouvements sont automatiques. Mais certains sont modifiables par la conscience. Il suffit, par exemple, de fixer notre attention sur nos mouvements respiratoires pour modifier leur rythme. Au contraire, le cœur, l'estomac, l'intestin, sont soustraits à notre volonté. Et même, si nous pensons à eux, leur automatisme se trouve gêné. Bien que les mouvements qui maintiennent notre attitude et permettent la marche soient aussi commandés par la moelle, leur coordination dépend du cervelet. Ainsi que la moelle et le bulbe, le cervelet n'intervient pas dans les processus mentaux.

L'écorce cérébrale est une mosaïque d'organes nerveux distincts, qui sont en rapport avec les différentes parties du corps. Par exemple, la région latérale du cerveau, connue sous le nom de région de Rolando, détermine les mouvements de préhension, de locomotion, et aussi ceux du langage articulé. En arrière d'elle, se trouvent les centres de la vision. Les blessures, les tumeurs, les hémorragies de ces différents districts se traduisent par des troubles des fonctions correspondantes. Des désordres analogues apparaissent, quand les lésions siègent sur les fibres unissant ces centres aux centres inférieurs de la moelle. C'est dans l'écorce cérébrale que se produisent les réflexes, que Pavlov a étudiés sous le nom de réflexes conditionnels. Un chien sécrète de la salive quand un aliment est placé dans sa bouche. C'est un réflexe inné. Mais il sécrète aussi de la salive quand il voit la personne qui, d'habitude, lui apporte sa nourriture. C'est un réflexe conditionnel, ou acquis. Grâce à cette propriété du système nerveux, l'homme et les animaux sont éducables. Si l'écorce cérébrale est enlevée, l'acquisition de nouveaux réflexes devient impossible. Toute cette connaissance est encore rudimentaire. Rien ne nous permet de comprendre les relations de la conscience et des processus nerveux, du mental et du cérébral. Nous ne savons pas comment les événements qui se passent dans les cellules pyramidales sont influencés par des événements antérieurs ou des événements futurs, comment des excitations y sont changées en inhibitions, et vice versa. Nous savons encore moins comment des phénomènes imprévisibles y surgissent, comment la pensée y naît.

Le cerveau et la moelle forment avec les nerfs et les muscles un système indivisible. Les muscles ne sont, au point de vue fonctionnel, qu'un prolongement du cerveau. C'est grâce à eux et à leur armature osseuse que l'intelligence humaine a mis son empreinte sur le monde. La forme de notre squelette est une condition essentielle de notre puissance. Les membres sont des leviers articulés, composés de trois segments. Le membre supérieur est monté sur une plaque mobile, l'omoplate, tandis que la ceinture osseuse, à laquelle s'articule le membre inférieur, est tout à fait rigide et fixe. Le long du squelette sont couchés les muscles moteurs. A l'extrémité du bras, ces muscles s'épanouissent en tendons, qui meuvent les doigts et la main elle-même. La main est un chef-d'œuvre. A la fois, elle sent et elle agit. On dirait presque qu'elle voit. C'est la disposition anatomique de sa peau et de son appareil tactile, de ses muscles et de ses os, qui a permis à la main de fabriquer les armes et les outils. Nous n'aurions jamais acquis la maîtrise de la matière sans l'aide des doigts, ces cinq petits leviers, composés chacun de trois segments articulés, qui sont montés sur les métacarpiens et le massif osseux de la main. La main s'adapte au travail le plus brutal comme au plus délicat. Elle a manié avec une égale habileté le couteau de silex du chasseur primitif, la masse du forgeron, la hache du défricheur de la forêt, la charrue du laboureur, l'épée du chevalier, les commandes de l'aviateur, les pinceaux de l'artiste, la plume du journaliste, les fils du tisseur de soie. Elle est propre à tuer et à bénir, à voler et à donner, à semer le grain à la surface des champs et à lancer des grenades dans les tranchées. La souplesse, la force et l'adaptabilité des membres inférieurs, dont les oscillations pendulaires déterminent la marche et la course, n'ont jamais été égalées par nos machines, qui utilisent seulement le principe de la roue. Les trois leviers, qui s'articulent au bassin, se plient avec une merveilleuse souplesse à toutes les attitudes, à tous les efforts, à tous les mouvements. Ils nous portent aussi bien sur le plancher poli d'une salle de danse que dans le chaos des glaces de la banquise, sur les trottoirs de Park Avenue que sur les pentes des montagnes Rocheuses. Ils nous permettent de marcher, de courir, de tomber, de grimper, de nager, de progresser sur tous les terrains, dans toutes les conditions.

Il existe un autre système organique, composé de substance cérébrale, de nerfs, de muscles et de cartilages, qui, autant que la main, contribue à la supériorité de l'homme sur tous les êtres vivants. Il est constitué par la langue et le larynx, et par leur appareil nerveux. Grâce à lui, nous pouvons exprimer nos pensées, communiquer entre nous par des sons. Sans le langage articulé, la civilisation n'existerait pas. L'usage de la parole, comme celui de la main, a aidé beaucoup au développement du cerveau. Les parties cérébrales de la main, de la langue et du larynx s'étendent sur une large surface de l'écorce. En même temps que ces centres nerveux commandent les mouvements de la préhension, de l'écriture, de la parole, ils sont stimulés par eux. Ils sont, à la fois, déterminants et déterminés. On dirait que le jeu de l'intelligence est facilité par les contractions rythmiques des muscles. Certains exercices physiques paraissent exciter la pensée. C'est pour cette raison, peut-être, qu'Aristote et ses élèves avaient l'habitude de se promener quand ils discutaient les hauts problèmes de la philosophie et de la science. Il semble qu'aucune partie des centres nerveux ne fonctionne isolément. Viscères, muscles, moelle, cerveau sont solidaires les uns des autres. Les muscles, quand ils se contractent, dépendent non seulement de régions étendues du cerveau, et de la moelle, mais aussi de nombreux viscères. Ils reçoivent leurs directions du système nerveux central, et leur énergie du cœur, des poumons, des glandes, et du milieu intérieur. Pour obéir au cerveau, ils ont besoin de l'aide du corps entier.

XI

Système nerveux viscéral. — La vie inconsciente des organes.

C'est grâce au système nerveux autonome que les viscères collaborent à nos relations avec le monde extérieur. Les organes, tels que l'estomac, le foie, le cœur, etc., ne sont pas soumis à notre volonté. Il nous est impossible d'augmenter ou de diminuer quand il nous plaît le calibre de nos artères, ou le rythme des pulsations de notre cœur, des contractions de notre intestin. L'indépendance de ces fonctions est due à la présence d'arcs réflexes dans les organes eux-mêmes. Ces systèmes locaux sont faits de petits amas de cellules nerveuses disséminées dans les tissus, sous la peau, autour des vaisseaux sanguins, etc. Il existe une quantité de centres réflexes qui donnent leur automatisme aux viscères. Par exemple, une anse intestinale, enlevée du corps, et pourvue d'une circulation artificielle, présente des mouvements normaux. Un rein greffé recommence tout de suite à sécréter. La plupart des organes possèdent une certaine indépendance. Ils peuvent fonctionner même quand ils sont isolés du corps. Les innombrables fibres nerveuses, dont ils sont pourvus, viennent de la double chaîne des ganglions sympathiques qui se trouvent au-devant de la colonne vertébrale, et des autres ganglions placés autour des vaisseaux de l'abdomen. Ces centres ganglionnaires commandent à tous les organes, règlent leur travail. D'autre part, grâce à leurs relations avec la moelle, le bulbe, et le cerveau, ils coordonnent l'action des viscères avec celle des muscles dans les actes qui demandent l'effort du corps entier.

Les ganglions sympathiques sont unis au système central, en trois régions différentes, par des rameaux qui les font communiquer avec les parties crânienne, dorsale et pelvienne du système central, ou volontaire. Les nerfs autonomes de la région crânienne et de la région du pelvis s'appellent parasympathiques. Ceux de la région dorsale, les nerfs sympathiques proprement dits. L'action du parasympathique et du sympathique s'opposent l'une à l'autre. Les viscères sont ainsi à la fois indépendants et dépendants du système nerveux central. Il est possible d'enlever, en une seule masse, du corps d'un chat ou d'un chien, les poumons, le cœur, l'estomac, le foie, le pancréas, l'intestin, la rate, les reins, la vessie avec leurs vaisseaux sanguins et leurs nerfs, sans que le cœur s'arrête de battre et le sang de circuler. Si cet être viscéral est placé dans un bain chaud, et si on fournit de l'oxygène à ses poumons, il continue à vivre. Le cœur bat, l'estomac et l'intestin se contractent et digèrent les aliments. Quand on extirpe simplement à l'animal vivant, comme l'a fait Cannon, la double chaîne sympathique, le système viscéral est tout à fait isolé du système nerveux central. Cependant, les animaux ainsi opérés vivent en bonne santé dans leur cage. Mais ils ne seraient pas capables d'une existence libre. Car, dans la lutte pour la vie, ils ne peuvent plus appeler leur cœur, leurs poumons et leurs glandes au secours de leurs muscles, de leurs griffes et de leurs dents.

Les nerfs sympathiques agissent sur les pulsations du cœur, sur les contractions des muscles des artères et de l'intestin, et sur la sécrétion des cellules glandulaires. L'influx nerveux s'y propage, comme dans les nerfs moteurs, des ganglions centraux aux organes. Chaque organe a une double innervation, l'une venant du sympathique, l'autre du parasympathique. Le parasympathique ralentit le cœur, et le sympathique l'accélère. De même, le premier dilate la pupille, le second la fait contracter. Les mouvements de l'intestin sont ralentis par le sympathique et accélérés par le parasympathique. Suivant la prédominance de l'un ou de l'autre de ces systèmes, les êtres humains ont des tempéraments différents. Ce sont ces nerfs qui règlent la circulation de chaque organe. Le grand sympathique produit la constriction des artères, la pâleur de la face dans les émotions et certaines maladies. Sa section est suivie de rougeur de la peau et du rétrécissement de la pupille. Certaines glandes, telles que l'hypophyse et les surrénales, sont faites à la fois de cellules glandulaires et nerveuses. Elles entrent en activité sous l'influence du sympathique. Les substances chimiques qu'elles sécrètent ont le même effet sur les vaisseaux que le nerf lui-même. Elles augmentent son pouvoir. Comme le grand sympathique, l'adrénaline fait contracter les vaisseaux. En somme, le système nerveux autonome, par ses fibres sympathiques et parasympathiques, tient sous sa domination le monde immense des viscères. C'est lui qui unifie leur action. Nous décrirons plus loin comment il est le substratum le plus important des fonctions qui nous permettent de durer, les fonctions adaptives.

Le système autonome dépend, comme nous l'avons vu, du système nerveux volontaire, qui est le coordinateur suprême de toutes les activités organiques. Il est représenté par un centre qui se trouve à la base du cerveau. Ce centre détermine la manifestation des émotions. Les blessures et les tumeurs de cette région sont suivies de désordres des fonctions affectives. En effet, c'est par l'intermédiaire des glandes que nos émotions peuvent s'exprimer. La honte, la crainte, la colère produisent des modifications de la circulation cutanée, la pâleur ou la rougeur de la face, la contraction ou la dilatation des pupilles, la protrusion de l'œil, la décharge d'adrénaline dans la circulation, l'arrêt des sécrétions gastriques, etc. C'est pourquoi nos états de conscience ont un effet marqué sur les fonctions des viscères. On sait que beaucoup de maladies de l'estomac et du cœur commencent par des troubles nerveux.

Chez les individus bien portants, les organes restent ignorés. Cependant, ils possèdent des nerfs sensitifs. Ils envoient sans cesse des messages aux centres nerveux et, en particulier, au centre de la conscience viscérale. Quand notre attention est dirigée vers les choses extérieures dans la lutte quotidienne pour la vie, les impressions, qui viennent des organes, ne franchissent pas le seuil de la conscience. Mais, sans que nous nous en doutions, elles donnent une certaine couleur à nos pensées, à nos émotions, à nos actions, à toute notre vie. On peut avoir, sans raison, l'impression d'un malheur imminent. Ou bien, celle de la joie, d'un bonheur inconnu. L'état de nos systèmes organiques agit obscurément sur la conscience. Parfois un organe nous donne, de cette façon, l'avertissement du danger. Quand un homme, bien portant ou malade, éprouve la sensation de sa mort prochaine, cette nouvelle lui arrive probablement du centre de la conscience viscérale. Et la conscience viscérale se trompe rarement. Certes, chez les habitants de la Cité nouvelle, les fonctions sympathiques sont aussi déséquilibrées que celles de la conscience. Il semble que le système autonome soit devenu moins capable de protéger le cœur, l'estomac, l'intestin et les glandes contre les émotions de l'existence. Dans les dangers et la brutalité de la vie primitive, il était suffisant. Mais il ne résiste pas aux chocs incessants de la vie moderne.

XII

Complexité et simplicité du corps. — Les limites anatomiques et les limites physiologiques des organes. — Homogénéité physiologique et hétérogénéité anatomique.

Le corps nous apparaît donc comme une chose extrêmement complexe, une gigantesque association de diverses races cellulaires dont chacune se compose de milliards d'individus. Ces individus vivent immergés dans des humeurs faites de substances chimiques qu'ils manufacturent eux-mêmes, et de celles qui leur viennent des aliments. D'un bout à l'autre du corps, ils se communiquent les produits de leurs sécrétions. En outre, ils sont unis entre eux par le système nerveux. Nos méthodes d'analyse nous mettent en présence d'une prodigieuse complexité. Et cependant, ces foules immenses se comportent comme un être essentiellement un. Nos actes sont simples. Par exemple, estimer de façon exacte un poids minime, choisir sans les compter et sans se tromper un nombre donné de petits objets. Cependant, ces gestes apparaissent à notre intelligence comme composés d'une multitude d'éléments. Ils demandent le travail harmonique du sens musculaire, des muscles de la peau, de la rétine, de l'œil, d'innombrables cellules musculaires et nerveuses. La simplicité est probablement réelle. La complexité, artificielle. Rien n'est plus simple, plus homogène que l'eau de l'Océan. Mais, si nous pouvions la regarder à travers un appareil grossissant seulement un million de fois, elle perdrait sa simplicité. Elle deviendrait une population extrêmement hétérogène de molécules de dimensions et de formes différentes, se mouvant à des vitesses variées en un inextricable chaos. C'est ainsi que les objets de notre monde sont simples ou complexes suivant les techniques que nous employons pour les étudier. En fait, la simplicité fonctionnelle a toujours un substratum complexe. C'est une donnée immédiate de l'observation, que nous devons accepter telle qu'elle est.

Nos tissus sont d'une grande hétérogénéité structurale. Ils se composent d'éléments très différents les uns des autres. Le foie, la rate, le cœur, les reins, ont chacun une individualité et des limites définies. Pour les anatomistes et pour les chirurgiens, notre hétérogénéité organique est indiscutable. Il semble, cependant, qu'elle soit plus apparente que réelle. Les fonctions sont beaucoup moins nettement délimitées que les organes. Le squelette, par exemple, n'est pas simplement la charpente du corps. Il fait aussi partie des systèmes circulatoire, respiratoire et nutritif, puisqu'il fabrique, grâce à la moelle, des leucocytes et des globules rouges. Le foie sécrète de la bile, détruit les poisons et les microbes, emmagasine du glycogène, règle le métabolisme du sucre dans l'organisme entier, produit de l'héparine. Il en est de même du pancréas, des surrénales, de la rate, etc. Chacun de ces organes a des rôles multiples. Il prend part à presque tous les événements du corps. Mais son individualité anatomique a des frontières plus étroites que son individualité physiologique.

Une société cellulaire, par l'intermédiaire des substances qu'elle fabrique, s'insinue dans toutes les autres sociétés. En outre, ce vaste ensemble est placé sous la domination d'un centre cérébral unique. Silencieusement, ce centre envoie ses ordres dans toutes les régions du monde organique. Il fait du cœur, des vaisseaux, des poumons, de l'appareil digestif, et de toutes les glandes endocrines, un tout, où se confondent les individus morphologiques.

En réalité, l'hétérogénéité de l'organisme est produite par la fantaisie de l'observateur. Pourquoi identifier un organe à ses éléments histologiques plutôt qu'aux substances chimiques sécrétées par lui ? A l'anatomiste, les reins apparaissent comme deux glandes distinctes. Au point de vue physiologique, cependant, ils sont un seul être. Si on extirpe l'un d'eux, l'autre s'hypertrophie. Un organe n'est pas limité par sa surface. Il s'étend aussi loin que les substances qu'il sécrète. En effet, son état structural et fonctionnel dépend de la rapidité avec laquelle ces substances sont utilisées par les autres organes. Chaque glande se prolonge par ses sécrétions internes dans le corps entier. Supposons que les substances déversées dans le sang par les testicules soient bleues. Le corps entier du mâle serait bleu. Les testicules seraient colorés de façon plus intense. Mais leur couleur spécifique se répandrait dans tous les tissus et tous les organes, même dans les cartilages des extrémités des os. Le corps nous apparaîtrait alors comme formé d'un immense testicule. En réalité, l'étendue spatiale et temporelle de chaque glande est égale à celle de l'organisme entier. Un organe est constitué aussi bien par son milieu intérieur que par ses éléments anatomiques. Il est fait à la fois de cellules spécifiques et d'un milieu spécifique. Et ce milieu s'étend bien au delà de la frontière anatomique. Quand on réduit le concept d'une glande à celui de sa charpente fibreuse, de ses cellules, de ses vaisseaux et de ses nerfs, on ne peut pas comprendre l'existence de l'organisme vivant. En somme, le corps est fait d'une hétérogénéité anatomique et d'une homogénéité physiologique. Il agit comme s'il était simple. Mais il nous montre une structure complexe. Cette antithèse est fabriquée par notre esprit, qui se représente l'homme comme construit de la même façon qu'une machine.

XIII

Mode d'organisation du corps. — L'analogie mécanique. — Les antithèses. — La nécessité de s'en tenir aux données immédiates de l'observation. — Les régions inconnues.

L'organisation de notre corps, cependant, ne ressemble pas au montage d'une machine. Une machine se compose de pièces multiples, originellement séparées. Une fois ces pièces assemblées, elle devient simple. Elle est organisée, comme l'être vivant, pour une fonction déterminée. Comme lui, elle est à la fois simple et complexe. Mais elle est primairement complexe et secondairement simple. Au contraire, l'être humain est primairement simple et secondairement complexe. Il se compose d'abord d'une seule cellule. Cette cellule se divise en deux autres, qui se divisent à leur tour, et la division continue indéfiniment. Au cours de ce processus de complication structurale, l'embryon retient la simplicité fonctionnelle de l'œuf. On dirait que les cellules, même quand elles sont devenues les éléments d'une innombrable foule conservent le souvenir de leur unité originelle. Elles connaissent d'avance les fonctions qui leur sont attribuées dans l'ensemble de l'organisme. Si on cultive des cellules épithéliales pendant plusieurs mois en dehors de l'animal dont elles proviennent, elles se disposent encore en mosaïque, comme pour recouvrir une surface. Des leucocytes, vivant dans des flacons, phagocytent des microbes et des globules rouges, bien qu'ils n'aient pas à défendre le corps, contre les incursions de ces étrangers. La connaissance innée du rôle qu'ils doivent jouer dans le tout est un mode d'être des éléments du corps.

Des cellules isolées ont le singulier pouvoir de reproduire, sans direction ni but, les édifices qui caractérisent les organes. Si d'une goutte de sang placée dans du plasma liquide quelques globules rouges, entraînés par la pesanteur, s'écoulent comme un petit ruisseau, des rives se forment bientôt autour de ce ruisseau. Ces rives se couvrent ensuite de filaments de fibrine. Et le ruisseau devient un tube où les globules rouges passent comme dans un vaisseau sanguin. Puis, des leucocytes viennent se coucher à la surface de ce tube, l'entourent de leurs prolongements, et lui donnent l'aspect d'un capillaire muni de cellules contractiles. Ainsi, des globules sanguins forment un segment d'appareil circulatoire, bien qu'il n'existe ni cœur, ni circulation, ni tissus à irriguer. Les cellules ressemblent à des abeilles qui construisent leurs alvéoles géométriques, fabriquent leur miel, nourrissent leurs embryons, comme si chacune d'elles connaissait les mathématiques, la chimie, la biologie, et agissait dans l'intérêt de toute la communauté. Cette tendance à la formation d'organes par leurs éléments constitutifs est, comme les aptitudes sociales des insectes, une donnée immédiate de l'observation. Elle est inexplicable à l'aide de nos concepts actuels. Mais elle nous aide à comprendre comment s'organise le corps vivant.

Un organe s'édifie par des procédés qui paraissent très étranges à notre esprit. Il ne demande pas un apport de cellules, comme une maison un apport de matériaux. Il n'est pas une construction cellulaire. Sans doute, il se compose de cellules, ainsi qu'une maison, de briques. Mais il vient de ces cellules comme si la maison naissait d'une brique. Une brique qui se mettrait à fabriquer d'autres briques, en utilisant l'eau du ruisseau, les sels minéraux qu'elle contient, et les gaz de l'atmosphère. Puis ces briques s'assembleraient en murailles, sans attendre le plan de l'architecte et l'arrivée des maçons. Elles se transformeraient aussi en vitres pour les fenêtres, en ardoises pour le toit, en charbon pour le chauffage, en eau pour la cuisine. En somme, un organe se développe par les procédés attribués aux fées dans les contes qu'on racontait jadis aux enfants. Il est produit par des cellules qui semblent connaître l'édifice futur, et qui synthétisent, aux dépens du milieu intérieur, le plan de construction, les matériaux, et les ouvriers.

Les méthodes de l'organisme sont donc totalement différentes de celles dont nous nous servons dans la construction de nos machines et de nos maisons. Nous ne trouvons pas en elles la simplicité des nôtres. Les procédés employés par notre corps sont entièrement originaux. Nous ne rencontrons pas, dans ce monde intraorganique, les formes de notre intelligence. Celle-ci s'est moulée sur la simplicité du monde cosmique, et non pas sur la complexité des mécanismes internes des animaux. Pour le moment, il nous est impossible de comprendre le mode d'organisation de notre corps, et ses activités nutritives et nerveuses. Les lois de la mécanique, de la physique et de la chimie s'appliquent complètement à l'Univers matériel. Partiellement, à l'être humain. Il faut définitivement abandonner les illusions des mécanicistes du dix-neuvième siècle, les dogmes de Jacques Lœb, les puériles conceptions physico-chimiques de l'homme, où se complaisaient encore tant de physiologistes et de médecins. Il faut rejeter aussi les fantaisies philosophiques et humanistiques des physiciens et des astronomes. Après beaucoup d'autres, Jeans croit et enseigne que le Dieu, créateur de l'Univers sidéral, est mathématicien. S'il en est ainsi, le monde matériel, les êtres vivants, et l'homme n'ont pas été créés par le même Dieu. Combien naïves sont nos spéculations ! A la vérité, de la constitution de notre corps, nous n'avons qu'une connaissance rudimentaire. Nous devons nous contenter, pour le moment, de l'observation positive de nos activités organiques et mentales, et nous avancer, sans autre guide qu'elle, dans l'inconnu.

XIV

Fragilité et solidité du corps. — Le silence du corps pendant la santé. — Les états intermédiaires entre la maladie et la santé.

Notre corps est d'une grande solidité. Il s'accommode de tous les climats, de la sécheresse, de l'humidité, du froid des régions polaires, de la chaleur tropicale. Il supporte également la privation de nourriture, les intempéries, les fatigues, les soucis, le travail excessif. L'homme est le plus résistant de tous les animaux. Et la race blanche, qui a construit notre civilisation, est la plus résistante de toutes les races. Cependant, nos organes sont fragiles. Ils se déchirent au moindre choc. Ils se désintègrent dès que la circulation s'arrête. Le cerveau s'écrase sous une légère pression du doigt. Cette opposition entre la solidité et la fragilité de l'organisme est, comme la plupart des antithèses que nous rencontrons en biologie, une illusion de notre esprit.

Elle résulte de la comparaison inconsciente que nous faisons toujours de notre corps à une machine. La solidité d'une machine dépend de celle du métal dont elle est construite, et de la perfection de son montage. Mais celle d'un être vivant est due à des causes différentes. Elle vient surtout de l'élasticité des tissus, de leur ténacité, de leur propriété de se reproduire au lieu de s'user, du pouvoir étrange que possède l'organisme, de faire face à une situation nouvelle par des changements adaptifs. La résistance à la maladie, à la fatigue, aux soucis, la capacité d'effort, l'équilibre nerveux donnent la mesure de la supériorité des hommes. De telles qualités caractérisaient les fondateurs de notre civilisation. Les grandes races blanches doivent leur succès à la perfection de leur système nerveux. Système nerveux qui, quoique très sensible et excitable, est cependant susceptible de discipline. Ce sont les qualités exceptionnelles de leurs tissus et de leur conscience, qui ont donné aux peuples de l'Europe occidentale et à leurs essaims des Etats-Unis la prédominance sur tous les autres.

Nous ignorons la nature de cette solidité organique, de cette supériorité nerveuse et mentale. Sont-elles dues à la structure même des cellules, aux substances chimiques qu'elles synthétisent, à la manière dont les organes sont intégrés en un tout par les humeurs et par les nerfs ? Nous ne le savons pas. Ces qualités sont héréditaires. Elles existent chez nous depuis beaucoup de siècles. Cependant, elles peuvent disparaître, même dans les plus grandes et les plus riches nations. L'histoire des civilisations passées nous montre la possibilité de cette catastrophe. Mais elle ne nous explique pas clairement sa genèse.

Il est certain que la solidité du corps et de la conscience doit être conservée à tout prix. La force mentale et nerveuse est infiniment plus importante que la force musculaire. Le descendant non dégénéré d'une grande race possède une résistance naturelle à la fatigue et à la crainte. Il ne songe pas à sa santé ou à sa sécurité. Il ignore les médecins. Il ne croit pas que l'âge d'or arrivera quand les chimistes physiologiques auront obtenu toutes les vitamines et tous les produits de sécrétions des glandes endocrines à l'état pur. Il se considère comme destiné à agir, à penser, à aimer, à lutter, à conquérir. Son action sur le monde extérieur est aussi essentiellement simple que le bond de la bête féroce quand elle se jette sur sa proie. Pas plus que l'animal, il ne perçoit sa complexité structurale.

Le corps bien portant vit silencieusement. Nous ne l'entendons pas, nous ne le sentons pas fonctionner. Les rythmes de notre existence se traduisent par les impressions cénesthésiques, qui, comme le bruissement doux d'un moteur à seize cylindres, occupent le fond de notre conscience quand nous sommes dans le silence et le recueillement. L'harmonie des fonctions organiques donne le sentiment de la paix. Quand la présence d'un organe atteint le seuil de la conscience, cet organe commence à mal fonctionner. La douleur est un signal d'alarme. Beaucoup de gens, sans être malades, ne sont pas cependant en bonne santé. La qualité de certains de leurs tissus est mauvaise. Les sécrétions de telle glande ou de telle muqueuse sont trop ou trop peu abondantes. L'excitabilité de leur système nerveux est exagérée. La corrélation de leurs fonctions organiques dans l'espace ou dans le temps se fait mal. La résistance de leurs tissus aux infections n'est pas suffisante. Ces états d'infériorité corporelle pèsent lourdement sur leur destinée, et les rendent malheureux. Celui qui découvrira les moyens de produire le développement harmonieux des tissus et des organes sera l'instaurateur d'un grand progrès. Car, plus que Pasteur lui-même ne l'a fait, il augmentera chez les hommes l'aptitude au bonheur.

Il y a beaucoup de causes à l'affaiblissement du corps. On sait qu'une alimentation trop pauvre ou trop riche, l'alcoolisme, la syphilis, les unions consanguines, et aussi la prospérité et les loisirs diminuent la qualité des tissus et des organes. L'ignorance et la pauvreté ont les mêmes effets que la richesse. Les hommes civilisés dégénèrent dans les climats tropicaux. Ils se développent surtout dans les climats tempérés ou froids. Ils ont besoin d'un mode de vie qui impose à chacun un effort constant, une discipline physiologique et morale, et des privations. De telles conditions d'existence leur donnent la résistance à la fatigue et aux soucis. Elles les préservent de beaucoup de maladies, en particulier des maladies nerveuses. Elles les poussent irrésistiblement à la conquête du monde extérieur.

XV

Les maladies infectieuses et dégénératives.

La maladie consiste en un désordre fonctionnel et structural. La variété de ses aspects est aussi grande que celle de nos activités organiques. Il y a des maladies de l'estomac, des maladies du cœur, des maladies du système nerveux, etc. Mais le corps malade garde la même unité que le corps normal. Il est malade tout entier. Aucune maladie ne reste strictement confinée à un seul organe. C'est la vieille conception anatomique de l'être vivant qui a conduit les médecins à faire de chaque maladie une spécialité. Seuls, ceux qui connaissent l'homme à la fois dans ses parties et dans son ensemble, sous son triple aspect anatomique, physiologique et mental, peuvent le comprendre quand il est malade.

Il y a deux grandes classes de maladies. Les maladies infectieuses ou microbiennes, et les maladies dégénératives. Les premières viennent de la pénétration dans le corps de virus ou de bactéries. Les virus sont des êtres invisibles et tout petits, à peine plus gros qu'une molécule d'albumine. Ils sont capables de vivre dans l'intérieur des cellules. Ils affectionnent les éléments du système nerveux, ceux de la peau, ceux des glandes. Ils les tuent, ou ils modifient leurs fonctions. Ils déterminent la paralysie infantile, la grippe, l'encéphalite léthargique, etc. Et aussi la rage, la fièvre jaune et peut-être le cancer.

Parfois, ils transforment des cellules inoffensives, les leucocytes de la poule, par exemple, en ennemis dévorants, qui envahissent les organes et tuent en quelques jours l'animal. Ces êtres redoutables nous sont inconnus. Nous ne les voyons jamais. Ils ne se manifestent que par leurs effets sur les tissus. Devant eux les cellules sont sans défense. Elles n'opposent pas plus de résistance à leur passage que les feuilles d'un arbre à la fumée.

Les bactéries, comparées aux virus, sont de véritables géants. Elles pénètrent cependant avec facilité dans notre corps par la muqueuse intestinale, par celle du nez, des yeux ou du gosier, ou par la surface d'une plaie. Elles s'installent, non pas dans l'intérieur des cellules, mais autour d'elles. Elles envahissent les cloisons qui séparent les organes. Elles se multiplient sous la peau, entre les muscles, dans la cavité de l'abdomen, dans les membranes qui enveloppent le cerveau et la moelle. Elles peuvent aussi envahir le sang. Elles sécrètent dans le milieu intérieur des substances toxiques. Elles jettent le désordre dans toutes les fonctions organiques.

Les maladies dégénératives sont souvent la conséquence des maladies microbiennes, comme il arrive dans certaines affections du cœur et dans le mal de Bright. Souvent aussi, elles sont causées par la présence dans l'organisme de substances toxiques venant des tissus eux-mêmes. Quand la glande thyroïde fabrique de telles substances, les symptômes du goitre exophtalmique apparaissent. Certaines maladies peuvent aussi être produites par l'arrêt de sécrétions indispensables à la nutrition. C'est ainsi que l'insuffisance des glandes endocrines, de la thyroïde, du pancréas, du foie, de la muqueuse gastrique amène des maladies telles que le myxœdème, le diabète, l'anémie pernicieuse, etc. D'autres maladies sont déterminées par le manque des vitamines, sels minéraux et métaux, qui sont nécessaires à la construction et à l'entretien des tissus. Quand les organes ne reçoivent pas du milieu extérieur les matériaux dont ils ont besoin, ils perdent leur résistance aux microbes, se développent mal, fabriquent des poisons, etc. Il y a enfin des maladies qui se sont jouées, jusqu'à présent, des savants et des instituts de recherche médicale. Parmi elles, se trouvent le cancer et une multitude d'affections nerveuses et mentales.

On sait que les progrès de l'hygiène pendant ces vingt-cinq dernières années ont été merveilleux, que la fréquence des maladies infectieuses a diminué de manière frappante. La durée moyenne de la vie était seulement de quarante-neuf ans en 1900. Elle a augmenté de plus de onze ans depuis cette époque. Malgré cette grande victoire de la médecine, le problème de la maladie demeure formidable. L'être humain moderne est délicat. Onze cent mille personnes doivent employer tout leur temps à soigner 120 millions d'autres personnes. Parmi cette population des États-Unis, il y annuellement à, peu près 100 millions de cas de maladies, graves ou légères. Dans les hôpitaux, 700 000 lits sont occupés chaque jour de l'année. Les malades, hospitalisés ou non hospitalisés, se servent de 142 000 médecins, 65 000 dentistes, 150 000 pharmaciens et 280 000 nurses ou élèves nurses. Et aussi 7 000 hôpitaux, 8 000 cliniques et 60 000 pharmacies. Ils dépensent chaque année 715 millions de dollars pour acheter des remèdes. L'ensemble des soins médicaux sous toutes leurs formes coûte 3 500 millions de dollars. Évidemment, la maladie est encore un lourd fardeau économique. Son importance dans la vie de chacun est incalculable. La médecine est loin d'avoir diminué, autant qu'on le croit généralement, la somme des souffrances humaines.

Comme on meurt moins des maladies infectieuses, on meurt davantage des maladies dégénératives qui sont plus longues et plus douloureuses. Les années d'existence que nous gagnons, grâce à la suppression de la diphtérie, de la variole, de la typhoïde, etc., sont payées par les souffrances prolongées qui précèdent la mort due aux affections chroniques. Le cancer est, chacun le sait, particulièrement cruel. En outre, l'homme civilisé est, comme jadis, exposé à la syphilis et aux tumeurs du cerveau, à sa sclérose, à son ramollissement, aux hémorragies de ses vaisseaux et à la déchéance intellectuelle, morale et physiologique que produisent ces maladies. Il est également sujet à des désordres organiques ou fonctionnels résultant des conditions nouvelles de l'existence, de l'agitation incessante, de l'excès de nourriture et de l'insuffisance d'exercice physique. Le déséquilibre du système viscéral amène des affections de l'estomac et de l'intestin. Les maladies du cœur deviennent plus fréquentes. Et aussi le diabète. Quant aux affections du système nerveux central, elles sont innombrables. Dans le cours de son existence, tout individu souffre de quelque atteinte de neurasthénie, de dépression nerveuse, engendrée par la fatigue, le bruit, les inquiétudes et le surmenage. Quoique l'hygiène moderne ait beaucoup allongé la durée moyenne de la vie, elle est loin d'avoir supprimé les maladies. Elle s'est contentée de changer leur nature.

Ce changement ne vient pas seulement de la diminution des maladies infectieuses. Mais aussi des modifications survenues dans la constitution des tissus et des humeurs sous l'influence des modes nouveaux de l'existence. L'organisme est devenu plus susceptible aux maladies dégénératives. Il est affecté par les chocs nerveux et mentaux auxquels il est continuellement soumis, par les substances toxiques que fabriquent nos organes dans leurs désordres fonctionnels, par celles qui pénètrent en lui avec les aliments et avec l'air, par la carence des fonctions physiologiques et mentales essentielles. Il ne reçoit plus des aliments les plus communs les mêmes substances nutritives qu'autrefois. A cause de leur production en masse et des techniques de la commercialisation, le blé, les œufs, le lait, les fruits, etc., tout en conservant leur apparence familière, se sont modifiés. Les engrais chimiques, en augmentant l'abondance des récoltes et en appauvrissant le sol de certains éléments qu'ils ne remplacent pas, ont altéré la constitution des grains des céréales. On a obligé les poules, par une alimentation artificielle, à la production en masse d'œufs. La qualité de ces œufs n'est-elle pas différente ? Il en est de même du lait des vaches enfermées toute l'année dans des étables et nourries avec des produits manufacturés. En outre, les hygiénistes n'ont pas apporté une attention suffisante à la genèse des maladies.

Leurs études de l'influence du mode de vie et de l'alimentation sur l'état physiologique, intellectuel et moral des hommes modernes sont superficielles, incomplètes et de trop courte durée. Ils ont contribué ainsi à l'affaiblissement de notre corps et de notre esprit. Et ils nous laissent exposés aux attaques des maladies dégénératives. Nous comprendrons mieux l'histoire de ces maladies de la civilisation après avoir envisagé les fonctions mentales. Dans la maladie, comme dans la santé, le corps et la conscience, quoique distincts, sont inséparables.

CHAPITRE IV

LES ACTIVITÉS MENTALES

I

Le concept opérationnel de conscience. — L'âme et le corps. — Questions qui n'ont aucun sens. — L'introspection et l'étude du comportement.

En même temps que des activités physiologiques, le corps manifeste des activités mentales. Tandis que les fonctions organiques s'expriment par du travail mécanique, de la chaleur, de l'énergie électrique, des transformations chimiques, mesurables par les techniques de la physique et de la chimie, les manifestations de la conscience relèvent de procédés différents, ceux qu'on emploie dans l'introspection et l'étude du comportement humain. Le concept de conscience est équivalent à l'analyse, faite par nous, de ce qui se passe en nous, et aussi de certaines activités clairement visibles chez nos semblables. Il est commode de distinguer ces activités en intellectuelle, morale, esthétique, religieuse, et sociale. En somme, le corps et l'âme sont des vues prises du même objet à l'aide de méthodes différentes, des abstractions faites par notre esprit d'un être unique. L'antithèse de la matière et de l'esprit n'est que l'opposition de deux ordres de techniques. L'erreur de Descartes a été de croire à la réalité de ces abstractions et de regarder le physique et le moral comme hétérogènes. Ce dualisme a pesé lourdement sur toute l'histoire de la connaissance de l'homme. Il a créé le faux problème des relations de l'âme et du corps. Il n'y a pas lieu d'examiner la nature de ces relations, car nous n'observons ni âme, ni corps, mais seulement un être composite dont nous avons divisé arbitrairement les activités en physiologiques et mentales.

Certes, on continuera toujours à parler de l'âme comme d'une entité, de même qu'on parle du coucher et du lever du soleil, bien que l'humanité sache, depuis Galilée, que le soleil est immobile. L'âme est cet aspect de nous-mêmes qui est spécifique de notre nature et nous distingue de tous les autres êtres vivants. La curiosité, que nous éprouvons à notre propre égard, nous entraîne nécessairement à poser des problèmes insolubles, des questions qui scientifiquement n'ont aucun sens. Quelle est la nature de la pensée, cette chose étrange, qui vit en nous, sans consommer une quantité appréciable d'énergie ? Quelles sont ses relations avec les formes connues de l'énergie physique ? L'esprit passe presque inaperçu au sein de la matière vivante. Et cependant il est la plus colossale puissance de ce monde. Il a bouleversé la surface de la terre, construit et détruit les civilisations, et créé notre Univers sidéral. Est-il produit par les cellules cérébrales comme l'insuline l'est par le pancréas, et la bile par le foie ? Quels sont, dans les cellules, les précurseurs de la pensée ? Aux dépens de quelles substances s'élabore-t-elle ? Vient-elle d'un élément préexistant, comme le glucose du glycogène, ou la fibrine du fibrinogène ? S'agit-il d'une forme d'énergie différente des énergies étudiées par la physique, ne s'exprimant pas par les mêmes lois, et produite par les cellules de la couche corticale du cerveau ? Au contraire, faut-il considérer la pensée comme un être immatériel, existant en dehors de l'espace et du temps, en dehors des dimensions de l'Univers cosmique, et s'insérant, par un procédé inconnu, dans notre cerveau, qui serait la condition indispensable de ses manifestations et déterminerait ses caractères ? A toutes les époques, dans tous les pays, de grands philosophes ont consacré leur vie à l'examen de ces problèmes. Ils n'en ont pas trouvé la solution.

Ces questions, nous nous les poserons toujours, bien que nous sachions qu'il est impossible d'y répondre. Pour les hommes de science, elles n'ont aucun sens, à moins que des techniques nouvelles ne nous permettent de mieux appréhender les manifestations de la conscience. Pour progresser dans la connaissance de cet aspect essentiel, spécifique, de l'être humain, il faut donc nous contenter d'étudier minutieusement les phénomènes que nous pouvons saisir par nos méthodes d'observation, et leurs relations avec les activités physiologiques. Il est indispensable de faire une exploration aussi complète que possible de cette contrée, dont l'horizon se perd de tous les côtés dans le brouillard.

L'homme se compose de la totalité des activités observables actuellement en lui, et de celles qu'il a manifestées dans le passé. Les fonctions qui a certaines époques et dans certains milieux restent virtuelles et celles qui existent de façon constante, sont également réelles. Les écrits de Ruysbrœk l'Admirable contiennent autant de vérité que ceux de Claude Bernard. L'Ornement des Noces Spirituelles, et l'Introduction à l'Étude de la Médecine Expérimentale décrivent des aspects, les uns plus rares, les autres plus communs, du même être. Les formes de l'activité humaine que considère Platon sont aussi spécifiques de notre nature que la faim, la soif, l'appétit sexuel, et la passion de la richesse. Depuis la Renaissance, nous avons fait l'erreur de donner arbitrairement une situation privilégiée à certains aspects de nous-mêmes. Nous avons séparé la matière de l'esprit. Nous avons attribué à l'une une réalité plus profonde qu'à l'autre. La physiologie et la médecine se sont occupées surtout des manifestations chimiques des activités du corps, et des désordres organiques dont l'expression se trouve dans les lésions microscopiques des tissus. La sociologie a considéré l'homme presque uniquement au point de vue de sa capacité de diriger des machines, du travail qu'il peut fournir, de son aptitude à consommer, de sa valeur économique. L'hygiène s'est intéressée à la santé, aux moyens d'augmenter la population, à la prévention des maladies infectieuses et à tout ce qui accroît le bien-être physiologique. La pédagogie a dirigé ses efforts vers le développement intellectuel et musculaire des enfants. Mais toutes ces sciences ont négligé l'étude de la conscience dans la totalité de ses aspects. Elles auraient dû examiner l'homme à la lumière convergente de la physiologie et de la psychologie. Elles auraient dû utiliser équitablement les données fournies par l'introspection et par l'étude du comportement. L'une et l'autre de ces techniques atteignent le même objet. Mais l'une le regarde par l'intérieur et l'autre saisit ses manifestations extérieures. Il n'y a aucune raison de donner à l'une une valeur plus grande qu'à l'autre. Toutes deux ont le même droit à notre confiance.

II

Les activités intellectuelles. — La certitude scientifique. — L'intuition. — Clairvoyance et télépathie.

L'existence de l'intelligence est une donnée immédiate de l'observation. Cette faculté de comprendre les relations des choses prend dans chaque individu une certaine valeur et une certaine forme. On peut mesurer l'intelligence à l'aide de techniques appropriées. Ces mesures s'adressent à une forme conventionnelle, schématisée, de cette fonction. Elles ne donnent qu'une notion incomplète de la valeur intellectuelle des êtres humains. Mais elles permettent de les diviser approximativement en catégories. Elles sont utiles pour le choix des hommes aptes à un travail simple, tel que celui de l'ouvrier dans une usine, et du petit employé dans un magasin ou une banque. Elles nous ont révélé, en outre, un fait d'une grande importance : la faiblesse de l'esprit dans la plupart des individus. On trouve en effet une immense diversité dans la quantité et la qualité de l'intelligence dévolue à chacun. A ce point de vue, certains hommes sont des géants et la majorité des nains. Chacun naît avec des capacités intellectuelles différentes. Mais, grandes ou petites, ces capacités demandent pour se manifester un exercice constant et aussi certaines conditions mal définies du milieu. L'observation complète et profonde des choses, l'habitude du raisonnement précis, l'étude de la logique, l'usage du langage mathématique, la discipline intérieure augmentent la puissance intellectuelle.

Au contraire, des observations incomplètes, hâtives, le passage rapide d'une impression à l'autre, la multiplicité des images, l'absence de règle et d'effort, empêchent le développement de l'esprit. Il est facile de constater combien peu intelligents sont les enfants qui ont vécu au milieu de la foule, parmi une quantité de gens et d'événements, dans des trains et des automobiles, dans le tumulte de la rue, devant un écran cinématographique, et dans les écoles où la concentration intellectuelle est inconnue. Il y a d'autres facteurs qui facilitent ou entravent le développement de l'intelligence. On les trouve surtout dans le mode d'existence, dans les coutumes alimentaires. Mais leur effet est mal connu.

On dirait que l'abondance de nourriture, l'excès des sports, empêchent le progrès psychologique. Les athlètes sont en général peu intelligents. Il est probable que l'esprit demande pour atteindre son plus haut point un ensemble de conditions qui se sont rencontrées seulement à certaines époques. L'humanité n'a jamais essayé de découvrir la nature de ces conditions. Nous n'avons aucune connaissance de la genèse de l'intelligence. Et nous nous figurons pouvoir la développer par l'entraînement de la mémoire et les exercices pratiqués dans les écoles !

L'intelligence seule n'est pas capable d'engendrer la science. Mais elle est un élément indispensable à sa création. La science fortifie l'intelligence dont elle n'est cependant qu'un aspect. Elle a apporté à l'humanité une nouvelle attitude intellectuelle, la certitude que donnent l'expérience et le raisonnement. Cette certitude est très différente de celle de la foi. Cette dernière est plus profonde. Elle ne peut pas être ébranlée par des arguments. Elle se rapproche un peu de la certitude des clairvoyants. Et, chose étrange, elle n'est pas étrangère à la construction de la science. Il est certain que les grandes découvertes scientifiques ne sont pas l'œuvre de l'intelligence seule. Les savants de génie, outre le pouvoir d'observer et de comprendre, possèdent d'autres qualités, l'intuition, l'imagination créatrice. Par l'intuition, ils saisissent ce qui est caché aux autres hommes, ils perçoivent des relations entre des phénomènes en apparence isolés, ils devinent l'existence du trésor ignoré. Tous les grands hommes sont doués d'intuition. Ils savent sans raisonnement, sans analyse, ce qu'il leur importe de savoir. Un vrai chef n'a besoin ni de tests psychologiques, ni de fiches de renseignements pour choisir ses subordonnés. Un bon juge sait, sans se perdre dans les détails d'arguments légaux, et parfois même, d'après Cardozo, en s'appuyant sur des considérants faux, rendre un jugement juste. Un grand savant s'oriente spontanément dans la direction où il y a une découverte à faire. C'est ce phénomène qu'on désignait autrefois sous le nom d'inspiration.

Parmi les savants, on rencontre deux formes d'esprit, les esprits logiques et les esprits intuitifs. La science doit ses progrès à l'un comme à l'autre de ces types intellectuels. Les mathématiques, quoique de structure purement logique, emploient néanmoins l'intuition. Parmi les mathématiciens, il y a des intuitifs et des logiciens, des analystes et des géomètres. Hermitte et Weierstrass étaient des intuitifs. Riemann et Bertrand, des logiciens. Les découvertes de l'intuition doivent toujours être mises en œuvre par la logique. Dans la vie ordinaire comme dans la science, l'intuition est un moyen de connaissance puissant, mais dangereux. Il est difficile parfois de la distinguer de l'illusion. Ceux qui se laissent guider uniquement par elle sont exposés à se tromper. Elle n'est pas toujours fidèle. Seuls, les grands hommes, ou les simples au cœur pur, peuvent être portés par elle sur les hauts sommets de la vie mentale et spirituelle. C'est une faculté étrange. Saisir la réalité, sans l'aide du raisonnement, nous paraît inexplicable. Sous une certaine forme, l'intuition semble être un raisonnement très rapide, fait à la suite d'une observation instantanée. Il est probable que la connaissance que les grands médecins ont de l'état et de l'avenir de leurs malades est de cette nature. Un phénomène analogue a lieu, quand on juge en un instant la valeur d'un homme, quand on devine ses qualités et ses vices. Mais, sous une autre forme, l'intuition se produit en l'absence d'observation et de raisonnement. Nous parvenons parfois au but désiré, sans savoir où il se trouve, et sans connaître le moyen de l'atteindre. On dirait que ce mode de connaissance se rapproche de la clairvoyance, cette faculté que Charles Richet appelle le sixième sens.

L'existence de la clairvoyance et de la télépathie est une donnée immédiate de l'observation (3). Les clairvoyants saisissent, sans l'intermédiaire des organes des sens, les pensées d'une autre personne. Ils perçoivent aussi des événements plus ou moins éloignés dans l'espace et le temps. Cette faculté est exceptionnelle. Elle ne se développe que chez un très petit nombre d'individus. Mais elle existe à l'état rudimentaire chez beaucoup de gens. Elle s'exerce sans effort et de façon spontanée. Elle parait très simple à ceux qui la possèdent. Elle leur donne de certaines choses une connaissance plus sûre que celle qu'ils obtiennent par les organes des sens. Il leur est aussi facile de voir les pensées d'une

---

3 — L'existence de la clairvoyance et de la télépathie, comme celle des autres phénomènes métapsychiques, est contestée par la plupart des biologistes et des médecins. Cette attitude des savants ne peut pas être blâmée. Car ces phénomènes sont fugitifs. Ils ne se reproduisent pas à volonté. Ils sont enfouis dans la masse immense des superstitions, des mensonges, et des illusions de l'humanité. Bien qu'ils aient été signalés dans tous les pays et à toutes les époques, la science s'est détournée d'eux. Cependant, l'observation nous montre qu'ils constituent une activité normale, quoique rare, de l'être humain. L'auteur a commencé leur étude quand il était un jeune élève en médecine. Il s'y est intéressé de la même manière qu'à la psychologie, à la chimie et à la pathologie. Il a eu l'occasion d'examiner certains de leurs aspects. Il a compris depuis longtemps l'insuffisance des techniques employées par les spécialistes des recherches psychiques, des séances où les médiums professionnels mettent souvent à profit l'amateurisme des expérimentateurs. Il a fait ses propres observations et expériences. Il a utilisé dans ce livre les connaissances qu'il a acquises lui-même. Et non pas l'opinion des autres. La métapsychique ne diffère pas de la psychologie et de la physiologie. Son aspect peu orthodoxe vient de ce qu'elle est mal connue. On a essayé, cependant, avec un modeste succès d'appliquer à son étude des procédés scientifiques. La *Society for Psychical Research* fut créée à Londres en 1882, sous la présidence de Henry Sedgwick, professeur de philosophie morale de l'Université de Cambridge. Un Institut International de Métapsychique, reconnu d'utilité publique en 1919 par le gouvernement français, a été fondé à Paris sous les auspices du grand physiologiste Richet, découvreur de l'anaphylaxie, et aussi d'un savant médecin, Joseph Teissier, professeur de médecine à l'Université de .Lyon. Son comité d'administration compte parmi ses membres un professeur de l'Ecole de Médecine de l'Université de Paris, et plusieurs médecins. Son président, Charles Richet, a écrit un *Traité de métapsychique*. L'Institut publie la *Revue de métapsychique*. Aux Etats-Unis, cette branche de la psychologie humaine n'a guère attiré l'attention des institutions scientifiques. Cependant, le département de psychologie de *Duke University* a entrepris certaines recherches au sujet de la clairvoyance sous la direction du docteur Rhine.

personne que d'analyser l'expression de son visage. Mais, voir et sentir sont des mots qui n'expriment pas exactement ce qui se passe dans leur conscience. Ils ne regardent pas, ils ne cherchent pas. Ils savent. La lecture des pensées et des sentiments paraît être apparentée à la fois à l'inspiration scientifique, esthétique et religieuse, et aux phénomènes de télépathie. Dans beaucoup de cas, une communication s'établit, au moment de la mort ou d'un grand danger, entre un individu et un autre. Le mourant, ou la victime de l'accident, même quand cet accident n'est pas suivi de mort, apparaît un instant sous son aspect habituel à un ami. Souvent, le personnage hallucinatoire reste silencieux. Parfois il parle, et annonce sa mort. Plus rarement, le clairvoyant voit, à une grande distance, une scène, un individu, un paysage, qu'il décrit minutieusement et exactement. De nombreuses personnes, qui ne possèdent pas d'ordinaire le don de la clairvoyance, ont une ou deux fois dans le cours de leur vie, l'expérience d'une communication télépathique.

C'est ainsi que la connaissance du monde extérieur nous parvient quelquefois par des voies différentes des organes sensoriels. Il est sûr que la pensée peut se communiquer directement d'un être humain à un autre, même à grande distance. Ces faits, qui sont du ressort de la nouvelle science de la métapsychique, doivent être acceptés tels qu'ils sont. Ils font partie de la réalité. Ils expriment un aspect mal connu de l'être humain. Ils expliquent peut-être l'extraordinaire lucidité que possèdent certains hommes. Quelle pénétration aurait celui qui serait doué en même temps d'une intelligence disciplinée et d'aptitudes télépathiques ! Certainement, l'intelligence, qui nous a donné la domination de monde matériel, n'est pas une chose simple. Nous en connaissons seulement une forme, celle que nous essayons de développer dans les écoles. Mais cette forme n'est qu'un aspect de la faculté merveilleuse faite du pouvoir de saisir la réalité, de jugement, de volonté, d'attention, d'intuition, et peut-être de clairvoyance qui donne à l'homme la possibilité de comprendre ses semblables et son milieu.

III

Les activités affectives et morales. — Les sentiments et le métabolisme. — Le tempérament. — Le caractère inné des activités morales. — Techniques pour l'étude du sens moral. — La beauté morale.

L'activité intellectuelle est, à la fois, distincte et indistincte du flot mouvant de nos autres états de conscience. Elle est un mode d'être de nous-mêmes, et change avec nous. Elle est comparable à un film cinématographique qui enregistrerait les phases successives d'une histoire, mais dont la composition de la surface sensible varierait d'un point à l'autre. Elle est plus analogue encore aux longues houles de l'océan, dont les creux et les sommets reflètent de façon différente les nuages qui courent dans le ciel. En effet, elle projette ses visions sur le fond sans cesse changeant de nos états affectifs, de notre douleur ou de notre joie, de notre amour ou de notre haine. Pour l'étudier, nous la séparons artificiellement du tout dont elle fait partie. Mais celui qui pense, qui observe et qui raisonne, est en même temps heureux ou malheureux, troublé ou calme, excité ou déprimé par ses appétits, ses répulsions, et ses désirs. Aussi le monde nous apparaît-il avec un visage différent, suivant les états affectifs et physiologiques qui sont le fond mouvant de notre conscience pendant l'activité intellectuelle. Chacun sait que l'amour, la haine, la colère et la crainte sont capables d'apporter le désordre même dans la logique. Ces passions demandent, pour se manifester, des modifications des échanges chimiques. Les échanges s'accroissent d'autant plus que les mouvements émotifs sont plus intenses. Au contraire, comme on le sait, ils ne sont pas modifiés par le travail intellectuel. Les activités affectives sont très proches des physiologiques. Elles constituent le tempérament. Le tempérament change d'un individu à l'autre, d'une race à l'autre. Il est un mélange de caractères mentaux, physiologiques et structuraux. Il est l'homme même. C'est lui qui donne à chacun de nous sa petitesse, sa médiocrité ou sa force. Quelle est la cause de l'affaiblissement du tempérament dans certains groupes sociaux et dans certaines nations ? On dirait que la violence des modes affectifs diminue à mesure que la richesse augmente, que l'éducation se répand, que la nourriture s'élabore davantage. En même temps on voit aussi les fonctions émotives se séparer de l'intelligence, et exagérer certains de leurs aspects. Peut-être la civilisation moderne nous a-t-elle apporté des formes de vie, d'éducation et d'alimentation qui tendent à donner aux hommes les qualités des animaux domestiques, ou à développer de façon dysharmonique leurs impulsions affectives.

L'activité morale est équivalente à l'aptitude que possède l'être humain de s'imposer à lui-même une règle de conduite, de choisir entre plusieurs actes possibles celui qu'il considère comme bon, de se libérer de son égoïsme et de sa méchanceté. Elle crée en lui le sentiment d'une obligation, d'un devoir. Elle n'est observable que chez un petit nombre d'individus. En général elle reste à l'état virtuel. On ne peut pas douter cependant de sa réalité. Si le sens moral n'existait pas, Socrate n'aurait pas bu la ciguë. Aujourd'hui encore, on le rencontre dans certains groupes sociaux et dans certains pays. Et parfois même à un très haut degré. Il a existé à toutes les époques. Au cours de l'histoire de l'humanité il a montré son importance primordiale. Il tient à la fois de l'intelligence et du sens esthétique et religieux. Il nous fait distinguer le bien du mal, et choisir le bien de préférence au mal. Chez l'être hautement civilisé, la volonté et l'intelligence sont une seule et même fonction. Elles donnent à nos actes leur valeur morale.

Comme l'activité intellectuelle, le sens moral vient d'un certain état structural et fonctionnel de notre corps. Cet état dépend à la fois de la constitution immanente de nos tissus et de notre esprit, et aussi des facteurs physiologiques et mentaux qui ont agi sur chacun de nous pendant notre développement. Dans le Fondement de la Morale, Schopenhauer constate que les êtres humains ont des tendances innées à l'égoïsme, à la méchanceté ou à la pitié. Comme l'écrit Gallavardin, il y a parmi nous les égoïstes purs auxquels le bonheur ou le malheur de leurs semblables est également indifférent. Il y a ceux qui éprouvent du plaisir à voir l'infortune ou la souffrance des autres, et même à les provoquer. Il y a enfin ceux qui souffrent véritablement de la douleur de tout être humain. Ce pouvoir de sympathie engendre la bonté, la pitié, la charité et les actes qui en découlent. La capacité de sentir la souffrance des autres fait l'être moral qui s'efforce de diminuer parmi les hommes la douleur et le poids de la vie. Chacun de nous naît bon, médiocre ou mauvais. Mais, de même que l'intelligence, le sens moral est susceptible de se développer par l'éducation, la discipline et la volonté.

La définition du bien et du mal est basée à la fois la raison et sur l'expérience millénaire de l'humanité. Elle correspond à des exigences fondamentales de la vie individuelle et sociale. Elle est, dans certains détails, arbitraire. Mais, à une époque donnée et dans un pays donné, elle doit être la même pour tous les individus. Le bien est synonyme de justice, de charité et de beauté. Le mal, d'égoïsme, de méchanceté et de laideur. Dans la société moderne, les règles théoriques de la conduite sont basées sur les vestiges de la morale chrétienne. Mais presque personne n'y obéit. L'homme moderne a rejeté toute discipline de ses appétits. Cependant les morales biologiques et industrielles n'ont pas de valeur pratique, parce qu'elles sont artificielles et ne considèrent qu'un aspect de l'être humain. Elles ignorent les activités psychologiques les plus essentielles. Elles ne nous donnent pas une armature suffisamment solide et complète pour nous protéger contre nos vices immanents.

Afin de garder son équilibre mental et même organique, chaque individu est obligé d'avoir une règle intérieure. L'État peut imposer par la force la légalité, mais non les lois de la morale. Chacun doit comprendre la nécessité de faire le bien et d'éviter le mal, et se soumettre à cette nécessité par un effort de sa propre volonté. L'Église catholique, dans sa profonde connaissance de la psychologie humaine, a placé, les activités morales bien au-dessus des intellectuelles. Les individus qu'elle honore plus que tous les autres ne sont ni les conducteurs de peuples, ni les savants, ni les philosophes. Ce sont les saints, c'est-à-dire ceux qui de façon héroïque ont été vertueux. Quand on étudie les habitants de la Cité nouvelle, on réalise la nécessité pratique du sens moral. Intelligence, volonté et moralité sont des fonctions très voisines les unes des autres. Mais le sens moral est plus important que l'intelligence. Quand il disparaît d'une nation, toute la structure sociale commence à s'ébranler. Dans les recherches de biologie humaine, nous n'avons pas donné jusqu'à présent aux activités morales la place qu'elles méritent. Le sens moral est susceptible d'une étude aussi positive que celle de l'intelligence. Certes, cette étude est difficile. Mais les aspects du sens moral dans les individus et dans les groupes d'individus sont facilement reconnaissables. Il est également possible d'analyser les conséquences physiologiques, psychologiques et sociales de la moralité. On ne peut pas, bien entendu, faire ces recherches dans un laboratoire. Mais il existe encore un grand nombre de groupes humains où les caractères du sens moral et les effets de son absence ou de sa présence à différents degrés se manifestent de façon évidente. L'activité morale, comme l'intelligence, se trouve dans le domaine des techniques scientifiques.

Nous n'avons presque jamais l'occasion d'observer, dans la société moderne, des individus dont la conduite soit inspirée par un idéal moral. Cependant, de tels individus existent encore. Il est impossible de ne pas les remarquer quand on les rencontre. La beauté morale laisse un souvenir inoubliable à celui qui, même une seule fois, l'a contemplée. Elle nous touche plus que la beauté de la nature, ou celle de la science. Elle donne à celui qui la possède un pouvoir étrange, inexplicable. Elle augmente la force de l'intelligence. Elle établit la paix entre les hommes. Elle est, beaucoup plus que la science, l'art et la religion, la base de la civilisation.

IV

Le sens esthétique. — La suppression de l'activité esthétique dans la vie moderne. — L'art populaire. — La beauté.

Le sens esthétique existe chez les êtres humains les plus primitifs, comme chez les plus civilisés. Il survit même à la disparition de l'intelligence car les idiots et les fous sont capables d'œuvres artistiques. La création de formes ou de séries de sons, qui éveillent chez ceux qui les regardent ou les entendent, une émotion esthétique, est un besoin élémentaire de notre nature. L'homme a toujours contemplé avec joie les animaux, les fleurs, les arbres, le ciel, la mer, et les montagnes. Avant l'aurore de la civilisation, il a employé ses grossiers outils à reproduire sur le bois, sur l'ivoire, et la pierre, le profil des êtres vivants. Aujourd'hui même, quand son sens esthétique n'est pas détruit par son éducation, son mode de vie, et le travail de l'usine, il prend plaisir à fabriquer des objets suivants son inspiration propre. Il éprouve une jouissance esthétique à s'absorber dans cette œuvre. Il y a encore en Europe, et surtout en France, des cuisiniers, des charcutiers, des tailleurs de pierre, des menuisiers, des forgerons, des couteliers, des mécaniciens, qui sont des artistes. Celui qui fait une pâtisserie de belle forme, qui sculpte dans du saindoux des maisons, des hommes et des animaux, qui forge une belle ferrure de porte, qui construit un beau meuble, qui ébauche une grossière statue, qui tisse une belle étoffe de laine ou de soie, éprouve un plaisir analogue à celui du sculpteur, du peintre, du musicien, et de l'architecte.

Si l'activité esthétique reste virtuelle chez la plupart des individus, c'est parce que la civilisation industrielle nous a entourés de spectacles laids, grossiers, et vulgaires. En outre, nous avons été transformés en machines. L'ouvrier passe sa vie à répéter des milliers de fois chaque jour le même geste. D'un objet donné, il ne fabrique qu'une seule pièce. Il ne fait jamais l'objet entier. Il ne peut pas se servir de son intelligence. Il est le cheval aveugle qui tournait toute la journée autour d'un manège pour tirer l'eau du puits. L'industrialisme empêche l'usage des activités de la conscience qui sont capables de donner chaque jour à l'homme un peu de joie. Le sacrifice par la civilisation moderne de l'esprit à la matière à été une erreur. Une erreur d'autant plus dangereuse qu'elle ne provoque aucun sentiment de révolte, qu'elle est acceptée aussi facilement par tous que la vie malsaine des grandes villes, et l'emprisonnement dans les usines. Cependant, les hommes qui éprouvent un plaisir esthétique même rudimentaire dans leur travail, sont plus heureux que ceux qui produisent uniquement afin de pouvoir consommer. Il est certain que l'industrie, dans sa forme actuelle, a enlevé à l'ouvrier toute originalité et toute joie. La stupidité et la tristesse de la civilisation présente sont dues, au moins en partie, à la suppression des formes élémentaires de la jouissance esthétique dans la vie quotidienne.

L'activité esthétique se manifeste à la fois dans la création et la contemplation de la beauté. Elle est complètement désintéressée. On dirait que dans la jouissance artistique, la conscience sort d'elle-même et s'absorbe dans un autre être. La beauté est une source inépuisable de joie pour celui qui sait la découvrir. Car elle se rencontre partout. Elle sort des mains qui modèlent, ou qui peignent la faïence grossière, qui coupent le bois et en font un meuble, qui tissent la soie, qui taillent le marbre, qui tranchent et réparent la chair humaine. Elle est dans l'art sanglant des grands chirurgiens comme dans celui des peintres, des musiciens, et des poètes. Elle est aussi dans les calculs de Galilée, dans les visions de Dante, dans les expériences de Pasteur, dans le lever du soleil sur l'océan, dans les tourmentes de l'hiver sur les hautes montagnes. Elle devient plus poignante encore dans l'immensité du monde sidéral et de celui des atomes, dans l'inexprimable harmonie du cerveau humain, dans l'âme de l'homme qui obscurément se sacrifie pour le salut des autres. Et dans chacune de ses formes elle demeure l'hôte inconnu de la substance cérébrale, créatrice du visage de l'Univers.

Le sens de la beauté ne se développe pas de façon spontanée. Il n'existe dans notre conscience qu'à l'état potentiel. A certaines époques, dans certaines circonstances, il reste virtuel. Il peut même disparaître chez les peuples qui autrefois le possédaient à un haut degré. C'est ainsi que la France détruit ses beautés naturelles et méprise les souvenirs de son passé. Les descendants des hommes qui ont conçu et exécuté le monastère du Mont Saint-Michel ne comprennent plus sa splendeur. Ils acceptent avec joie l'indescriptible laideur des maisons modernes de la Bretagne et de la Normandie, et surtout des environs de Paris. De même que le Mont Saint-Michel, Paris lui-même et la plupart des villes et villages de France ont été déshonorés par un hideux commercialisme. Comme le sens moral, le sens de la beauté, pendant le cours d'une civilisation, se développe, atteint son apogée, et s'évanouit.

V

L'ACTIVITÉ MYSTIQUE. — LES TECHNIQUES DE LA MYSTIQUE. — CONCEPT OPÉRATIONNEL DE L'EXPÉRIENCE MYSTIQUE.

Chez les hommes modernes, nous n'observons presque jamais les manifestations de l'activité mystique, du sens religieux (4). Même dans sa forme la plus rudimentaire, le sens mystique est exceptionnel, beaucoup plus exceptionnel encore que le sens moral. Néanmoins, il fait partie de nos activités essentielles. L'humanité a reçu une empreinte plus profonde de l'inspiration religieuse que de la pensée philosophique. Dans la cité antique, la religion était la base de la vie familiale et sociale. Le sol

---

4 — Bien que l'activité mystique ait joué un rôle important dans l'histoire de l'humanité, il nous est difficile d'acquérir une connaissance même partielle de cette forme, rare aujourd'hui, de nos fonctions mentales. Certes, la littérature concernant l'ascèse et la mystique est immense. Les écrits des grands mystiques chrétiens sont à la portée de tous. On rencontre parfois, même dans la Cité nouvelle, des hommes et des femmes qui sont des foyers d'activité religieuse. Mais généralement, les mystiques se trouvent hors de notre atteinte, dans des monastères. Ou bien, ils sont occupés aux tâches les plus humbles et sont complètement ignorés. L'auteur a commencé de s'intéresser à l'ascèse et à la mystique à la même époque qu'aux phénomènes métapsychiques. Il a connu des mystiques et des saints. Il n'hésite donc pas, dans ce livre, à mentionner l'existence de la mysticité, puisqu'il, a observé ses manifestations. Mais il sait que sa description de cette forme de notre activité mentale ne plaira ni aux hommes de science, ni aux hommes de religion. Les savants considéreront sa tentative comme puérile, ou folle. Les ecclésiastiques, comme inconvenante et avortée, parce que les phénomènes mystiques n'appartiennent que de façon indirecte au domaine de la science. Les unes et les autres de ces critiques seront, en partie, justes. Néanmoins, il est impossible de ne pas ranger la mysticité parmi les activités humaines fondamentales.

de l'Europe est encore couvert des cathédrales et des ruines des temples que nos ancêtres y ont élevés. Aujourd'hui, il est vrai, nous comprenons à peine leur signification. Pour la plupart des civilisés, les églises ne sont que des musées où reposent les religions mortes.

L'attitude des touristes qui profanent les cathédrales d'Europe montre à quel point la vie moderne a oblitéré le sens religieux. L'activité mystique a été bannie de la plupart des religions. Sa signification même a été oubliée. A cet oubli est liée probablement la décadence des églises. Car la vie d'une religion dépend des foyers d'activité mystique qu'elle est capable de créer. Cependant, le sens religieux est resté dans la vie moderne une fonction nécessaire de la conscience de quelques individus. A présent, il recommence à se manifester parmi les hommes de haute culture. Et, phénomène étrange, les grands ordres religieux n'ont pas assez de places dans leurs monastères pour recevoir les jeunes gens qui veulent, par la voie de l'ascèse et de la mystique, pénétrer dans le monde spirituel.

L'activité religieuse, comme l'activité morale, prend des aspects variés. Dans son état le plus rudimentaire, elle est une inspiration vague vers un pouvoir dépassant les formes matérielles et mentales de notre monde, une sorte de prière non formulée, la recherche d'une beauté plus absolue que celle de l'art et de la science. Elle est voisine de l'activité esthétique. Le sens de la beauté conduit à l'activité mystique. D'autre part, les rites religieux s'associent aux différentes formes de l'art. C'est ainsi que le chant se transforme facilement en prière. La beauté que cherche le mystique est plus riche encore et plus indéfinissable que celle de l'artiste. Elle ne revêt aucune forme. Elle n'est exprimable dans aucun langage. Elle se cache dans les choses du monde visible. Elle se manifeste à peu d'hommes. Elle demande l'élévation de l'esprit vers un être qui est la source de tout, vers un pouvoir, un centre de forces, que les mystiques chrétiens nomment Dieu. A toutes les époques, dans toutes les races, il y a eu des individus possédant à un haut degré ce sens particulier. La mystique chrétienne exprime la forme la plus élevée de l'activité religieuse. Elle est mieux liée aux autres activités de la conscience que les mystiques hindoue et thibétaine. Elle a eu, sur les mystiques asiatiques, l'avantage de recevoir dès sa petite enfance les leçons de la Grèce et de Rome. Elle a appris de l'une l'intelligence, et de l'autre, l'ordre et la mesure.

Dans son état le plus élevé, elle comporte une technique très élaborée, une discipline stricte. Elle demande d'abord la pratique de l'ascétisme. Il est aussi impossible de l'aborder sans un apprentissage ascétique que de devenir un athlète sans se soumettre à un entraînement physique. L'initiation à l'ascétisme est dure. Aussi, peu d'hommes ont-ils le courage de s'engager dans la voie mystique. Celui qui veut entreprendre ce rude voyage doit renoncer à lui-même et aux choses de ce monde. Il demeure ensuite dans les ténèbres de la nuit obscure. Il éprouve les souffrances de la vie purgative pendant qu'il pleure sa faiblesse et son indignité, et demande la grâce de Dieu. Peu à peu, il se détache de lui-même. Sa prière devient une contemplation. Il entre dans la vie illuminative. Il ne peut décrire ce qu'il voit. Quand il veut exprimer ce qu'il sent, il emprunte, comme saint Jean de la Croix, le langage de l'amour charnel. Son esprit s'échappe de l'espace et du temps. Il prend contact avec une chose ineffable. Il atteint la vie unitive. Il contemple Dieu et il agit avec lui.

Dans la vie de tous les grands mystiques, les mêmes étapes se succèdent. Nous devons accepter leur expérience telle qu'elle nous est donnée. Seuls ceux qui ont vécu eux-mêmes la vie de prière, peuvent la juger. La recherche de Dieu est, en effet, une entreprise toute personnelle. Grâce à une certaine réalité de sa conscience, l'homme tend vers une réalité invisible qui réside dans le monde matériel et s'étend au delà de lui. Il se lance dans la plus audacieuse aventure qu'il soit possible d'oser. On peut le considérer comme un héros, ou comme un fou. Mais il ne faut pas se demander si l'expérience mystique est vraie ou fausse, si elle est une autosuggestion, une hallucination, ou bien si elle représente un voyage de l'âme en dehors des dimensions de notre monde et son contact avec une réalité supérieure. Nous devons nous contenter d'avoir d'elle un concept opérationnel. Elle est efficace en elle-même. Elle donne ce qu'il demande à celui qui la pratique. Elle lui apporte le renoncement, la paix, la richesse intérieure, la force, l'amour, Dieu. Elle est aussi réelle que l'inspiration esthétique. Pour le mystique comme pour l'artiste, la beauté qu'il contemple est la seule vérité.

VI

Les relations des activités de la conscience entre elles. — L'intelligence et le sens moral. — Les individus dysharmoniques.

Ces activités fondamentales ne sont pas distinctes les unes des autres. Leurs limites sont artificielles. Mais elles rendent plus commode la description des manifestations de la conscience. L'activité humaine peut être comparée à une amibe dont les membres multiples et transitoires, les pseudopodes, sont faits d'une substance unique. Elle est analogue également au déroulement de films superposés qui restent indéchiffrables à moins d'être séparés les uns des autres. Tout se passe comme si le substratum corporel, au cours de son écoulement dans le temps, montrait des aspects simultanés de son unité, aspects que nos techniques distinguent en physiologiques et mentaux. Sous son aspect mental, notre activité modifie sans cesse sa forme, sa qualité et son intensité. C'est ce phénomène essentiellement simple que nous décrivons comme une association de fonctions différentes. La pluralité des manifestations mentales est seulement l'expression d'une nécessité méthodologique. Pour décrire la conscience, nous sommes obligés de la diviser. De même que les pseudopodes de l'amibe sont l'amibe elle-même, les aspects de notre conscience sont nous-mêmes, et se confondent en notre unité.

L'intelligence est presque inutile à celui qui ne possède qu'elle. L'intellectuel pur est un être incomplet, malheureux, car il est incapable d'atteindre ce qu'il comprend. La capacité de saisir les relations des choses n'est féconde qu'associée à d'autres activités, telles que le sens moral, le sens affectif, la volonté, le jugement, l'imagination, et une certaine force organique. Elle est utilisable seulement au prix d'un effort. Celui qui veut posséder la science s'y prépare longuement par de durs travaux. Il se soumet à une sorte d'ascétisme. Sans l'exercice de la volonté, l'intelligence reste dispersée et stérile. Une fois disciplinée, elle devient capable de poursuivre la vérité. Mais elle ne l'atteint pleinement que si elle est aidée par le sens moral. Les grands savants sont toujours d'une profonde honnêteté intellectuelle. Ils suivent la réalité partout où celle-ci les mène. Ils ne cherchent jamais à lui substituer leurs propres désirs, ni à la cacher quand elle devient gênante. L'homme qui veut contempler la vérité doit établir le calme en lui-même. Il faut que son esprit devienne comme l'eau morte d'un lac. Les activités affectives, cependant, sont indispensables au progrès de l'intelligence. Mais elles doivent se réduire à cette passion que Pasteur appelait le dieu intérieur, l'enthousiasme. La pensée ne grandit que chez ceux qui sont capables d'amour et de haine. C'est pourquoi elle demande, outre l'aide des autres activités de la conscience, celle du corps. Même quand elle gravit les plus hauts sommets, et s'éclaire d'intuition et d'imagination créatrice, il lui faut une armature à la fois morale et organique.

Le développement exclusif des activités affectives, esthétiques ou mystiques produit des hommes inférieurs, des esprits faux, étroits, des visionnaires. Nous observons souvent de tels types, bien qu'aujourd'hui l'éducation intellectuelle soit donnée à tous. Il n'est pas besoin d'une haute culture de l'intelligence pour féconder le sens esthétique et le sens mystique, et produire les artistes, les poètes, les religieux, tous ceux qui contemplent d'une vue désintéressée les aspects divers de la beauté. Il en est de même du sens moral et du jugement. Mais ces dernières activités peuvent presque se suffire à elles-mêmes. Elles donnent à celui qui les possède l'aptitude au bonheur. Elles semblent fortifier toutes les autres activités, même les activités organiques. Ce sont elles dont il faut viser avant tout le développement dans l'éducation, car elles assurent l'équilibre de l'individu. Elles en font un élément solide de l'édifice social. A ceux qui sont les membres anonymes des grandes nations, le sens moral est beaucoup plus important que l'intelligence.

La répartition des activités mentales varie beaucoup suivant les différents groupes sociaux. La plupart des hommes civilisés ne manifestent qu'une forme rudimentaire de conscience. Ils sont capables du travail facile, qui, dans la société moderne, assure la survie de l'individu. Ils produisent, il consomment, ils satisfont leurs appétits physiologiques. Ils prennent également plaisir à assister en grandes foules aux spectacles sportifs, à contempler des films cinématographiques grossiers et puérils, à se mouvoir rapidement sans effort, ou à regarder un objet qui se meut rapidement. Ils sont mous, émotifs, lâches, lascifs et violents. Ils n'ont ni sens moral, ni sens esthétique, ni sens religieux. Leur nombre est très considérable. Ils ont engendré un vaste troupeau d'enfants dont l'intelligence reste rudimentaire. Ils fournissent une partie de la population de trois millions de criminels qui vivent librement dans ce pays, et aussi des faibles d'esprit qui remplissent les institutions spéciales.

La majorité des criminels ne sont pas dans les prisons. Ils appartiennent à une classe supérieure. Chez eux, comme chez les idiots, certaines activités de la conscience sont restées atrophiques. Mais le criminel-né de Lombroso n'existe pas. Il y a seulement des défectifs qui deviennent criminels. En réalité, la plupart des criminels sont des hommes normaux. Quelques-uns même ont une intelligence supérieure. Aussi les sociologues n'ont-ils pas l'occasion de les rencontrer dans les prisons. Chez les gangsters, chez les financiers dont la presse quotidienne nous rapporte les prouesses, la fonction intellectuelle, et certaines fonctions affectives et esthétiques sont normales, parfois même supérieures. Mais le sens moral ne s'est pas développé. Il existe donc parmi nous une quantité considérable de gens dont quelques-unes seulement des activités fondamentales se manifestent. Cette dysharmonie du monde de la conscience est un des phénomènes les plus caractéristiques de cette époque. Nous avons réussi à assurer la santé organique de la population de la Cité moderne. Mais, malgré les sommes immenses dépensées pour l'éducation, il a été impossible de développer ses activités intellectuelles et morales. Même parmi ceux qui constituent l'élite de cette population, les manifestations de la conscience manquent souvent d'harmonie et de force. Les fonctions élémentaires sont mal groupées, de mauvaise qualité et de faible intensité. Il arrive aussi qu'une ou plusieurs d'entre elles soient complètement absentes. On peut comparer la conscience de la plupart des gens à un réservoir qui contiendrait de l'eau de qualité douteuse, en petit volume, et sous une faible pression. Et celle de quelques individus seulement, à un réservoir contenant beaucoup d'eau pure sous haute pression.

Les hommes les plus heureux et les plus utiles sont faits d'un ensemble harmonieux d'activités intellectuelles et morales. C'est la qualité de ces activités, et l'égalité de leur développement qui donnent à ce type sa supériorité sur les autres. Mais leur intensité détermine le niveau social d'un individu donné, et en fait un boutiquier ou un directeur de banque, un petit médecin ou un célèbre professeur, un maire de village ou un président des États-Unis. Le développement d'êtres humains complets doit être le but de nos efforts. Sur eux seulement peut s'édifier une civilisation solide. Il existe en outre une classe d'hommes qui, quoique aussi dysharmoniques que les criminels et les fous, sont indispensables à la société moderne. Ce sont les génies. Ces individus sont caractérisés par la croissance monstrueuse de quelqu'une de leurs activités psychologiques. Un grand artiste, un grand savant, un grand philosophe est généralement un homme ordinaire dont une fonction s'est hypertrophiée. Il est comparable aussi à une tumeur qui pousserait sur un organisme normal. Ces êtres non équilibrés sont, en général, malheureux. Mais ils produisent de grandes œuvres dont profite la société tout entière. Leur dysharmonie engendre le progrès de la civilisation. L'humanité n'a jamais rien gagné par l'effort de la foule. Elle est poussée en avant par la passion de quelques individus, par la flamme de leur intelligence, par leur idéal de science, de charité, ou de beauté.

VII

Les relations des activités mentales et physiologiques. — L'influence des glandes sur l'esprit. — L'homme pense avec son cerveau et tous ses organes.

Les activités mentales dépendent évidemment des activités physiologiques. Nous observons des modifications organiques correspondant à la succession de nos états de conscience. Inversement, des phénomènes psychologiques sont déterminés par certains états fonctionnels des organes. En somme, l'ensemble formé par le corps et la conscience est modifiable aussi bien par des facteurs organiques que mentaux. L'esprit se confond avec le corps comme la forme avec le marbre de la statue. On ne pourrait pas changer la forme sans briser le marbre. Nous supposons que le cerveau est le siège des activités psychologiques parce qu'une lésion de cet organe produit des désordres immédiats et profonds de la conscience. C'est probablement au niveau de la substance grise que l'esprit, suivant l'expression de Bergson, s'insère dans la matière. Chez l'enfant, l'intelligence et le cerveau se développent de manière simultanée. Au moment de l'atrophie sénile des centres nerveux, l'intelligence diminue. La présente des spirochètes de la syphilis autour des cellules pyramidales amène le délire des grandeurs. Lorsque le virus de l'encéphalite léthargique attaque les noyaux centraux, il détermine des troubles profonds de la personnalité. Des modifications temporaires de l'activité mentale se manifestent sous l'influence de l'alcool qui pénètre avec le sang jusqu'aux cellules cérébrales. La chute de la tension artérielle produite par une hémorragie supprime les activités de la conscience. En somme, les manifestations de la vie mentale sont solidaires de l'état de l'encéphale.

Ces observations ne suffisent pas à démontrer que le cerveau constitue à lui seul l'organe de la conscience. En effet, il ne se compose pas exclusivement de matière nerveuse. Il consiste aussi en un milieu dans lequel sont immergées les cellules, et dont la composition est réglée par celle du sérum sanguin. Et le sérum sanguin dépend des sécrétions glandulaires qui sont répandues dans le corps entier. Tous les organes sont donc présents dans l'écorce cérébrale par l'intermédiaire du sang et de la lymphe. Nos états de conscience sont liés à la constitution chimique des humeurs du cerveau autant qu'à la structuré des cellules. Quand le milieu intérieur est privé des sécrétions des glandes surrénales, le malade tombe dans une dépression profonde. Il ressemble à un animal à sang froid. Les désordres fonctionnels de la glande thyroïde amènent soit de l'excitation nerveuse et mentale, soit de l'apathie. Dans les familles où les lésions de cette glande sont héréditaires, il y a des idiots moraux, des faibles d'esprit et des criminels. Chacun sait combien les maladies du foie, de l'estomac et de l'intestin modifient la personnalité des gens. Il est certain que les cellules des organes libèrent dans le milieu intérieur des substances qui agissent sur notre activité mentale et spirituelle.

De toutes les glandes, le testicule possède l'influence la plus grande sur la force et la qualité de l'esprit. Les grands poètes, les artistes de génie, les saints, de même que les conquérants, sont en général fortement sexués. La suppression des glandes sexuelles, même chez l'individu adulte, produit des modifications de leur état mental. Après l'extirpation des ovaires les femmes deviennent apathiques, et perdent une partie de leur activité intellectuelle ou de leur sens moral. La personnalité des hommes qui ont subi la castration s'altère de façon plus ou moins marquée. La lâcheté historique d'Abélard devant l'amour et le sacrifice passionné d'Héloïse furent causés sans doute par la sauvage mutilation que les parents de cette dernière lui firent subir. Les grands artistes furent presque tous de grands amoureux. On dirait qu'un certain état des glandes sexuelles est nécessaire à l'inspiration. L'amour stimule l'esprit quand il n'atteint pas son objet. Si Béatrix avait été la maîtresse de Dante, peut-être *la Divine Comédie* n'existerait-elle pas. Les mystiques emploient souvent les expressions du *Cantique des cantiques*. Il semble que leurs appétits sexuels inassouvis les poussent avec plus d'ardeur sur la route du renoncement et du bon d'eux-mêmes. La femme d'un ouvrier peut exiger les services de son mari chaque jour. Mais celle d'un artiste ou d'un philosophe beaucoup moins souvent. Il est bien connu que les excès sexuels gênent l'activité intellectuelle. On dirait que l'intelligence demande pour se manifester dans toute sa puissance, à la fois la présence des glandes sexuelles bien développées, et la répression temporaire de l'appétit sexuel. Freud a parlé avec juste raison de l'importance capitale des impulsions sexuelles dans les activités de la conscience. Cependant ces observations se rapportent à des malades. Il ne faut pas généraliser ses conclusions aux gens normaux, ni surtout à ceux qui possèdent un système nerveux résistant, et la maîtrise d'eux-mêmes. Tandis que les faibles, les nerveux, les déséquilibrés deviennent plus anormaux à la suite de la répression de leurs appétits sexuels, les êtres forts sont rendus plus forts encore par cette forme d'ascèse.

La dépendance étroite des activités de la conscience et des activités physiologiques s'accorde mal avec la conception classique qui place l'âme dans le cerveau. En réalité, le corps tout entier paraît être le substratum des énergies mentales et spirituelles. La pensée est fille des glandes à sécrétion interne aussi bien que de l'écorce cérébrale. L'intégrité de l'organisme est indispensable aux manifestations de la conscience. L'homme pense, aime, souffre, admire, et prie à la fois avec son cerveau et avec tous ses organes.

VIII

L'influence des activités mentales sur les organes. — La vie moderne et la santé. — Les états mystiques et les activités nerveuses. — La prière. — Les guérisons miraculeuses.

Tous les états de la conscience ont probablement une expression organique. Les émotions s'accompagnent, comme chacun le sait, de modifications de la circulation du sang. Elles déterminent par l'intermédiaire des nerfs vaso-moteurs la dilatation ou la contraction des petites artères. Le plaisir fait rougir la peau de la figure. La colère, la peur, la rendent blanche. Chez certains individus, une mauvaise nouvelle peut provoquer la contraction des artères coronaires, l'anémie du cœur et la mort subite. Par l'augmentation ou la diminution de la circulation locale, les états affectifs agissent sur toutes les glandes, exagèrent ou arrêtent leurs sécrétions, ou même modifient leurs activités chimiques. La vue et le désir d'un aliment déterminent la salivation. Ce phénomène se produit même en l'absence de l'aliment. Pavlov observa sur des chiens pourvus de fistules salivaires que la sécrétion peut être déterminée, non par la vue de la nourriture, mais seulement par le son d'une cloche, si auparavant cette cloche a sonné pendant qu'on nourrissait l'animal. Les émotions mettent en branle des mécanismes complexes. Quand on provoque le sentiment de la peur chez un chat, ainsi que l'a fait Cannon dans une expérience célèbre, les vaisseaux des glandes surrénales se dilatent, les glandes sécrètent de l'adrénaline, l'adrénaline augmente la pression sanguine et la rapidité de la circulation, et met tout l'organisme en état d'activité pour l'attaque ou la défense. Mais si les nerfs grands sympathiques ont été préalablement enlevés, le phénomène ne se produit pas.

C'est par l'intermédiaire de ces nerfs que les sécrétions glandulaires sont modifiées.

On conçoit donc comment l'envie, la haine, la peur quand ces sentiments sont habituels, peuvent provoquer des changements organiques et de véritables maladies. Les soucis affectent profondément la santé. Les hommes d'affaires, qui ne savent pas se défendre contre les soucis, meurent jeunes. Les vieux cliniciens pensaient même que les longs chagrins, l'inquiétude persistante, préparent le développement du cancer. Les émotions déterminent chez les individus particulièrement sensibles des modifications frappantes des tissus et des humeurs. Les cheveux d'une femme belge condamnée à mort par les Allemands blanchirent de façon soudaine pendant la nuit qui précéda l'exécution. Au cours d'un bombardement une éruption de la peau, un urticaire, apparut sur le bras d'une autre femme. Après l'éclatement de chaque obus, l'éruption s'agrandissait et rougissait davantage. Joltrain a apporté la preuve qu'un choc moral est capable de produire des modifications marquées du sang. Chez des sujets qui avaient éprouvé une grande frayeur, il trouva un nombre plus petit de globules blancs, une chute de la tension artérielle, une diminution du temps de coagulation du plasma sanguin. Des modifications plus profondes encore se produisaient dans l'état physico-chimique du sérum. L'expression «se faire du mauvais sang» est littéralement vraie. La pensée peut engendrer des lésions organiques. L'instabilité de la vie moderne, l'agitation incessante, le manque de sécurité créent des états de la conscience qui entraînent des désordres nerveux et structuraux de l'estomac et de l'intestin, de la dénutrition et le passage des microbes intestinaux dans la circulation. Les colites et les infections des reins et de la vessie qui les accompagnent sont le résultat éloigné de déséquilibres mentaux et moraux. Ces maladies sont presque inconnues dans les groupes sociaux où la vie est demeurée plus simple et moins agitée, où l'inquiétude est moins constante. De même, ceux qui savent garder le calme intérieur, au milieu du tumulte de la Cité moderne, restent à l'abri des désordres nerveux et viscéraux.

Les activités physiologiques doivent rester inconscientes. Elles se troublent quand notre attention se dirige sur elles. Aussi la psychanalyse, en fixant l'esprit des malades sur eux-mêmes, a-t-elle parfois le résultat de les déséquilibrer davantage. Il vaut mieux, pour se bien porter, sortir de soi-même grâce à un effort qui ne disperse pas l'attention. C'est quand on ordonne son activité par rapport à un but précis que les fonctions mentales et organiques s'harmonisent le plus complètement. L'unification des désirs, la tension de l'esprit dans une direction unique, donnent une sorte de paix intérieure. L'homme se concentre par la méditation aussi bien que par l'action. Mais il ne lui suffit pas de contempler la beauté de la mer, des montagnes et des nuages, les chefs-d'œuvre des artistes et des poètes, les grandes constructions de la pensée philosophique, les formules mathématiques qui expriment les lois naturelles. Il doit aussi être l'âme qui lutte pour atteindre un idéal moral, qui cherche la lumière au milieu de l'obscurité des choses, et même celle qui, parcourant les routes de la mystique, renonce à elle-même pour atteindre le substratum invisible de ce monde.

L'unification des activités de la conscience détermine une harmonie plus grande des fonctions viscérales et nerveuses. Dans les groupes sociaux où le sens moral et l'intelligence sont simultanément développés, les maladies de la nutrition et des nerfs, la criminalité et la folie sont rares. Les individus y sont plus heureux. Mais quand elles deviennent plus intenses et plus spécialisées, les fonctions mentales peuvent amener des désordres de la santé. Ceux qui poursuivent un idéal moral, religieux ou scientifique ne cherchent ni la sécurité physiologique, ni la longévité. Ils lui font le sacrifice d'eux-mêmes. Il semble aussi que certains états de conscience produisent des modifications pathologiques de l'organisme. La plupart des grands mystiques ont souffert physiquement et moralement, au moins pendant une partie de leur vie. En outre, la contemplation peut être accompagnée de phénomènes nerveux qui ressemblent à ceux de l'hystérie et de la clairvoyance. Souvent, dans l'histoire des saints, on lit la description d'extases, de lectures de pensée, de visions d'événements qui se passent au loin, et parfois de lévitations. Plusieurs des grands mystiques chrétiens auraient manifesté cet étrange phénomène, d'après le témoignage de leurs compagnons. Le sujet, absorbé dans sa prière, totalement insensible aux choses du monde extérieur, se serait élevé doucement à plusieurs pieds au-dessus du sol. Mais il n'a pas été possible jusqu'à présent de soumettre ces faits extraordinaires à la critique scientifique.

Certaines activités spirituelles peuvent s'accompagner de modifications, aussi bien anatomiques que fonctionnelles, des tissus et des organes. On observe ces phénomènes organiques dans les circonstances les plus variées, parmi lesquelles se trouve l'état de prière. Il faut entendre par prière, non pas la simple récitation machinale de formules, mais une élévation mystique, où la conscience s'absorbe dans la contemplation du principe immanent et transcendant du monde. Cet état psychologique n'est pas intellectuel. Il est incompréhensible des philosophes et des hommes de science, et inaccessible pour eux. Mais on dirait que les simples peuvent sentir Dieu aussi facilement que la chaleur du soleil, ou la bonté d'un ami. La prière qui s'accompagne d'effets organiques présente certains caractères particuliers. D'abord, elle est tout à fait désintéressée. L'homme s'offre à Dieu, comme la toile au peintre ou le marbre au sculpteur. En même temps il lui demande sa grâce, et lui expose ses besoins, et surtout ceux de ses semblables. En général, ce n'est pas celui qui prie pour lui-même qui est guéri. C'est celui qui prie pour les autres. Ce type de prière exige, comme condition préalable, le renoncement à soi-même, c'est-à-dire une forme très élevée de l'ascèse. Les modestes, les ignorants, les pauvres sont plus capables de cet abandon que les riches et les intellectuels. Ainsi comprise, la prière déclenche parfois un phénomène étrange, le miracle.

Dans tous les pays, à toutes les époques, on a cru à l'existence des miracles (5), à la guérison plus ou moins rapide des malades, dans les lieux de pèlerinage, dans certains sanctuaires. Mais à la suite du grand essor de la science pendant le dix-neuvième siècle, cette croyance disparut complètement. Il fut généralement admis que non seulement le miracle n'existait pas, mais qu'il ne pouvait pas exister. De même que les lois de la thermodynamique rendent impossible le mouvement perpétuel, de même les lois physiologiques s'opposent au miracle. Cette attitude est aujourd'hui encore celle de la plupart des physiologistes et des méde-

---

5 — Les guérisons miraculeuses se produisent rarement. Malgré leur petit nombre, elles prouvent l'existence de processus organiques et mentaux que nous ne connaissons pas. Elles montrent que certains états mystiques, tels que l'état de prière, ont des effets très définis, qu'ils sont des faits irréductibles, dont il faut tenir compte. L'auteur sait que les miracles sont aussi loin de l'orthodoxie scientifique que de la mysticité. Leur étude est plus délicate encore que celle de la télépathie et de la clairvoyance. Mais la science doit explorer tout le domaine du réel. Il s'est efforcé de connaître ce processus de guérison des maladies, au même titre que les processus habituels. Il a commencé cette étude en 1902, à une époque où les documents étaient rares, où il était difficile pour un jeune docteur, et dangereux pour sa future carrière, de s'occuper d'un tel sujet. Aujourd'hui, tout médecin peut observer les malades amenés à Lourdes, et examiner les observations contenues dans les archives du Bureau Médical. Une association médicale internationale, ayant de nombreux adhérents, s'intéresse spécialement à ces guérisons. La littérature qui s'y rapporte est assez vaste. Les médecins s'en occupent davantage. Plusieurs cas de guérison ont été l'objet, à la Société de Médecine de Bordeaux, d'une discussion à laquelle ont pris part des médecins éminents. Enfin, le comité Médecine et Religion de l'Académie de Médecine de New York, présidé par le Dr Frederick Peterson, a jugé utile d'envoyer à Londres un de ses membres, avec mission de le renseigner sur les faits observés.

cins. Cependant, elle n'est pas tenable en face des observations que nous possédons aujourd'hui. Les cas les plus importants ont été recueillis par le Bureau Médical de Lourdes. Notre conception actuelle de l'influence de la prière sur les états pathologiques est basée sur l'observation des malades qui, presque instantanément, ont été guéris d'affections variées, telles que tuberculose osseuse ou péritonéale, abcès froids, plaies suppurantes, lupus, cancer, etc. Le processus de guérison change peu d'un individu à l'autre. Souvent, une grande douleur. Puis le sentiment soudain de la guérison complète. En quelques secondes, quelques minutes, au plus quelques heures, les plaies se cicatrisent, les symptômes généraux disparaissent, l'appétit revient. Parfois, les désordres fonctionnels s'évanouissent avant la lésion anatomique. Les déformations osseuses du mal de Pott, les ganglions cancéreux persistent souvent deux ou trois jours encore, après le moment de la guérison. Le miracle est caractérisé surtout par une accélération extrême des processus de réparation organique. Il n'est pas douteux que le taux de la cicatrisation des lésions anatomiques est beaucoup plus élevé que le taux normal. La seule condition indispensable au phénomène est la prière. Mais il n'est pas besoin que le malade lui-même prie ou qu'il possède la foi religieuse. Il suffit que quelqu'un près de lui soit en état de prière. De tels faits sont d'une haute signification. Ils montrent la réalité de certaines relations, de nature encore inconnue, entre les processus psychologiques et organiques. Ils prouvent l'importance objective des activités spirituelles, dont les hygiénistes, les médecins, les éducateurs et les sociologistes n'ont presque jamais songé à s'occuper. Ils nous ouvrent un monde nouveau.

IX

L'INFLUENCE DU MILIEU SOCIAL SUR L'INTELLIGENCE, LE SENS ESTHÉTIQUE, LE SENS MORAL ET LE SENS RELIGIEUX. — ARRÊT DU DÉVELOPPEMENT DE LA CONSCIENCE.

Les activités de la conscience sont aussi profondément influencées par le milieu social que par le milieu intérieur de notre corps. Comme les activités physiologiques, elles se fortifient par l'exercice. Poussés par les nécessités ordinaires de la vie, les organes, les os et les muscles fonctionnent de façon incessante. Ils se développent donc spontanément. Mais suivant le mode d'existence leur développement est plus ou moins complet. La conformation organique, musculaire et squelettique d'un guide des Alpes est bien supérieure à celle d'un habitant de New York. Néanmoins, ce dernier possède des activités physiologiques suffisantes pour son existence sédentaire. Il n'en est pas de même des activités mentales. Celles-ci ne grandissent jamais de façon spontanée. Le fils du savant n'hérite aucune des connaissances de son père. Placé seul dans une île déserte, il ne serait pas supérieur à nos ancêtres de Cro-Magnon. Les fonctions mentales restent virtuelles en l'absence d'éducation et d'un milieu où l'intelligence, le sens moral, le sens esthétique, et le sens religieux de nos ancêtres ont mis leur empreinte. C'est le caractère du milieu psychologique qui détermine dans une large mesure le nombre, la qualité et l'intensité des manifestations de la conscience de chaque individu. Si ce milieu est trop pauvre, l'intelligence et le sens moral ne se développent pas. S'il est mauvais, ces activités deviennent vicieuses. Nous sommes immergés dans le milieu social comme les cellules du corps dans le milieu intérieur. Comme elles, nous sommes incapables de nous défendre de l'influence de ce qui nous entoure. Le corps se protège mieux contre le monde cosmique que la conscience contre le monde psychologique. Il se garde contre les incursions des agents physiques et chimiques grâce à la peau et à la muqueuse intestinale. La conscience, au contraire, a des frontières tout à fait ouvertes. Elle est exposée à toutes les incursions intellectuelles et spirituelles du milieu social. Suivant la nature de ces incursions, elle se développe de façon normale, ou défectueuse.

L'intelligence de chacun dépend, dans une large mesure, de l'éducation qu'il a reçue, du milieu dans lequel il vit, de sa discipline intérieure, et des idées qui sont courantes à l'époque et dans le groupe dont il fait partie. Elle se forme par l'étude méthodique des humanités et des sciences, par l'habitude de la logique dans la pensée, et par l'emploi du langage mathématique. Les maîtres d'école, les professeurs d'universités, les bibliothèques, les laboratoires, les livres, les revues, suffisent au développement de l'esprit. Seuls, les livres sont vraiment essentiels. Il est possible de vivre dans un milieu social peu intelligent et de posséder une haute culture. La formation de l'esprit est, en somme, facile. Il n'en est pas de même de la formation des activités morales, esthétiques et religieuses. L'influence du milieu sur ces aspects de la conscience est beaucoup plus subtile. Ce n'est pas en assistant à un cours qu'on apprend à distinguer le bien du mal, et le laid du beau. La morale, l'art et la religion ne s'enseignent pas comme la grammaire, les mathématiques et l'histoire. Comprendre et sentir sont deux choses profondément différentes. L'enseignement formel n'atteint jamais que l'intelligence. On ne peut saisir la signification de la morale, de l'art, et de la mystique

que dans les milieux où ces choses sont présentes et font partie de la vie quotidienne de chacun. Pour se développer, l'intelligence demande seulement des exercices, tandis que les autres activités de la conscience exigent un milieu, un groupe d'êtres humains à l'existence desquels elles sont incorporées.

Notre civilisation n'a pas réussi jusqu'à présent à créer un milieu convenable pour nos activités mentales. La faible valeur intellectuelle et morale de la plupart des hommes modernes doit être attribuée, en grande partie, à l'insuffisance et à la mauvaise composition de leur atmosphère psychologique. La primauté de la matière, l'utilitarisme, qui sont les dogmes de la religion industrielle, ont conduit à la suppression de la culture intellectuelle, de la beauté et de la morale, telles qu'elles étaient comprises par les nations chrétiennes, mères de la science moderne. En même temps les changements dans la mode de l'existence ont amené la dissolution des groupes familiaux et sociaux qui possédaient leur individualité, leurs traditions propres. La culture ne s'est maintenue nulle part. L'énorme diffusion des journaux, de la radiophonie et du cinéma a nivelé les classes intellectuelles de la société au point le plus bas. La radiophonie surtout porte dans le domicile de chacun la vulgarité qui plaît à la foule. L'intelligence se généralise de plus en plus, malgré l'excellence des cours des collèges et des universités. Elle coexiste souvent avec des connaissances scientifiques avancées. Les écoliers et les étudiants moulent leur esprit sur la stupidité des programmes radiophoniques et cinématographiques auxquels ils sont habitués. Non seulement le milieu social ne favorise pas le développement de l'intelligence, mais il s'y oppose. A la vérité, il est plus propice à celui du sens de la beauté. Les plus grands musiciens d'Europe sont aujourd'hui en Amérique. Les musées sont superbement organisés pour montrer leurs trésors au public. L'art industriel se développe rapidement. Et surtout l'architecture est entrée dans une période nouvelle. Des monuments d'une beauté grandiose ont transformé l'aspect des villes. Chacun peut, s'il le veut, cultiver, au moins dans une certaine mesure, ses facultés esthétiques.

Il n'en est pas de même du sens moral. Le milieu social actuel l'ignore de façon complète. En fait, il l'a supprimé. Il inspire à tous l'irresponsabilité. Ceux qui distinguent le bien et le mal, qui travaillent, qui sont prévoyants, restent pauvres et sont considérés comme des êtres inférieurs. Souvent, ils sont sévèrement punis. La femme qui a plusieurs enfants, et s'occupe de leur éducation au lieu de sa propre carrière, acquiert la réputation d'être faible d'esprit. Si un homme a économisé un peu d'argent pour sa femme et l'éducation de ses enfants, cet argent lui est volé par des financiers entreprenants. Ou bien il lui est enlevé par le gouvernement, et distribué à ceux que leur imprévoyance et celle des industriels, des banquiers et des économistes ont réduits à la misère. Les savants et les artistes, qui donnent à tous la prospérité, la santé et la beauté, vivent et meurent pauvres. En même temps ceux qui ont volé jouissent en paix de l'argent des autres. Les gangsters sont protégés par les politiciens et respectés par la police. Ils sont les héros que les enfants imitent dans leurs jeux, et admirent au cinéma.

La possession de la richesse est tout, et justifie tout. Un homme riche, quoi qu'il fasse, qu'il jette sa femme vieillie au rebut, qu'il abandonne sa mère sans secours, qu'il vole ceux qui lui ont confié leur argent, garde toujours la considération de ses amis. L'homosexualité fleurit. La morale sexuelle a été supprimée. Les psychanalystes dirigent les hommes et les femmes dans leurs relations conjugales. Le bien et le mal, le juste et l'injuste n'existent pas. Dans les prisons, il y a seulement les criminels qui sont peu intelligents ou mal équilibrés. Les autres, de beaucoup plus nombreux, vivent en liberté. Ils sont mêlés de façon intime au reste de la population qui ne s'en offusque pas. Dans un tel milieu social le développement du sens moral est impossible. Il en est de même du sens religieux. Les pasteurs ont rationalisé la religion. Ils en ont enlevé tout élément mystique. Ils n'ont pas réussi cependant à attirer à eux les hommes modernes. Dans leurs églises à demi vides, ils prêchent en vain une faible morale. Ils se sont réduits au rôle de gendarmes qui aident à conserver, dans l'intérêt des riches, les cadres de la société actuelle. Ou bien à l'exemple des politiciens, ils flattent la sentimentalité et l'inintelligence des masses.

Il est presque impossible à l'homme moderne de se défendre contre cette atmosphère psychologique. Chacun subit fatalement l'influence des gens avec lesquels il vit. Si on se trouve dès l'enfance en compagnie de criminels ou d'ignorants, on devient soi-même un criminel ou un ignorant. On n'échappe à son milieu que par l'isolement ou par la fuite. Certains hommes se réfugient en eux-mêmes. Ils trouvent ainsi la solitude au milieu de la foule. « Tu peux à l'heure que tu veux, dit Marc-Aurèle, te retirer en toi-même. Nulle retraite n'est plus tranquille ni moins troublée pour l'homme que celle qu'il trouve en son âme. » Mais, aujourd'hui, personne n'est capable d'une telle énergie morale. Il nous est devenu impossible de lutter victorieusement contre notre milieu social

X

Les maladies mentales. — Les faibles d'esprit, les fous et les criminels. — Notre ignorance des maladies mentales. — Hérédité et milieu. — La faiblesse d'esprit chez les chiens. — La vie moderne et la santé psychologique.

L'esprit n'est pas aussi solide que le corps. Il est remarquable que les maladies mentales, à elles seules, sont plus nombreuses que toutes les autres maladies réunies. Et les hôpitaux destinés aux fous, pleins à déborder, ne peuvent pas recevoir tous ceux qui ont besoin d'y être internés. Dans l'État de New York, une personne sur vingt-deux, à un moment quelconque de sa vie, doit entrer, d'après C. W. Beers, dans un hospice d'aliénés. Dans l'ensemble des États-Unis, il y a près de huit fois plus de gens enfermés pour faiblesse d'esprit ou pour folie que de tuberculeux soignés dans les hôpitaux. Chaque année, environ 68 000 nouveaux cas sont admis dans les institutions où l'on soigne les fous. Si les admissions continuent à cette vitesse, près d'un million des enfants et des jeunes gens qui se trouvent aujourd'hui dans les écoles et dans les collèges seront, à un moment donné, placés dans un hôpital pour maladies mentales. En 1932, les hôpitaux dépendant des États contenaient 340 000 fous. On comptait également 81 289 idiots et épileptiques hospitalisés et 10 951 en liberté. Cette statistique ne comprend pas les fous soignés dans les hôpitaux privés. Dans l'ensemble du pays, il y a 500 000 faibles d'esprit. En outre, les inspections faites par les soins du Comité National d'Hygiène Mentale ont montré qu'au moins 400 000 enfants, élevés dans les écoles publiques, sont trop peu intelligents pour suivre utilement les classes. En réalité, le nombre des gens présentant des troubles mentaux dépasse beaucoup ce chiffre. On estime que plusieurs centaines de mille d'individus non hospitalisés sont atteints de psychoneuroses. Ces chiffres montrent combien grande est la fragilité de la conscience des hommes civilisés, et quelle importance possède pour la société moderne le problème de cette fragilité grandissante. Les maladies de l'esprit deviennent menaçantes. Elles sont plus dangereuses que la tuberculose, le cancer, les affections du cœur et des reins, et même que le typhus, la peste et le choléra. Leur danger ne vient pas seulement de ce qu'elles augmentent le nombre des criminels. Mais surtout de ce qu'elles détériorent de plus en plus les races blanches. Il n'y a pas beaucoup plus de faibles d'esprit et de fous parmi les criminels que dans le reste de la nation. On voit, il est vrai, dans les prisons, un grand nombre d'anormaux. Mais, comme nous l'avons mentionné déjà, une faible proportion seulement des criminels sont emprisonnés. Et ceux qui se laissent prendre par la police et condamner par les tribunaux, sont précisément les déficients. La fréquence des maladies mentales indique un défaut très grave de la civilisation moderne. Il n'est pas douteux que notre mode de vie amène des désordres de l'esprit.

La médecine moderne n'a donc pas réussi à assurer à tous la possession normale des activités qui sont vraiment spécifiques de l'homme. Elle est loin d'être en mesure de protéger l'intelligence contre ses ennemis inconnus. Elle connaît les symptômes des maladies mentales et les différents types de la faiblesse d'esprit. Mais elle ignore complètement la nature de ces désordres. Elle ne sait pas si ces maladies sont dues à des lésions structurales du cerveau, ou à des changements dans la composition du milieu intérieur, ou à ces deux causes à la fois. Il est probable que les activités nerveuses et psychologiques dépendent simultanément de l'état du cerveau et des substances libérées dans l'appareil circulatoire par les glandes endocrines, et que le sang porte aux cellules de l'encéphale. Sans doute, les désordres fonctionnels de ces glandes peuvent, aussi bien que des lésions anatomiques du cerveau, produire des névroses et des psychoses. Une connaissance même complète de ces phénomènes ne nous ferait pas progresser beaucoup. La pathologie de l'esprit a sa clef dans la psychologie, de même que celle des organes est expliquée par la physiologie. Mais la physiologie est une science, tandis que la psychologie ne l'est pas. La psychologie attend son Claude Bernard ou son Pasteur. Elle est dans l'état de la chirurgie à l'époque où les chirurgiens étaient des barbiers, de la chimie avant Lavoisier, au moment des alchimistes. Il ne faut pas incriminer les psychologistes modernes et leurs méthodes pour l'insuffisance de leur science. C'est la complexité extrême du sujet qui est la cause principale de notre ignorance. Il n'y a pas de techniques permettant de pénétrer dans le monde inconnu des cellules nerveuses, de leurs fibres de projection et d'association, et des processus cérébraux et mentaux.

Il est impossible de découvrir des relations exactes entre les symptômes schizophréniques, par exemple, et des altérations structurales de l'écorce cérébrale. Les espoirs de Krœpelin ne sont pas réalisés. L'étude anatomique des maladies mentales n'a pas donné beaucoup de lumière sur leur nature. Peut-être même n'existe-t-il pas de localisation spatiale des désordres de l'esprit. Certains symptômes peuvent être attribués à des désordres de la succession temporelle des phénomènes, à des modifications de la valeur du temps pour les éléments nerveux d'un système fonctionnel. Nous savons, d'autre part, que des destructions cellulaires produites en certaines régions, soit par les spirochètes de la syphilis, soit par l'agent inconnu de l'encéphalite léthargique, engendrent des modifications très définies de la personnalité. Cette connaissance est vague, incertaine, en voie de formation. Il est indispensable de ne pas attendre qu'elle soit complète, et que la nature des maladies mentales soit connue, pour développer une hygiène de l'esprit vraiment effective.

La connaissance des causes des maladies mentales serait plus importante que celle de leur nature. Elle seule pourrait conduire à la prévention de ces maladies. La faiblesse d'esprit et la folie paraissent être la rançon que nous devons payer pour la civilisation industrielle, et les changements dans le mode de vie amenés par elle. D'autre part, elles font souvent partie du patrimoine héréditaire reçu par chacun. Elles se manifestent surtout dans les groupes humains où le système nerveux est déjà mal équilibré. Dans les familles qui ont produit des névrosés, des individus étranges, trop sensibles, on voit apparaître des fous et des faibles d'esprit. Cependant les maladies mentales se montrent aussi dans des familles qui en étaient jusqu'alors indemnes. Il y a certainement dans la production de la folie d'autres facteurs que les facteurs héréditaires. Il faut donc chercher comment la vie moderne agit sur la pathologie de l'esprit.

On observe souvent dans des générations successives de chiens de race pure une augmentation du nervosisme. Parfois, des individus comparables aux faibles d'esprit et aux fous apparaissent. Ce phénomène se produit chez des animaux élevés dans des conditions très artificielles et pourvus d'une alimentation différente de celle de leurs ancêtres, les chiens de berger qui se battaient contre les loups. On dirait que dans les conditions nouvelles de la vie, chez l'animal aussi bien que chez l'homme, certains facteurs tendent à modifier le système nerveux d'une façon défavorable. Mais des expériences de longue durée sont nécessaires pour obtenir une connaissance précise du mécanisme de ce phénomène. Les conditions qui favorisent le développement de la faiblesse d'esprit et de la folie circulaire se manifestent surtout dans les groupes sociaux où la vie est inquiète, irrégulière et agitée, la nourriture trop raffinée ou trop pauvre, la syphilis fréquente, le système nerveux déjà chancelant, où la discipline morale a disparu, où l'égoïsme, l'irresponsabilité, la dispersion sont la règle, où la sélection naturelle ne joue plus. Il y a sûrement quelques relations entre ces facteurs et l'apparition des psychoses. Notre vie actuelle présente un vice fondamental qui nous est encore caché. Dans les conditions nouvelles de l'existence que nous avons créée, nos activités les plus spécifiques se développent mal et de façon incomplète. On dirait qu'au milieu des merveilles de la civilisation moderne la personnalité humaine a une tendance à se dissoudre.

CHAPITRE V

LE TEMPS INTÉRIEUR

I

La durée. — Sa mesure par le temps solaire. — L'extension des choses dans l'espace et dans le temps. — Temps mathématique. — Concept opérationnel du temps physique.

La durée de l'être humain, de même que sa taille, varie suivant l'unité qui sert à sa mesure. Elle est très grande si nous nous comparons aux souris ou aux papillons. Très petite, par rapport à la vie d'un chêne. Insignifiante, quand elle est placée dans le cadre de l'histoire de la terre. Nous la mesurons par le mouvement des aiguilles d'une horloge à la surface de son cadran. Nous l'assimilons au parcours par ces aiguilles d'intervalles égaux, les secondes, les minutes, les heures. Le temps des horloges se règle d'après certains événements rythmiques, tels que la rotation de la terre sur son axe, et autour du soleil. Notre durée est donc évaluée en unités de temps solaire. Et elle comprend environ vingt-cinq mille journées. Pour l'horloge qui la mesure, la journée d'un enfant est égale à celle de ses parents. En réalité, elle représente une très petite partie de sa vie future, et une beaucoup plus importante fraction de celle de ses parents. Mais elle est aussi un fragment insignifiant de l'existence passée du vieillard, et une longue période de celle du nourrisson. La valeur du temps physique change donc, dans l'esprit de chacun de nous, suivant que nous considérons le passé ou le futur.

Nous sommes obligés de référer notre durée aux horloges, parce que nous sommes plongés dans le continuum physique. Et l'horloge mesure une des dimensions de ce continuum. A la surface de notre planète, les dimensions des choses se distinguent par des caractères particuliers. La verticale est identifiée par la pesanteur. Les dimensions horizontales se confondent pour nous. Mais nous pourrions les différencier l'une de l'autre si notre système nerveux possédait une sensibilité semblable à celle de l'aiguille aimantée. Quant à la quatrième dimension, elle nous apparaît avec un aspect spécial. Elle est mobile et très longue, tandis que les trois autres nous semblent immobiles et courtes. Nous nous mouvons facilement par nos propres moyens dans les deux dimensions horizontales. Pour nous déplacer dans le sens vertical, nous avons à lutter contre la pesanteur. Nous devons alors nous servir d'un ballon ou d'un avion. Enfin, le long du temps il nous est complètement impossible de voyager. Wells ne nous a pas livré les secrets de construction de la machine qui permit à un de ses personnages de sortir de sa chambre par la quatrième dimension, et de s'enfuir dans le futur. Pour l'homme réel, le temps est très différent des autres dimensions du continuum. Il ne le serait pas pour un homme abstrait, habitant les espaces intersidéraux. Mais, quoique distinct de l'espace, il est inséparable de lui, à la surface de la terre comme dans le reste de l'Univers, pour le biologiste aussi bien que pour le physicien.

Dans la nature, en effet, le temps est toujours observé comme uni à l'espace. Il est un aspect nécessaire des êtres matériels. Aucune chose concrète ne possède que trois dimensions spatiales. Un rocher, un arbre, un homme ne peuvent pas être instantanés. Certes, nous sommes capables de construire dans notre esprit des êtres à trois dimensions. Mais tous les objets naturels en ont quatre. Et l'homme s'étend à la fois dans le temps et dans l'espace. A un observateur qui vivrait beaucoup plus lentement que nous il apparaîtrait comme une chose étroite et allongée, analogue à la traînée lumineuse d'une étoile filante. Cependant il possède un autre aspect, qu'il est difficile de définir. Car il n'est pas entièrement compris dans le continuum physique. La pensée s'échappe du temps et de l'espace. Les fonctions morales, esthétiques et religieuses ne s'y trouvent pas non plus. En outre, nous savons que les clairvoyants perçoivent à longue distance des choses cachées. Certains d'entre eux voient des événements qui se sont déjà passés ou qui se passeront dans le futur. Il est à remarquer qu'ils sentent le futur de la même façon que le passé. Ils sont parfois incapables de les distinguer l'un de l'autre. Ils prédisent, par exemple, à deux époques différentes, un même événement, sans se douter que la première vision se rapporte au futur, et la seconde au passé. On dirait qu'un certain mode d'activité permet à la conscience de voyager dans l'espace et dans le temps.

La nature du temps varie suivant les objets considérés par notre esprit. Le temps que nous observons dans la nature n'a pas d'existence propre. Il est seulement une façon d'être des choses. Quant au temps mathématique, nous le créons de toutes pièces. C'est une abstraction indispensable à la construction de la science. Il est commode de l'assimiler à une ligne droite dont chaque point successif représente un instant. Depuis l'époque de Galilée, cette notion s'est substituée à celle qui est fournie par l'observation directe de la nature. Les philosophes du moyen âge considéraient le temps comme l'agent qui concrétise les abstractions. Cette conception ressemblait plus à celle de Minkowski qu'à celle de Galilée. Pour eux, comme pour Minkowski, Einstein, et les physiciens modernes, le temps est, dans la nature, complètement inséparable de l'espace. En réduisant les objets à leurs qualités primaires, c'est-à-dire à ce qui se mesure, et est susceptible de traitement mathématique, Galilée les priva de leurs qualités secondaires et de leur durée. Cette simplification arbitraire a rendu possible l'essor de la physique. Mais en même temps elle nous a conduits à une conception trop schématique du monde, et en particulier du monde biologique. Nous devons réintégrer dans le domaine du réel la durée, aussi bien que les qualités secondaires des êtres inanimés et vivants.

Le concept du temps est équivalent à la façon dont nous le mesurons dans les objets de notre monde. Il apparaît alors comme la superposition des aspects différents d'une identité, une sorte de mouvement intrinsèque des choses. La terre tourne autour de son axe, et présente une surface tantôt éclairée, tantôt obscure, sans cependant se modifier. Les montagnes, sous l'influence de la neige, des pluies et de l'érosion, s'affaissent peu à peu, tout en restant elles-mêmes. Un arbre grandit sans changer son identité. L'individu humain garde sa personnalité dans le flux des processus organiques et mentaux qui constituent sa vie. Chaque être possède un mouvement intérieur, une succession d'états, un rythme, qui lui est propre.

Ce mouvement est le temps intrinsèque. Il est mesurable par référence au mouvement d'un autre être. C'est ainsi que nous mesurons notre durée par le temps solaire. Comme nous sommes fixés à la surface de la terre, il nous est commode de rapporter à elle les dimensions spatiales et la durée de tout ce qui s'y trouve. Nous apprécions notre stature à l'aide du mètre, qui est approximativement la quarante millionième partie du méridien terrestre. De même, nous évaluons notre dimension temporelle par le mouvement de la terre. Il est naturel pour les êtres humains de mesurer leur durée et de régler leur vie d'après les intervalles qui séparent le lever et le coucher du soleil. Mais la lune pourrait jouer le même rôle. En fait, pour les pêcheurs qui habitent les rivages où les marées sont très hautes, le temps lunaire est plus important que le temps solaire. Les modes de l'existence, les moments du sommeil et des repas sont déterminés par le rythme des marées. Le temps humain se place alors dans le cadre des variations quotidiennes du niveau de la mer. En somme, le temps est un caractère spécifique des choses. Il varie suivant la constitution de chacune d'elles. Les êtres humains ont pris l'habitude de référer leur temps intérieur, et celui de tous les autres êtres, au temps marqué par les horloges. Mais notre temps est aussi distinct et indépendant de ce temps intrinsèque que notre corps est, au point de vue spatial, distinct et indépendant de la terre et du soleil.

II

Définition du temps intérieur. — Temps physiologique et temps psychologique. — La mesure du temps physiologique.

Le temps intérieur est l'expression des changements du corps et de ses activités pendant le cours de la vie. Il est équivalent à la succession ininterrompue des états structuraux, humoraux, physiologiques et mentaux qui constituent notre personnalité. Il est une dimension de nous-mêmes. Des sections faites par notre esprit suivant cet axe temporel se montrent aussi hétérogènes que celles pratiquées par les anatomistes suivant les axes spatiaux. Comme le dit Wells, dans *la Machine à mesurer le Temps*, les portraits d'un homme à huit ans, à quinze ans, à dix-sept ans, à vingt-trois ans, et ainsi de suite, sont des sections, ou plutôt des représentations à trois dimensions, d'un être à quatre dimensions qui est une chose fixe et inaltérable. Les différences entre ces sections expriment les changements qui se produisent incessamment dans la constitution de l'individu. Ces changements sont organiques et mentaux. Nous sommes donc obligés de diviser le temps intérieur en physiologique et psychologique.

Le temps physiologique est une dimension fixe, faite de la série de toutes les modifications organiques de l'être humain, depuis sa conception jusqu'à sa mort. Il peut aussi être considéré comme un mouvement, comme les états successifs qui construisent notre quatrième dimension sous les yeux de l'observateur. Parmi ces états, les uns sont rythmiques et réversibles, tels que les pulsations du cœur, les contractions des muscles, les mouvements de l'estomac et ceux de l'intestin, les sécrétions des glandes de l'appareil digestif, la menstruation. Les autres sont progressifs et irréversibles, tels que la perte de l'élasticité de la peau, le blanchissement des cheveux, l'augmentation des globules rouges du sang, la sclérose des tissus et des artères. Les mouvements rythmiques et réversibles s'altèrent également pendant le cours de la vie. Ils subissent, eux aussi, un changement progressif et irréversible. Et en même temps, la constitution des humeurs et des tissus se modifie. C'est ce mouvement complexe qui est le temps physiologique.

L'autre aspect du temps intérieur est le temps psychologique. Notre conscience enregistre, non pas le temps physique, mais son propre mouvement, la série de ses états, sous l'influence des stimulus qui lui viennent du monde extérieur. Comme le dit Bergson, le temps est l'étoffe même de la vie psychologique. La durée mentale n'est pas un instant qui remplace un instant. Elle est le progrès Continu du passé. Grâce à la mémoire, le passé s'amoncelle sur le passé. Il se conserve de lui-même automatiquement. Tout entier, il nous suit à chaque instant. Sans doute, nous ne pensons qu'avec une petite partie de notre passé. Mais c'est avec notre passé tout entier que nous désirons, voulons, agissons [6]. Nous sommes une histoire. Et la richesse de cette histoire exprime celle de notre vie intérieure plutôt que le nombre des années que nous avons vécu. Nous sentons obscurément que nous ne sommes pas identiques aujourd'hui à ce que nous étions hier. Il nous semble aussi que les jours passent de plus en plus vite. Mais aucun de ces changements n'est assez précis, ni assez constant pour être mesuré. Le mouvement intrinsèque de notre conscience est indéfinissable. En outre, on dirait qu'il n'intéresse pas toutes les fonctions mentales. Certaines d'entre elles ne sont pas modifiées par la durée. Elles ne s'altèrent qu'au moment où le cerveau subit les atteintes de la maladie ou de la sénilité.

Le temps intérieur ne peut pas être convenablement évalué en unités de temps solaire. Nous l'exprimons en jours et en années parce que ces unités sont commodes et applicables à la mesure de tous les événements terrestres. Mais une telle méthode ne nous donne aucune indication sur le rythme des processus intérieurs qui sont le temps intrinsèque de chacun de nous. Il est évident que l'âge chronologique ne correspond pas à l'âge vrai. La puberté ne se produit pas à la même époque chez les différents individus. Il en est de même de la ménopause. L'âge réel est

---

6 — Henri BERGSON, *l'Évolution créatrice*.

un état organique et fonctionnel. Il doit être mesuré par le rythme des changements de cet état. Et ce rythme varie chez les individus, suivant qu'ils ont une grande longévité, ou au contraire que leurs tissus et leurs organes s'usent de bonne heure. La valeur du temps physique est loin d'être la même pour un Norvégien dont la vie est longue, et pour un Esquimau dont la vie est courte. Pour évaluer l'âge vrai, l'âge physiologique, il faut trouver, soit dans les tissus, soit dans les humeurs, un phénomène qui se développe de façon progressive pendant toute la durée de la vie, et qui soit susceptible d'être mesuré. L'homme est constitué, dans sa quatrième dimension, par une série de formes qui se superposent et se fondent les unes dans les autres. Il est œuf, embryon, enfant, adolescent, adulte, homme mûr, et vieillard. Ces aspects morphologiques sont l'expression de certains états structuraux, chimiques et psychologiques. La plupart de ces variations d'état ne sont pas mesurables. Quand elles le sont, elles n'expriment qu'un moment des changements progressifs dont l'ensemble constitue l'individu. La mesure du temps physiologique doit être équivalente à celle de notre quatrième dimension dans toute sa longueur. Le ralentissement progressif de la croissance pendant l'enfance et la jeunesse, les phénomènes de la puberté et de la ménopause, la diminution du métabolisme basal, le blanchiment des cheveux, le flétrissement de la peau, etc. marquent les étapes de la durée. L'activité de croissance des tissus diminue aussi avec l'âge. On peut mesurer cette activité dans des fragments de tissus extirpés du corps et cultivés dans des flacons. Mais elle nous renseigne mal sur l'âge de l'organisme lui-même. Certains tissus, en effet, vieillissent plus vite que les autres. Et chaque organe se modifie à son rythme propre, qui n'est pas celui de l'ensemble.

Il existe, cependant, des phénomènes qui expriment un changement général de l'organisme. Par exemple, le taux de cicatrisation d'une plaie cutanée varie de façon continue en fonction de l'âge du patient. On sait que la marche de la réparation peut être calculée à l'aide de deux équations établies par du Noüy. La première équation fournit un coefficient, nommé indice de cicatrisation, qui dépend de la surface et de l'âge de la plaie. En introduisant cet indice dans une seconde équation, on peut, par deux mesures faites à un intervalle de quelques jours, prédire la marche future de la cicatrisation. Cet indice est d'autant plus grand que la plaie est plus petite, et que l'homme est plus jeune. En se servant de cet indice, du Noüy a établi une constante qui exprime l'activité régénératrice caractéristique d'un âge donné. Cette constante est égale au produit de l'indice par la racine carrée de la surface de la plaie. La courbe de ses variations montre que la cicatrisation est deux fois plus rapide à vingt ans qu'à quarante ans. A l'aide de ces équations, on peut déduire du taux de la réparation d'une plaie l'âge du patient. C'est par cette méthode que l'âge physiologique a été mesuré pour la première fois. De dix à quarante-cinq ans environ, les résultats sont très clairs. A la fin de l'âge mûr et pendant la vieillesse, les variations de l'indice de cicatrisation deviennent trop faibles pour être significatifs. Comme ce procédé demande la présence d'une plaie, il n'est pas utilisable pour la mesure de l'âge physiologique.

Seul, le plasma sanguin manifeste pendant toute la durée de la vie des phénomènes caractéristiques du vieillissement du corps entier. Il contient, en effet, les sécrétions de tous les organes. Comme il forme avec les tissus un système fermé, ses modifications retentissent nécessairement sur les tissus, et vice versa. Il subit pendant le cours de la vie des changements continus. Ces changements sont décelables à la fois par l'analyse chimique et par des réactions physiologiques. Le plasma, ou le sérum d'un animal qui vieillit, modifie peu à peu son effet sur la croissance de colonies cellulaires.

Le rapport de la surface d'une colonie vivant dans du sérum à celui d'une colonie identique vivant dans une solution salée est appelé indice de croissance. Cet indice devient d'autant plus petit que l'animal, auquel appartient le sérum, est plus vieux. Grâce à cette diminution progressive, le rythme du temps physiologique est devenu mesurable. Pendant les premiers jours de la vie, le sérum ne retarde pas davantage la croissance des colonies cellulaires que la solution salée. A ce moment, la valeur de l'indice se rapproche de l'unité. Puis, à mesure que l'animal vieillit, le sérum freine de plus en plus la multiplication cellulaire. Et la valeur de l'indice diminue progressivement. Elle est généralement nulle pendant les dernières années de la vie.

Certes, ce procédé est encore très grossier. Il donne des renseignements assez précis sur la marche du temps physiologique au début de la vie, pendant la période où le vieillissement est très rapide. Mais, au moment de la vieillesse, il n'indique pas suffisamment les changements de l'âge. Néanmoins, il a permis de diviser la vie d'un chien en dix unités de temps physiologique. La durée de cet animal peut être évaluée au moyen de ces unités au lieu d'être mesurée en années. Il est donc possible de comparer le temps physiologique au temps solaire. Et leurs rythmes apparaissent comme très différents. La courbe qui représente la diminution de la valeur de l'indice en fonction de l'âge chronologique s'abaisse de façon abrupte pendant la première année. Puis son inclinaison diminue de plus en plus pendant la deuxième et la troisième année.

Pendant l'âge mûr, elle a une tendance à devenir horizontale. Au cours de la vieillesse, elle est tout à fait horizontale. Cette courbe montre que le vieillissement est beaucoup plus rapide au début de la vie qu'à la fin. La première année contient plus d'unités de temps physiologique que celles qui la suivent. Quand on exprime l'enfance et la vieillesse en années sidérales, l'enfance est très courte et la vieillesse très longue. Au contraire, mesurées en unités de temps physiologique, l'enfance est très longue et la vieillesse très courte.

III

Les caractères du temps physiologique. — Son irrégularité. — Son irréversibilité.

Nous savons que le temps physiologique est totalement différent du temps physique. Si toutes les horloges accéléraient ou retardaient leur marche, et si la rotation de la terre changeait aussi son rythme, notre durée resterait invariable. Mais elle nous semblerait augmenter ou diminuer. Nous saurions ainsi qu'un changement s'est produit dans le temps solaire. Tandis que nous sommes entraînés par le temps physique, nous nous mouvons aussi au rythme des processus intérieurs qui constituent le temps physiologique. Nous ne sommes pas seulement des grains de poussière flottants à la surface d'un fleuve. Nous sommes aussi des gouttes d'huile qui, emportées par le courant, se répandent à la surface de l'eau avec leur mouvement propre. Le temps physique nous est étranger tandis que le temps intérieur est nous-même. Notre présent ne tombe pas dans le néant comme le présent d'un pendule. Il s'inscrit à la fois dans la conscience, dans les tissus, et dans le sang. Nous gardons avec nous l'empreinte organique, humorale, et psychologique de tous les événements de notre vie. Nous sommes le résultat d'une histoire, comme la terre de l'Europe qui porte sur elle les champs cultivés, les maisons modernes, les châteaux féodaux, les cathédrales gothiques. Notre personnalité s'enrichit de chaque expérience nouvelle de nos organes, de nos humeurs, et de notre conscience. Chaque pensée, chaque action, chaque maladie a pour nous des conséquences définitives, puisque nous ne nous séparons jamais du passé. Nous pouvons guérir complètement d'une maladie, ou d'une mauvaise action. Mais nous en gardons toujours la trace.

Le temps solaire coule à un rythme uniforme. Il est fait d'intervalles égaux. Sa marche ne se modifie jamais. Le temps physiologique, au contraire, change réellement d'un individu à l'autre. Il est plus lent chez les races où la longévité est grande, plus rapide chez celles où la vie est courte. Il varie aussi chez un même individu suivant les différentes époques de sa vie. Une année contient beaucoup plus d'événements physiologiques et mentaux pendant l'enfance que pendant la vieillesse. Le rythme de ces événements décroît rapidement d'abord, lentement ensuite. Le nombre d'unités de temps physiologiques contenues dans une année solaire devient de plus en plus petit. En somme, le corps est un ensemble de processus organiques qui se meuvent à un rythme très rapide pendant l'enfance, beaucoup moins rapide pendant la jeunesse, et de plus en plus lent pendant l'âge mûr et la vieillesse. C'est au moment où le taux de notre durée devient plus petit que la pensée acquiert la plus haute forme de son activité.

Le temps physiologique est loin d'avoir la précision d'une horloge. Les processus organiques subissent certaines fluctuations. Le rythme de notre durée n'est pas constant. La courbe qui exprime son ralentissement progressif au cours de la vie est irrégulière. Ces irrégularités sont dues aux accidents qui se produisent dans l'enchaînement des processus physiologiques réglant notre temps. A certains moments de la vie, le progrès de l'âge semble s'arrêter. A d'autres, il s'accélère. Il y a aussi des phases où l'esprit se concentre et grandit, d'autres où il se disperse, vieillit, et dégénère. Le temps physiologique et la marche des processus organiques et psychologiques n'ont nullement la régularité du temps solaire. Le rajeunissement apparent est, en général, produit par un événement heureux, par un meilleur équilibre des fonctions physiologiques et psychologiques. Peut-être les états de bien-être mental et organique sont-ils accompagnés de modifications des humeurs caractéristiques d'un rajeunissement réel. Les soucis, l'ennui, les maladies dégénératives, les infections accélèrent la décadence organique. On peut déterminer chez un chien l'apparence d'un vieillissement rapide en lui injectant du pus stérile. L'animal s'amaigrit, devient triste, fatigué. En même temps, son sang et ses tissus présentent des réactions physiologiques analogues à celles de la vieillesse. Mais ces phénomènes sont réversibles, et le rythme normal se rétablit plus tard. L'aspect d'un vieillard change peu d'une année à l'autre. En l'absence de maladie, le vieillissement est un processus très lent. Quand il devient rapide, on doit soupçonner l'intervention d'autres facteurs que les facteurs physiologiques. Ce sont, en général, des soucis, des chagrins, ou des substances produites par une infection bactérienne, par un organe en voie de dégénération, par un cancer, qui sont responsables de ce phénomène. L'accélération de la sénescence indique toujours la présence d'une lésion organique ou morale dans le corps vieillissant.

Comme le temps physique, le temps physiologique est irréversible. En réalité, il possède la même irréversibilité que les processus fonctionnels dont il est fait. Chez les animaux supérieurs, il ne change jamais de sens. Mais il se suspend de façon partielle chez les mammifères hibernants. Il s'arrête complètement chez les rotifères desséchés. Il s'accélère chez les animaux à sang froid si la température ambiante s'élève. Quand Lœb maintenait des mouches à une température anormalement haute, ces mouches vieillissaient plus rapidement et mouraient plus jeunes. De même, le temps physiologique change de valeur pour un alligator si la température ambiante passe de 20 degrés à 40 degrés. Chez cet animal, l'indice de cicatrisation d'une plaie cutanée devient plus grand quand la température ambiante est haute, et plus petit quand elle est basse. Il n'est pas possible de produire chez l'homme des modifications aussi profondes des tissus en se servant de procédés aussi simples. Pour accélérer ou diminuer le rythme du temps physiologique, il faudrait intervenir dans l'enchaînement des processus fondamentaux. Mais il est impossible de retarder la marche de l'âge, ou de renverser sa direction, sans connaître la nature des mécanismes qui sont le substratum de notre durée.

IV

Le substratum du temps physiologique. — Changements subis par les cellules vivantes dans un milieu limité. — Les altérations progressives des tissus et du milieu intérieur.

La durée physiologique doit son existence et ses caractères à un certain mode d'organisation de la matière animée. Elle fait son apparition dès qu'une portion de l'espace contenant des cellules vivantes s'isole relativement du reste du monde. A tous les niveaux de l'organisation, dans un tissu ou un organe, ou dans le corps d'un homme, le temps physiologique dépend des modifications du milieu produites par la nutrition cellulaire, et des changements subis par les cellules sous l'influence de ces modifications du milieu. Il commence à se manifester dans une colonie de cellules dès que les déchets de leur nutrition demeurent autour d'elles et altèrent le milieu local. Le système le plus simple où le phénomène du vieillissement soit observable se compose d'un groupe de cellules des tissus cultivées dans un faible volume de milieu nutritif. Dans un tel système, le milieu se modifie progressivement sous l'influence des produits de la nutrition, et à son tour modifie les cellules. Alors apparaissent la vieillesse et la mort. Le rythme du temps physiologique dépend du mode de relations des tissus et de leur milieu. Il varie suivant le volume, l'activité métabolique et la nature de la colonie cellulaire, et suivant la quantité et la composition chimique des milieux liquide et gazeux. La technique employée dans la préparation d'une culture détermine les caractères de la durée de cette culture. Un fragment de cœur, par exemple, n'a pas la même destinée s'ils se nourrit d'une seule goutte de plasma dans l'atmosphère limitée d'une lame creuse, ou s'il est immergé dans un flacon contenant une large quantité de liquides nutritifs et d'air. C'est la rapidité de l'accumulation des produits de la nutrition dans le milieu et leur nature, qui déterminent les caractères du temps physiologique. Si la composition du milieu est maintenue constante, les colonies cellulaires restent indéfiniment dans le même état d'activité. Elles enregistrent le temps par des modifications quantitatives et non qualitatives. Si on veille à ce que leur volume n'augmente pas, elles ne vieillissent jamais. Les colonies provenant d'un fragment de cœur extirpé à un embryon de poulet au mois de janvier 1912 s'accroissent aussi activement aujourd'hui qu'il y a vingt-trois ans. En fait, elles sont immortelles.

Dans le corps, les relations des tissus et de leur milieu sont incomparablement plus complexes que dans le système artificiel représenté par une culture de tissus. Bien que la lymphe et le sang, qui constituent le milieu intérieur, soient continuellement modifiés par les déchets de la nutrition cellulaire, leur composition est maintenue constante par les poumons, les reins, le foie, etc. Malgré ces mécanismes régulateurs, des changements très lents se produisent dans l'état des humeurs et des tissus. Ils sont révélés par les modifications de l'indice de croissance du plasma et de la constante qui exprime l'activité régénératrice de la peau. Ils répondent à des états successifs de la constitution chimique des humeurs. Dans le sérum sanguin, les protéines deviennent, plus abondantes et leurs caractères se modifient. Ce sont surtout les graisses qui donnent au sérum la propriété d'agir sur certaines cellules en diminuant la rapidité de leur multiplication. Ces graisses augmentent de quantité et changent de nature pendant le cours de la vie. Les modifications des graisses et des protéines ne sont pas le résultat d'une accumulation progressive, d'une sorte de rétention de ces substances dans le milieu intérieur. Si après avoir enlevé à un chien la plus grande partie de son sang, on sépare le plasma des globules, et si on le remplace par une solution salée, il est facile de réinjecter à l'animal ses globules sanguins ainsi débarrassés des protéines et des matières grasses. On observe alors que ces substances sont régénérées par les tissus en moins de deux semaines. L'état du plasma est donc dû, non pas à une accumulation de substances nuisibles, mais à un certain état des tissus. Et cet état est spécifique de chaque âge. Si le sérum est enlevé à plusieurs reprises, il se reproduit chaque fois avec les caractères correspondant à l'âge de l'animal. L'état du sang, pendant la vieillesse, est donc déterminé par des substances dont les organes sont un réservoir en apparence inépuisable.

Les tissus se modifient peu à peu pendant le cours de la vie. Ils perdent beaucoup d'eau. Ils s'encombrent d'éléments non vivants, de fibres conjonctives, qui ne sont ni élastiques ni extensibles, et rendent les organes plus rigides. Les artères deviennent dures. La circulation est moins active. Enfin des modifications profondes se produisent dans la structure des glandes. Les tissus nobles perdent peu à peu leur activité. Leur régénération se fait plus lentement, et même pas du tout. Mais ces changements se produisent plus ou moins vite suivant les organes. Sans que nous en sachions exactement la raison, certains organes vieillissent plus rapidement que les autres. Cette vieillesse locale frappe tantôt les artères, tantôt le cœur, tantôt la cerveau, tantôt le rein, etc. La sénilité prématurée d'un système tissulaire peut amener la mort d'un individu encore jeune. La longévité est d'autant plus grande que les éléments du corps vieillissent d'une façon plus uniforme. Si les muscles restent actifs quand le cœur et les vaisseaux sont déjà usés, ils deviennent un danger pour l'individu. Des organes anormalement vigoureux dans un corps vieux sont presque aussi nuisibles que des organes prématurément séniles dans un corps jeune. Qu'il s'agisse des glandes sexuelles, de l'appareil digestif ou des muscles, le vieillard supporte mal le fonctionnement relativement exagéré d'un système anatomique. La valeur du temps n'est pas la même pour tous les tissus. L'hétérochronisme des organes abrège la durée de la vie. Si un travail exagéré est imposé à quelque partie du corps, même chez les individus dont les tissus sont isochroniques, le vieillissement s'accélère aussi. Tout organe qui est soumis à une trop grande activité, à des influences toxiques, à des stimulations anormales, s'use plus vite que les autres.

Nous savons que le temps physiologique, de même que le temps physique, n'est pas une entité. Le temps physique dépend de la constitution des horloges et de celle du système solaire. Le temps physiologique, de celle des tissus et des humeurs de notre corps et de leurs rapports réciproques. Les caractères de la durée sont ceux des processus structuraux et fonctionnels qui sont spécifiques d'un certain type d'organisation. Notre longévité est déterminée, sans doute, par les mécanismes qui nous rendent indépendants du milieu cosmique et nous donnent notre mobilité spatiale. Par la petitesse du volume du sang comparé à celui des organes. Par l'activité des appareils qui épurent le milieu intérieur, c'est-à-dire, du cœur, du poumon et des reins. Cependant, ces appareils n'arrivent pas à empêcher des modifications progressives des humeurs et des tissus. Peut-être les tissus ne sont-ils pas suffisamment débarrassés par la circulation sanguine de leurs déchets. Peut-être leur nutrition est-elle insuffisante. Si le volume du milieu intérieur était plus considérable, l'élimination des produits de la nutrition plus complète, il est permis de croire que la vie humaine serait plus longue. Mais notre corps serait beaucoup plus grand, plus mou, moins compact. Il ressemblerait peut-être aux gigantesques animaux préhistoriques. Il n'aurait certainement pas l'agilité, la rapidité et l'adresse que nous possédons aujourd'hui.

Le temps psychologique n'est aussi qu'un aspect de nous-mêmes. Sa nature nous est inconnue, comme celle de la mémoire. C'est la mémoire qui nous donne le sentiment du passage du temps. Cependant, la durée psychologique est faite d'autres éléments. Certes, notre personnalité est construite avec nos souvenirs. Mais elle vient aussi de l'empreinte sur tous nos organes des événements physiques, chimiques, physiologiques et psychologiques de notre vie. Si nous nous recueillons en nous-mêmes, nous sentons vaguement le passage de notre durée. Nous sommes capables d'évaluer cette durée, de façon grossièrement approximative, en termes de temps physique. Nous avons le sentiment du temps, de la même façon peut-être que les éléments musculaires ou nerveux. Les différents groupes cellulaires enregistrent chacun à leur manière le temps physique. La valeur du temps pour les cellules des nerfs et des muscles s'exprime, comme on le sait, en unités appelées chronaxies. L'influx nerveux se propage entre les éléments qui ont la même chronaxie. L'isochronisme ou l'hétérochronisme des cellules joue un rôle capital dans leurs fonctions. Peut-être cette appréciation du temps par les tissus parvient-elle jusqu'au seuil de la conscience. Ce serait à elle que nous devrions l'impression indéfinissable d'une chose qui coule silencieusement au fond de nous, et à la surface de laquelle flottent nos états de conscience comme les taches de lumière d'un projecteur électrique sur l'eau d'un fleuve obscur. Nous savons que nous changeons, que nous ne sommes pas identiques à ce que nous étions autrefois, et cependant que nous sommes le même être. La distance à laquelle nous nous sentons aujourd'hui du petit enfant, qui jadis était nous-même, est précisément cette dimension de notre organisme et de notre conscience que nous assimilons à une dimension spatiale. De cette forme du temps intérieur, nous ne savons rien, si ce n'est qu'elle est à la fois dépendante et indépendante du rythme de la vie organique, et qu'elle se meut de plus en plus vite à mesure que nous vieillissons.

V

La longévité. — Il est possible d'augmenter la durée de la vie. — Est-il désirable de le faire ?

Le plus grand désir des hommes est la jeunesse éternelle. Depuis Merlin jusqu'à Cagliostro, Brown-Séquard, et Voronoff, charlatans et savants ont poursuivi le même rêve et souffert la même défaite. Personne n'a découvert le suprême secret. Cependant, nous en avons un besoin de plus en plus impérieux. La civilisation scientifique nous a fermé le monde de l'âme. Il nous reste seulement celui de la matière. Nous devons donc conserver intacte la vigueur de notre corps et de notre intelligence. Seule la force de la jeunesse permet la pleine satisfaction des appétits et la conquête du monde extérieur. Elle est indispensable à celui qui veut vivre heureux dans la société moderne. Nous avons, dans une certaine mesure, réalisé le rêve ancestral. Nous conservons plus longtemps l'activité de la jeunesse. Mais nous n'avons pas réussi à augmenter la longueur de notre vie. Un homme de quarante-cinq ans n'a pas plus de chances d'atteindre l'âge de quatre-vingts ans. Aujourd'hui qu'au siècle dernier. Il est probable même que la longévité diminue, bien que la durée moyenne de la vie soit plus grande.

Cette impuissance de l'hygiène et de la médecine est un fait étrange. Ni les progrès réalisés dans le chauffage, l'aération et l'éclairage des maisons, ni l'hygiène alimentaire, ni les salles de bain, ni les sports, ni les examens médicaux périodiques, ni la multiplication des spécialistes n'ont pu ajouter un jour à la durée maximum de l'existence humaine. Devons-nous supposer que les hygiénistes et les chimistes physiologistes se sont trompés dans l'organisation de la vie de l'individu, comme les politiciens, les économistes et les financiers dans celle de la vie de la nation ? Il se peut, après tout, que le confort moderne et le genre de vie adopté par les habitants de la Cité nouvelle violent certaines lois naturelles. Cependant, un changement marqué s'est produit dans l'aspect des hommes et des femmes. Grâce à l'hygiène, à l'habitude des sports, à certaines restrictions alimentaires, aux salons de beauté, à l'activité superficielle engendrée par le téléphone et l'automobile, chacun garde un aspect plus alerte et plus vif. A cinquante ans, les femmes sont encore jeunes. Mais le progrès moderne nous a donné en même temps que de l'or beaucoup de fausse monnaie. Quand les visages relevés et tendus par le chirurgien s'effondrent, quand les massages ne suffisent plus à réprimer l'envahissement de la graisse, celles qui ont gardé si longtemps l'apparence de la jeunesse deviennent pires qu'étaient, au même âge, leurs grand'mères. Les pseudo jeunes hommes, qui jouent au tennis et dansent comme à vingt ans, qui se débarrassent de leur vieille femme pour épouser une jeune, sont exposés au ramollissement cérébral, aux maladies du cœur et des reins. Parfois aussi, ils meurent brusquement dans leur lit, dans leur bureau, sur le champ de golf, à un âge où leurs ancêtres conduisaient encore la charrue, ou dirigeaient d'une main ferme leurs affaires. Nous ne connaissons pas la cause de cette faillite de la vie moderne. Sans doute, les hygiénistes et les médecins n'y ont qu'un faible part de responsabilité. Ce sont probablement les excès de tous genres, le manque de sécurité économique, la multiplicité des occupations, l'absence de discipline morale, les soucis, qui déterminent l'usure anticipée des individus.

Seule l'analyse des mécanismes de la durée physiologique pourrait conduire à la solution du problème de la longévité. Actuellement, elle n'est pas assez complète pour être utilisable. Nous devons donc chercher d'une façon purement empirique si la vie humaine est susceptible d'être augmentée. La présence de quelques centenaires dans chaque pays est une preuve de l'étendue de nos potentialités temporelles. D'autre part, on n'a tiré jusqu'à présent aucun renseignement utile de l'observation de ces centenaires. Il est évident, cependant, que la longévité est héréditaire et qu'elle dépend aussi des conditions du développement. Quand les descendants de familles où la vie est longue viennent habiter les grandes villes, ils perdent en une ou deux générations la capacité de vivre vieux. Seule, l'étude d'animaux de race pure et de constitution héréditaire bien connue, peut nous indiquer dans quelle mesure le milieu influe sur la longévité. Dans certaines races de souris, croisées entre frères et sœurs pendant beaucoup de générations, la durée de la vie varie peu d'un individu à l'autre. Mais si on modifie certaines conditions du milieu, par exemple l'habitat, en plaçant les animaux en demi-liberté au lieu de les garder dans des cages, en leur permettant de creuser des terriers et de revenir à des conditions d'existence plus primitives, elle devient plus courte. Ce phénomène est dû surtout aux batailles incessantes que se livrent les animaux. Si, sans changer l'habitat, on supprime certains éléments de l'alimentation, la longévité également diminue. Au contraire, elle augmente de façon marquée, quand au lieu de modifier l'habitat, la qualité et la quantité de la nourriture, on soumet, pendant plusieurs générations, les animaux à deux jours de jeûne par semaine. Il devient évident que ces simples changements sont susceptibles de modifier la durée de la vie. Nous devons donc conclure que la longévité des êtres humains pourrait être augmentée par l'emploi de procédés analogues.

Il ne faut pas céder à la tentation de nous servir aveuglément dans ce but des moyens que l'hygiène moderne met à notre disposition. La longévité n'est désirable que si elle prolonge la jeunesse, et non pas la vieillesse. Mais, en fait, la durée de la vieillesse s'accroît davantage que celle de la jeunesse. Pendant la période où l'individu devient incapable de subvenir à ses besoins, il est une charge pour les autres. Si tout le monde vivait jusqu'à quatre-vingt-dix ans, le poids de cette foule de vieillards serait intolérable pour le reste de la population. Avant de rendre plus longue la vie des hommes, il faut trouver le moyen de conserver jusqu'à la fin leurs activités organiques et mentales. Avant tout, nous ne devons pas augmenter le nombre des malades, des paralytiques, des faibles, des déments. Et même, si on pouvait prolonger la santé jusqu'à la veille de la mort, il ne serait pas sage de donner à tous une grande longévité. Nous savons déjà quels sont les inconvénients de l'accroissement du nombre des individus, quand aucune attention n'est donnée à leur qualité. Pourquoi augmenter la durée de la vie de gens qui sont malheureux, égoïstes, stupides, et inutiles ? C'est la qualité des êtres humains qui importe, et non leur quantité. Il ne faut donc pas chercher à accroître le nombre des centenaires avant d'avoir découvert le moyen de prévenir la dégénérescence intellectuelle et morale, et les lentes maladies de la vieillesse.

VI

Le rajeunissement artificiel. — Les tentatives de rajeunissement. — Le rajeunissement est-il possible ?

Il serait plus utile de trouver une méthode pour rajeunir les individus dont les qualités physiologiques et mentales justifieraient une pareille mesure. On peut concevoir le rajeunissement comme une réversion totale du temps intérieur. Le sujet serait ramené par une opération à une période antérieure de sa vie. On l'amputerait d'une certaine partie de sa quatrième dimension. Au point de vue pratique, il faut envisager le rajeunissement dans un sens plus restreint, le considérer comme une réversion partielle de la durée physiologique. La direction du temps psychologique ne serait pas changée. La mémoire persisterait. Seul, le corps serait rajeuni. Le sujet pourrait, à l'aide d'organes rendus de nouveau vigoureux, utiliser l'expérience d'une longue vie. Dans les tentatives faites par Steinach, Voronoff, et d'autres, on a donné le nom de rajeunissement à une amélioration de l'état général, à un sentiment de force et d'élasticité, à un réveil des fonctions génésiques, etc. Mais l'aspect meilleur présenté par un vieillard après le traitement n'indique pas qu'il a été rajeuni. Seule, l'étude de la constitution chimique du sérum, et de ses réactions fonctionnelles, peut déceler un changement de l'âge physiologique. Une augmentation permanente de l'indice de croissance du sérum prouverait la réalité du résultat obtenu. En somme, le rajeunissement est équivalent à certaines modifications physiologiques et chimiques mesurables dans le plasma sanguin. Cependant, l'absence de ces signes ne signifie pas nécessairement que l'âge du sujet n'a pas été diminué. Nos techniques sont encore grossières. Elles ne peuvent pas déceler chez un vieillard une réversion du temps physiologique correspondant à moins de plusieurs années. Si un vieux chien était rajeuni d'un an seulement, nous ne trouverions pas dans ses humeurs la preuve de ce résultat.

On rencontre, parmi les anciennes croyances médicales, celle de la vertu du sang jeune, de son pouvoir de communiquer la jeunesse à un corps vieux et fatigué. Le pape Innocent VIII se fit transfuser le sang de trois jeunes gens. Mais après cette opération il mourut. Il est plausible que la mort fut causée par la technique même de la transfusion. L'idée mérite peut-être d'être reprise. Il semble probable que l'introduction de sang jeune dans l'organisme d'un vieillard produirait des modifications favorables. Il est étrange que cette opération n'ait pas été tentée de nouveau. Cet oubli est dû, sans doute, à ce que la médecine est dirigée par la mode. Aujourd'hui, ce sont les glandes endocrines qui ont acquis la confiance des médecins. Après s'être injecté à lui-même un extrait frais de testicule, Brown-Séquard se crut rajeuni. Cette découverte eut un grand retentissement. Brown-Séquard, cependant, mourut peu de temps après. Mais la croyance au testicule, comme agent du rajeunissement, survécut. Steinach essaya de démontrer que la stimulation de cette glande par la ligature de son canal déférent détermine sa réactivation. Il pratiqua cette opération sur de nombreux vieillards. Les résultats furent douteux. L'idée de Brown-Séquard fut reprise et étendue par Voronoff. Celui-ci, au lieu d'injecter simplement un extrait testiculaire, greffa à des vieillards, ou à des hommes prématurément vieillis, des testicules de chimpanzés. Il est incontestable que l'opération fut suivie parfois d'une amélioration de l'état général et des fonctions sexuelles du patient. Certes, un testicule de chimpanzé ne peut pas vivre longtemps sur l'homme. Mais pendant qu'il dégénère, il libère peut-être dans la circulation, des substances qui stimulent les glandes sexuelles et les autres glandes endocrines du patient. De telles opérations ne donnent aucun résultat durable. La vieillesse, nous le savons, n'est pas due à l'arrêt du fonctionnement d'une seule glande, mais à certaines modifications de tous les tissus, et des humeurs. La perte de l'activité des glandes sexuelles n'est pas la cause de la vieillesse, mais une de ses conséquences. Il est probable que ni Steinach ni Voronoff n'ont jamais observé de véritable rajeunissement. Mais leur insuccès ne signifie nullement que le rajeunissement soit impossible à obtenir.

Il est plausible que la réversion partielle du temps physiologique devienne réalisable. On sait que notre durée est faite de certains processus structuraux et fonctionnels. L'âge vrai dépend d'un mouvement progressif des tissus et des humeurs. Tissus et humeurs sont solidaires les uns des autres. Si on remplaçait les glandes et le sang d'un vieillard par les glandes d'un enfant mort-né et le sang d'un jeune homme, le vieillard peut-être rajeunirait. Mais il faudra surmonter beaucoup de difficultés techniques avant qu'une telle opération soit possible. Nous ne savons pas encore comment choisir des organes appropriés à un individu donné. Il n'y a pas de procédé qui permette de rendre les tissus transplantés capables de s'adapter de façon définitive à leur hôte. Mais les progrès de la science sont rapides. Grâce aux techniques qui existent déjà, et à celles qui sont découvrables, nous pourrons continuer la recherche du grand secret.

L'humanité ne se lassera jamais de poursuivre l'immortalité. Elle ne l'atteindra pas, car elle est liée par les lois de sa constitution organique. Sans doute, elle parviendra à retarder, peut-être même à renverser pendant quelque temps, la marche inexorable du temps physiologique. Jamais elle ne vaincra la mort. Car la mort est le prix que nous devons payer pour notre cerveau et notre personnalité. A mesure que progressera la connaissance de l'hygiène du corps et de l'âme, nous apprendrons que la vieillesse sans la maladie n'est pas redoutable. C'est à la maladie, et non à la vieillesse, que sont dus la plupart de nos malheurs.

VII

CONCEPT OPÉRATIONNEL DU TEMPS INTÉRIEUR. — LA VALEUR RÉELLE DU TEMPS PHYSIQUE PENDANT L'ENFANCE ET PENDANT LA VIEILLESSE.

La valeur humaine du temps physique dépend naturellement de la nature du temps intérieur, dont il est la mesure. Nous savons que notre durée est un flux de changements irréversibles des tissus et des humeurs. Elle peut être estimée approximativement en unités de temps physiologique, chaque unité étant équivalente à une certaine modification fonctionnelle du sérum sanguin. Ses caractères viennent de la structure de l'organisme et des processus physiologiques liés à cette structure. Ils sont spécifiques de chaque espèce, de chaque individu, et de l'âge de chaque individu. Nous plaçons généralement cette durée dans le cadre du temps des horloges, puisque nous faisons partie du monde physique. Les divisions naturelles de notre vie sont comptées en jours et en années. L'enfance et l'adolescence durent environ dix-huit ans. La maturité et la vieillesse, cinquante ou soixante ans.

L'homme passe par une brève période de développement, et une longue période d'achèvement et de déclin. Mais nous pouvons, au contraire, comparer le temps physique au temps physiologique, et traduire le temps d'une horloge en termes de temps humain. Alors, un phénomène étrange se produit. Le temps physique perd la constance de sa valeur. Les minutes, les heures et les années deviennent, en réalité, différentes pour chaque individu et pour chaque période de la vie d'un individu. Une année est plus longue pendant l'enfance, beaucoup plus courte pendant la vieillesse. Elle a une autre valeur pour un enfant que pour ses parents. Elle est beaucoup plus précieuse pour lui que pour eux, parce qu'elle contient davantage d'unités de son temps propre.

Nous sentons plus ou moins clairement ces changements dans la valeur du temps physique qui se produisent au cours de notre vie. Les jours de notre enfance nous paraissaient très lents. Ceux de notre maturité sont d'une rapidité déconcertante. Ce sentiment vient peut-être de ce que, inconsciemment, nous plaçons le temps physique dans le cadre de notre durée. Et naturellement, le temps physique nous semble varier en raison inverse de cette durée. Le temps physique glisse à une vitesse uniforme, tandis que notre vitesse propre diminue sans cesse. Il est comme un grand fleuve qui coule dans la plaine. A l'aube de sa journée, l'homme marche allègrement le long de la rive. Et les eaux lui semblent paresseuses. Mais elles accélèrent peu à peu leur cours. Vers midi, elles ne se laissent plus dépasser par l'homme. Quand la nuit approche, elles augmentent encore leur vitesse. Et l'homme s'arrête pour toujours, tandis que le fleuve continue inexorablement sa route. En réalité, le fleuve n'a jamais changé sa vitesse. Mais la rapidité de notre marche diminue. Peut-être la lenteur apparente du début de la vie et la brièveté de la fin, sont-elles dues à ce qu'une année représente, comme on le sait, pour l'enfant et pour le vieillard des proportions différentes de leur vie passée. Il est plus probable, cependant, que nous percevons obscurément la marche sans cesse ralenti de notre temps intérieur, c'est-à-dire, de nos processus physiologiques. Chacun de nous est l'homme qui court le long de la rive, et s'étonne de voir s'accélérer le passage des eaux.

C'est le temps de la première enfance qui naturellement est le plus riche. Il doit être utilisé de toutes les façons imaginables pour l'éducation. La perte de ces moments est irréparable. Au lieu de laisser en friche les premières années de la vie, il faut les cultiver avec le soin le plus minutieux. Et cette culture demande une profonde connaissance de la physiologie et de la psychologie, que les éducateurs modernes n'ont pas encore eu la possibilité d'acquérir. Les années de la maturité et de la vieillesse n'ont qu'une faible valeur physiologique. Elles sont presque vides de changements organiques et mentaux. Aussi, elles doivent être remplies d'une activité artificielle. Il ne faut pas que l'homme vieillissant cesse de travailler, se retire. L'inaction diminue davantage le contenu de son temps. Le loisir est plus dangereux encore pour les vieux que pour les jeunes. A ceux dont les forces déclinent, nous devons donner un travail approprié. Mais non le repos. Il ne faut pas non plus stimuler à ce moment les processus fonctionnels. Il vaut mieux suppléer à leur lenteur par une augmentation de l'activité psychologique. Si les jours sont remplis d'événements mentaux et spirituels, la rapidité de leur glissement diminue. Ils peuvent même reprendre la plénitude de ceux de la jeunesse.

VIII

L'UTILISATION DU CONCEPT DU TEMPS INTÉRIEUR. — LA DURÉE DE L'HOMME ET CELLE DE LA CIVILISATION. L'ÂGE PHYSIOLOGIQUE ET L'INDIVIDU.

La durée fait partie de l'homme. Elle est liée à lui ainsi que la forme l'est au marbre de la statue. Comme nous sommes la mesure de toutes choses, nous rapportons à notre durée celle des événements de notre monde. Nous nous servons d'elle comme d'unité dans l'évaluation de l'ancienneté de notre planète, de la race humaine, de notre civilisation. C'est la longueur de notre propre vie qui nous fait juger courtes ou longues nos entreprises.

Nous nous servons à tort de la même échelle temporelle pour apprécier la durée d'un individu et celle d'une nation. Nous avons pris l'habitude de considérer les problèmes sociaux de la même façon que les individuels. Nos observations et nos expériences sont donc trop courtes. Elles n'ont, pour ce motif, que peu de signification. Il faut souvent un siècle pour qu'un changement dans les conditions matérielles et morales de l'existence humaine donne des caractères nouveaux à une nation.

Aujourd'hui, l'étude des grands problèmes économiques, sociaux et raciaux repose sur des individus. Elle est interrompue quand ces individus meurent. De même, les institutions scientifiques et politiques sont conçues en termes de durée individuelle. Seule, l'Église de Rome a compris que la marche de l'humanité est très lente, que le passage d'une génération n'est, dans l'histoire du monde civilisé, qu'un événement insignifiant. Quand on envisage les questions qui intéressent l'avenir des grandes races, la durée de l'individu est une unité défectueuse de mesure temporelle. L'avènement de la civilisation scientifique rend indispensable une remise au point de toutes les questions fondamentales.

Nous assistons à notre faillite morale, intellectuelle et sociale. Nous n'en saisissons qu'incomplètement les causes. Nous avons nourri l'illusion que les démocraties pouvaient survivre grâce aux efforts courts et aveugles des ignorants. Nous voyons qu'il n'en est rien. La conduite des nations par des hommes, qui évaluent le temps en fonction de leur propre durée, mène, comme nous le savons, à un immense désarroi et à la banqueroute. Il est indispensable de préparer les événements futurs, de former les jeunes générations pour la vie de demain, d'étendre notre horizon temporel au delà de nous-mêmes.

Au contraire, dans l'organisation des groupes sociaux transitoires, tels qu'une classe d'enfants, ou une équipe d'ouvriers, il faut tenir compte du temps physiologique. Les membres de chaque groupe doivent nécessairement fonctionner an même rythme. Les enfants d'une même classe sont obligés d'avoir une activité intellectuelle à peu près semblable. Les hommes qui travaillent dans les usines, les banques, les magasins, les universités, etc., ont tous une certaine tâche à accomplir dans un certain temps. Ceux dont l'âge ou la maladie ont fait décliner les forces gênent la marche de l'ensemble. Jusqu'à présent, c'est l'âge chronologique qui détermine la classification des enfants, des adultes et des vieillards. On place dans la même classe les enfants du même âge. Le moment de la retraite est aussi fixé par l'âge du travailleur. Nous savons cependant que l'état réel d'un individu ne correspond pas exactement à son âge chronologique. Pour certains travaux il faudrait grouper les êtres humains par âge physiologique. Dans quelques écoles, on a choisi la puberté comme moyen de classifier les enfants. Mais il n'existe pas encore de procédé permettant de mesurer le taux du déclin physiologique et mental, et de savoir à quel moment un homme vieillissant doit se retirer. Cependant, l'état d'un aviateur peut être déterminé exactement par certains tests. C'est leur âge physiologique et non leur âge chronologique qui indique la date de la retraite des pilotes de ligne.

La notion du temps physiologique explique comment nous sommes isolés les uns des autres dans des mondes distincts. Il est impossible pour les enfants de comprendre leurs parents, et encore moins leurs grands-parents. Considérés à un même moment, les individus appartenant à quatre générations successives sont profondément hétérochroniques. Un vieillard et son arrière-petit-fils sont des êtres totalement différents, absolument étrangers l'un à l'autre. L'influence morale d'une génération sur la suivante paraît d'autant plus grande que leur distance temporelle est plus petite. Il faudrait que les femmes deviennent mères pendant leur première jeunesse. Ainsi elles ne seraient pas séparées de leurs enfants par un intervalle temporel si grand que l'amour même ne peut le combler.

IX

Le rythme du temps physiologique et la modification artificielle des êtres humains.

La connaissance du temps physiologique nous donne le moyen de diriger convenablement notre action sur les êtres humains. Elle nous indique à quel moment de la vie, et par quels procédés cette action peut être efficace. Nous savons que l'organisme est un monde fermé. Ses frontières externe et interne, la peau, et les muqueuses respiratoires et digestives, s'ouvrent cependant à certaines influences. Ce monde fermé est modifiable parce qu'il est une chose en mouvement, une superposition de modèles successifs dans le cadre de notre identité. Et il est sans cesse modifié par les agents physiques, chimiques et psychologiques qui réussissent à s'y introduire. Notre dimension temporelle se construit surtout pendant l'enfance, à l'époque où les processus fonctionnels sont les plus actifs. C'est à ce moment qu'il faut aider la formation physiologique et mentale. Quand les événements organiques s'accumulent en grand nombre dans chaque journée, leur masse plastique peut recevoir la forme qu'il est désirable de donner à l'individu. L'éducation physiologique, intellectuelle et morale doit tenir compte de la nature de notre durée, de la structure de notre dimension temporelle.

L'être humain est comparable à un liquide visqueux qui coulerait à la fois dans l'espace et dans le temps. Il ne change pas instantanément sa direction. Quand on veut agir sur lui, il faut songer à la lenteur de son mouvement propre. Nous ne devons pas modifier brutalement sa forme, comme on corrige à coups de marteau les défauts d'une statue de marbre. Seules, les opérations chirurgicales produisent des changements soudains qui sont favorables. Et encore l'organisme cicatrise-t-il lentement l'œuvre brutale du couteau. Aucune amélioration profonde du corps ne s'obtient de façon rapide. Notre action doit s'insinuer dans les processus physiologiques, qui sont le substratum de la durée, en suivant leur propre rythme. Ce rythme de l'utilisation par l'organisme des agents physiques, chimiques, et psychologiques est lent. Il ne sert à rien d'administrer à un enfant, une seule fois, une grande quantité d'huile de foie de morue. Mais une petite quantité de ce remède, donnée chaque jour pendant plusieurs mois, modifie les dimensions et la forme du squelette. Les facteurs mentaux n'agissent également que d'une façon progressive. Nos interventions dans la construction de la personnalité structurale et psychologique n'ont leur plein effet que si elles se conforment aux lois de notre développement. L'enfant ressemble à un ruisseau qui suit toutes les modifications de son lit. Le ruisseau garde son identité dans la diversité de sa forme. Il peut devenir lac ou torrent. La personnalité persiste dans le flux de la matière. Mais elle grandit ou diminue, suivant les influences qu'elle subit.

Notre croissance ne se fait qu'au prix d'un émondage constant de nous-mêmes. Nous possédons, au début de la vie, de vastes possibilités. Nous ne sommes limités dans notre développement que par les frontières extensibles de nos prédispositions ancestrales. Mais à chaque instant, il nous faut faire un choix. Et chaque choix plonge dans le néant plusieurs de nos virtualités. La nécessité de choisir une seule route, parmi celles qui se présentent à nous, nous prive de voir les pays auxquels les autres routes nous auraient conduit. Dans notre enfance, nous portons en nous de nombreux êtres virtuels, qui meurent un à un. Chaque vieillard est entouré du cortège de ceux qu'il aurait pu être, de toutes ses potentialités avortées. Nous sommes à la fois un fluide qui se solidifie, un trésor qui s'appauvrit, une histoire qui s'écrit, une personnalité qui se crée. Notre ascension, ou notre descente, dépendent de facteurs physiques, chimiques et physiologiques, de virus et de bactéries, de l'influence psychologique du milieu social, et enfin de notre volonté. Nous sommes construits à la fois par notre milieu et par nous-mêmes. Et la durée est la substance même de notre vie organique et mentale, car elle signifie « invention, création de formes, élaboration continuelle de l'absolument nouveau ». (7)

---

7 — Henri Bergson, *l'Évolution créatrice*, p. 11

CHAPITRE VI

LES FONCTIONS ADAPTIVES

I

Les fonctions adaptives.

Il y a une opposition frappante entre la durabilité de notre corps et le caractère transitoire de ses éléments. L'être humain se compose d'une matière molle, altérable, susceptible de se décomposer en quelques heures. Cependant, il dure plus longtemps que s'il était fait d'acier. Non seulement il dure, mais il surmonte sans cesse les difficultés et les dangers du milieu extérieur. Il s'accommode, beaucoup mieux que les autres animaux, aux conditions changeantes du monde. Il s'obstine à vivre malgré les bouleversements physiques, économiques, et sociaux. Cette persistance est due à un mode très particulier de l'activité de nos tissus et de nos humeurs. Le corps se moule en quelque sorte sur les événements. Au lieu de s'user, il change. A chaque situation nouvelle, il improvise un moyen de faire face. Et ce moyen est tel qu'il tend à rendre maximum notre durée. Les processus physiologiques, substratum du temps intérieur, s'infléchissent toujours dans une même direction, celle qui mène à la plus longue survie de l'individu. Cette fonction étrange, cet automatisme vigilant, rend possible l'existence humaine avec ses caractères spécifiques. Elle s'appelle adaptation.

Toutes les activités physiologiques possèdent le caractère d'être adaptives. L'adaptation prend donc des formes innombrables. On peut, cependant, grouper ses aspects en deux catégories, intra-organique et extra-organique. L'adaptation intra-organique détermine la constance du milieu intérieur et des relations des tissus et des humeurs. Elle assure la corrélation des organes. Elle produit la réparation automatique des tissus et la guérison des maladies. L'adaptation extra-organique ajuste l'individu au monde physique, psychologique et économique. Elle lui permet de survivre en dépit des conditions défavorables de son milieu. Sous leurs deux aspects, les fonctions adaptives agissent à chaque instant de notre vie. Nous ne durons que grâce à elles.

II

Adaptation intra-organique. — Régulation automatique de la composition du sang et des humeurs.

Quelles que soient nos peines, nos joies, et l'agitation du monde, le rythme de nos organes varie peu. Les cellules et les humeurs continuent imperturbablement leurs échanges chimiques. Le sang bat dans les artères et ruisselle dans les capillaires innombrables des tissus à une vitesse presque constante. Il y a une différence frappante entre la régularité des phénomènes qui se passent dans notre corps, et l'extrême variabilité de ceux du milieu extérieur. Nos états intérieurs possèdent une grande stabilité, mais cette stabilité n'équivaut pas à un état de repos ou, d'équilibre. Elle est obtenue, au contraire, par l'activité incessante de l'organisme tout entier. Pour maintenir la constance de la composition du sang et la régularité de sa circulation, un nombre immense de processus physiologiques sont nécessaires. La tranquillité des tissus est assurée par les efforts convergents de tous les systèmes fonctionnels. Et ces efforts sont d'autant plus grands que notre vie est plus irrégulière et violente. Car la brutalité de nos relations avec le monde cosmique ne doit jamais troubler la paix des cellules et des humeurs de notre monde intérieur.

Le sang ne subit pas de grandes variations de pression et de volume. Cependant, il reçoit et perd, de façon irrégulière, beaucoup d'eau. Au moment des repas, il s'augmente rapidement du liquide des boissons, de celui des aliments, et des sécrétions des glandes digestives, qui sont absorbés par l'intestin. A certains moments, au contraire, il tend à diminuer de volume. Pendant la digestion, il perd plusieurs litres d'eau, qui sont utilisés par l'estomac, l'intestin, le foie, le pancréas, dans la fabrication de leurs sécrétions. Il en est de même pendant un exercice musculaire violent, une séance de boxe, par exemple, si les glandes de la sueur fonctionnent activement. Son volume diminue aussi, quand, au cours de certaines maladies, telles que la dysenterie ou le choléra, il laisse passer beaucoup de liquide à travers la muqueuse intestinale. Le même phénomène se produit à la suite d'une purgation. Ces gains et ces pertes d'eau sont exactement compensés par les mécanismes régulateurs de la masse sanguine.

Ces mécanismes intéressent le corps tout entier. Ils règlent la pression aussi bien que le volume du sang. La pression dépend non pas du volume absolu de la masse sanguine, mais de la relation de ce volume à la capacité du système circulatoire. Or, le système circulatoire n'est pas comparable à un circuit de tuyaux alimentés par une pompe. Il n'a aucune analogie avec les appareils que nous construisons. Les artères et les veines modifient automatiquement leur calibre. Elles se contractent ou se dilatent sous l'influence des nerfs de leur tunique musculaire. En outre, la paroi des vaisseaux capillaires est perméable. Elle laisse entrer et sortir les fluides de l'appareil circulatoire et des tissus. Enfin, l'eau du sang s'échappe du corps par les reins, les glandes de la peau, la muqueuse de l'intestin, et se vaporise au niveau du poumon. Le cœur accomplit donc le miracle de maintenir constante la pression sanguine dans un système de vaisseaux dont la capacité et la perméabilité varient sans cesse. Quand le sang tend à s'accumuler en trop grande quantité dans le cœur droit, un réflexe parti de l'oreillette droite augmente la rapidité des pulsations cardiaques. En outre le sérum traverse la paroi des capillaires et inonde les muscles et le tissu conjonctif. Ainsi, l'appareil circulatoire se débarrasse automatiquement de tout excès de liquide. Si, au contraire, le volume et la pression du sang diminuent, les terminaisons nerveuses de la paroi du sinus de l'artère carotide enregistrent le changement. Un acte réflexe détermine la contraction des vaisseaux et la réduction de la capacité de l'appareil circulatoire. En même temps, des liquides passent des tissus dans le système vasculaire en franchissant la paroi des capillaires. L'eau des boissons absorbées par l'estomac pénètre immédiatement dans les vaisseaux. C'est grâce à de tels mécanismes, et à d'autres encore plus compliqués, que le volume du sang et sa pression restent presque invariables.

La composition du sang est également très stable. A l'état normal, la quantité des globules sanguins et du plasma, des sels, des protéines, des graisses, et du sucre varie seulement dans une faible mesure. Elle est toujours bien supérieure aux besoins habituels des tissus. Par conséquent des événements imprévus, tels que la privation de nourriture, une hémorragie, un effort musculaire intense et prolongé ne modifient pas de façon dangereuse la constance du milieu intérieur. Les tissus contiennent des réserves d'eau, de sels, de graisse, de protéines, de sucre. Seul, l'oxygène ne s'emmagasine nulle part. Il doit être fourni de façon continue au sang par les poumons. Suivant l'activité des échanges chimiques, l'organisme a besoin d'une quantité variable de ce gaz. En même temps, il produit plus ou moins d'acide carbonique. Cependant, la tension des deux gaz dans le sang reste constante. Ce phénomène est dû à un mécanisme à la fois physico-chimique et physiologique. C'est un équilibre physico-chimique qui règle la quantité d'oxygène fixé par l'hémoglobine des globules rouges, quand ils traversent les poumons, et transporté par eux aux tissus. Au moment de son passage dans les vaisseaux capillaires périphériques, le sang reçoit de l'acide carbonique des tissus. Cet acide diminue l'affinité de l'hémoglobine pour l'oxygène. Il facilite la libération du gaz, qui abandonne l'hémoglobine des globules rouges pour les cellules des organes. Seules, les propriétés chimiques de l'hémoglobine, des protéines, et des sels du plasma règlent, les échanges, entre les tissus et le sang, de l'oxygène et de l'acide carbonique.

C'est un processus physiologique qui détermine la quantité d'oxygène que le sang porte aux tissus. L'activité des muscles respiratoires, qui meuvent le thorax de façon plus ou moins rapide et commandent la pénétration de l'air dans les poumons, dépend des cellules nerveuses de la moelle allongée. Et l'activité de ce centre est réglée par l'acide carbonique contenu dans le sang. Elle est influencée aussi par la température du corps, et par l'excès ou l'insuffisance de l'oxygénation du sang. Un mécanisme semblable, à la fois physico-chimique et physiologique, maintient la constance de l'alcalinité ionique du plasma sanguin. Le milieu intérieur ne devient jamais acide. Ce fait est d'autant plus surprenant que les tissus produisent constamment de grandes quantités d'acides carbonique, lactique, sulfurique, etc., qui se déversent dans les humeurs. Ces acides ne modifient pas la réaction du sang, grâce aux bicarbonates et aux phosphates du plasma qui agissent comme un système amortisseur. Bien que le milieu intérieur puisse recevoir beaucoup d'acides sans que son acidité actuelle soit augmentée, il est cependant indispensable pour lui de s'en débarrasser. C'est par le poumon que s'échappe l'acide carbonique. Les acides non volatiles partent par les reins. La libération de l'acide carbonique au niveau des alvéoles pulmonaires est un phénomène physico-chimique, tandis que la sécrétion de l'urine et les mouvements des poumons demandent l'entrée en jeu de processus physiologiques. Les équilibres physico-chimiques qui assurent la constance du milieu intérieur dépendent, en dernière analyse, de l'intervention automatique du système nerveux.

III

Les corrélations organiques. — Aspect téléologique du phénomène.

La corrélation des organes est assurée par le milieu intérieur et le système nerveux. Chaque élément du corps s'accommode aux autres, et les autres à lui. Ce mode d'adaptation est essentiellement téléologique. Si nous attribuons aux tissus, comme le font les mécanistes et les vitalistes, une intelligence du même ordre que la nôtre, les processus physiologiques paraissent s'agencer en fonction du but à atteindre. L'existence de la finalité dans l'organisme est indéniable. Chaque élément paraît connaître les besoins actuels et futurs de l'ensemble, et se modifie d'après eux. Peut-être l'espace et le temps ont-ils pour les tissus une signification différente que pour notre intelligence. Notre corps saisit le lointain aussi bien que le proche, le futur aussi bien que le présent. A la fin de la grossesse, les tissus de la vulve et du vagin s'infiltrent de liquide, deviennent mous et extensibles. Cette modification de leur état rend possible, quelques jours plus tard, le passage du fœtus. En même temps la glande mammaire multiplie ses cellules, grossit, et commence à fonctionner avant l'accouchement. Elle est prête pour l'alimentation de l'enfant. Tous ces processus sont évidemment ordonnés par rapport à un événement futur.

Si on enlève une moitié de la glande thyroïde, l'autre moitié augmente de volume. Elle augmente même, en général, plus qu'il n'est nécessaire. L'ablation d'un rein est également suivie de l'accroissement de l'autre, bien que la sécrétion de l'urine soit amplement assurée par un seul rein normal. Si, à un moment quelconque de l'avenir, l'organisme demande un effort intense soit de la thyroïde, soit des reins, ces organes sont capables de cet excès de travail. Dans toute l'histoire du développement de l'embryon, les tissus se comportent comme s'ils savaient l'avenir. Les corrélations organiques se font aussi facilement entre des moments différents du temps qu'entre des points séparés de l'espace. Ces faits sont une donnée première de l'observation. Mais nous ne pouvons pas les interpréter à l'aide des naïves conceptions mécanistes et vitalistes. Les rapports téléologiques des processus organiques s'observent, avec une grande clarté, dans la régénération du sang après une hémorragie. D'abord tous les vaisseaux se contractent et augmentent ainsi le volume relatif du sang restant. La pression artérielle se rétablit assez pour permettre à la circulation de continuer. Le liquide des tissus et des muscles traverse la paroi des vaisseaux capillaires et pénètre dans le système circulatoire. Le patient éprouve une soif intense. L'eau qu'il boit rend aussitôt au plasma sanguin son volume primitif. Des globules sanguins sortent des organes où ils sont tenus en réserve. Enfin, la moelle des os se met à fabriquer des éléments cellulaires qui achèvent la régénération du sang. Il se produit donc, dans tout le corps, un enchaînement de phénomènes physiologiques, physico-chimiques et structuraux, qui déterminent l'adaptation de l'organisme à l'hémorragie.

Les différentes parties d'un organe, de l'œil, par exemple, nous apparaissent comme associées en vue d'un but précis. Quand le cerveau projette sous la peau le prolongement de lui-même qui sera le nerf optique et la rétine, la peau devient transparente. Elle fabrique la cornée et le cristallin. On a expliqué cette transformation par la présence de substances issues de la partie cérébrale de l'œil, la vésicule optique. Mais cette explication ne résout pas le problème. Comment se fait-il que la vésicule optique sécrète une substance qui ait précisément la propriété de rendre la peau transparente ? Comment une surface nerveuse sensible induit-elle la peau à fabriquer une lentille capable de projeter sur elle l'image du monde extérieur ?

Au devant de la lentille cristallinienne, la membrane de l'iris forme un diaphragme. Suivant l'intensité de la lumière de diaphragme se dilate ou se rétrécit. En même temps, la sensibilité de la rétine augmente ou diminue. La forme du cristallin se modifie automatiquement pour la vision proche ou éloignée. Nous constations ces corrélations. Mais nous ne pouvons pas les expliquer. Il est possible qu'elles n'existent pas réellement, que l'unité fondamentale du phénomène nous échappe. Nous divisons un tout en parties. Et nous nous étonnons que les pièces découpées par nous s'emboîtent exactement les unes dans les autres quand nous les rapprochons. Nous donnons aux choses une individualité arbitraire. Les frontières des organes et du corps ne sont probablement pas où nous croyons qu'elles se trouvent. Nous ne comprenons pas les corrélations qui existent entre les individus, par exemple, la correspondance des organes génitaux de l'homme et de la femme. Nous ne comprenons pas non plus la participation de deux organismes à un même processus physiologique, tel que la fécondation de l'œuf par le spermatozoïde. Ces phénomènes restent inintelligibles à la lumière de nos concepts de l'individualité, de l'organisation, de l'espace et du temps.

IV

La réparation des tissus.

Lorsque la peau, les muscles, les vaisseaux sanguins, les os d'une région du corps sont lésés par un choc, une brûlure, ou un projectile, l'organisme s'adapte immédiatement à cette situation nouvelle. Tout se passe comme s'il prenait une série de mesures, les unes urgentes, les autres plus tardives, pour réparer les lésions des tissus. De même que dans la régénération du sang, les mécanismes les plus hétérogènes se déclenchent. Ils s'orientent tous vers le but à atteindre, la reconstruction de tissus détruits. Une artère est coupée. Du sang jaillit eu abondance. La pression artérielle s'abaisse. Le patient a une syncope. L'hémorragie diminue. Un caillot se forme dans la plaie. L'ouverture du vaisseau est oblitérée par de la fibrine. L'hémorragie s'arrête définitivement. Pendant les jours suivants, les leucocytes et les cellules des tissus s'insinuent à l'intérieur du bouchon de fibrine et régénèrent peu à peu la paroi de l'artère. Parfois l'organisme est capable de guérir, par ses propres moyens, une petite plaie de l'intestin. D'abord, la région blessée devient immobile. Elle se paralyse momentanément comme pour empêcher les matières fécales de couler dans l'abdomen. Puis, une autre partie de l'intestin, ou la surface de l'épiloon, se fixe sur la plaie et y adhère grâce à une propriété spéciale que possède le péritoine. En quatre ou cinq heures l'ouverture est bouchée. Dans les cas où l'aiguille du chirurgien a rapproché les lèvres de la plaie, la guérison est due également à l'adhérence spontanée des surfaces intestinales.

Quand un membre est brisé par un choc, les extrémités aiguës des os fracturés déchirent les muscles, et les petits vaisseaux. Elles s'entourent d'une bouillie sanglante de fibrine, et de débris osseux et musculaires. Alors la circulation devient plus active. Le membre enfle. Le sang apporte dans la région blessée les substances nutritives nécessaires à la régénération des tissus. Dans le foyer de fracture et autour de lui, tous les processus structuraux et fonctionnels s'ordonnent en vue de la réparation. Les tissus deviennent ce qu'il est utile qu'ils soient dans l'œuvre commune. On voit, par exemple, un lambeau de muscles, voisin de l'os brisé, se transformer en cartilage. C'est, en effet, le cartilage qui est le précurseur de l'os dans la masse encore molle qui unit les extrémités osseuses. Puis ce cartilage se transforme en tissu osseux. Et la continuité de l'os se rétablit par une substance de même nature que la sienne propre. Pendant les quelques semaines nécessaires à la régénération, une série immense de phénomènes chimiques, nerveux, circulatoires et structuraux se produisent. Ils s'enchaînent tous les uns aux autres. Le sang qui s'écoule des vaisseaux au moment de l'accident, les sucs de la moelle osseuse et des muscles déchirés, mettent en branle les processus physiologiques de la réparation. Chaque phénomène est causé par le précédent. Les conditions physico-chimiques et la constitution chimique des liquides épanchés dans les tissus actualisent dans les cellules les propriétés virtuelles qui en font les agents de la régénération. Tout tissu est capable, à un moment quelconque de l'imprévisible futur, de répondre, comme il convient dans l'intérêt du corps, à des conditions physico-chimiques nouvelles de son milieu.

Le caractère adaptif de la cicatrisation s'observe clairement dans les plaies superficielles. Ces plaies sont exactement mesurables. Elles se réparent à une vitesse calculable par les formules de du Noüy. Elles nous permettent ainsi d'analyser la marche de leur cicatrisation. On remarque d'abord qu'une plaie ne se cicatrise que si sa cicatrisation est utile. Quand on protège complètement contre les microbes, l'air, et toute cause d'irritation, les tissus laissés à découvert par l'ablation de la peau, la réparation ne se fait pas. Elle est inutile. La plaie demeure donc dans son état initial. Elle y reste aussi longtemps que les tissus sont aussi parfaitement à l'abri des incursions du monde extérieur qu'ils le seraient par la peau régénérée. Dès qu'on permet l'irritation de sa surface par un peu de sang, quelques microbes, ou de la gaze ordinaire, la cicatrisation se déclenche, et se poursuit irrésistiblement jusqu'à la guérison.

On sait que la peau se compose de couches superposées de cellules aplaties, les cellules épithéliales. Ces cellules sont appliquées sur le derme, c'est-à-dire sur du tissu conjonctif mou, élastique, et parcouru par de petits vaisseaux sanguins. Au fond d'une plaie cutanée, on aperçoit la surface des muscles. Après trois ou quatre jours, cette surface engendre un tissu lisse et rouge. Puis, brusquement, elle se met à diminuer avec une grande rapidité. Ce phénomène est dû à une sorte de contraction du tissu nouveau qui garnit le fond de la plaie. En même temps, les cellules de la peau commencent à glisser sur la surface rouge sous l'apparence d'un liséré blanc. Elles finissent par la couvrir complètement. Une cicatrice définitive se forme. Cette cicatrice est obtenue par la collaboration de deux tissus, le tissu conjonctif qui remplit la plaie, et les cellules épithéliales qui viennent de ses bords. Le tissu conjonctif produit la contraction de la plaie. Le tissu épithélial, la membrane qui la recouvre. La diminution progressive de la surface au cours de la réparation est représentée par une courbe très régulière. Si on empêche, soit la cicatrisation épithéliale, soit la cicatrisation conjonctive de se produire, la courbe ne change pas. Et elle ne change pas parce que l'arrêt d'un des facteurs de la régénération est compensé par l'accélération de l'autre. Il est évident que la marche du phénomène est commandée par le but à atteindre. Si l'un des mécanismes réparateurs fait défaut, il est remplacé par l'autre. Seul, le résultat est invariable. Et non le procédé. De même, après une hémorragie, la tension artérielle et le volume du sang se rétablissent par deux mécanismes convergents. D'une part, par la contraction des vaisseaux sanguins, et par la diminution de leur capacité. Et d'autre part, par un apport de liquide des tissus et de l'appareil digestif. Mais chacun de ces phénomènes peut compenser la carence de l'autre.

V

La chirurgie et les phénomènes adaptifs.

La connaissance des processus de réparation a donné naissance à la chirurgie moderne. Sans l'existence des fonctions adaptives, le chirurgien serait incapable de traiter une plaie. Il n'agit pas sur les mécanismes de la guérison. Il se contente de les guider. Il s'efforce, par exemple, de placer les bords d'une plaie, ou les extrémités d'un os brisé, dans une position telle que la régénération puisse se faire sans cicatrice défectueuse et sans déformation. Pour ouvrir un abcès profond, suturer un os fracturé, faire une opération césarienne, extirper un utérus, une portion de l'estomac ou de l'intestin, soulever la voûte du crâne et enlever une tumeur du cerveau, il doit faire de longues incisions, de vastes plaies. Les sutures les plus exactes ne suffiraient pas à fermer ces plaies si l'organisme ne savait pas se réparer lui-même. La chirurgie moderne est basée sur l'existence de ce phénomène. Elle a appris à l'utiliser. Grâce à l'ingéniosité de ses méthodes, elle a dépassé les espoirs les plus ambitieux de la médecine d'autrefois. Elle constitue le plus pur triomphe de la biologie. Ceux qui ont maîtrisé complètement ses techniques, qui comprennent son esprit, qui possèdent la connaissance des êtres humains et la science des maladies, deviennent, suivant l'expression des Grecs, semblables à Dieu. Ils ont le pouvoir d'ouvrir le corps, d'explorer ses organes et de les réparer presque sans danger pour le patient. Ils guérissent ou suppriment les lésions qui rendent impossible à l'individu l'utilisation normale de sa vie. Aux malades torturés par des affections incurables, ils sont toujours capables d'apporter quelque soulagement. Aujourd'hui de tels hommes sont rares. Mais rien n'empêcherait d'augmenter leur nombre par une meilleure éducation technique, morale et scientifique.

La chirurgie doit son succès à une raison très simple. Elle a appris à ne pas entraver les processus normaux de la réparation. Elle a réussi à empêcher la pénétration des microbes dans les plaies, et à manier les tissus sans altérer leur structure. Avant les découvertes de Pasteur et de Lister, les opérations chirurgicales étaient toujours suivies de l'incursion des bactéries. Il en résultait des suppurations, des gangrènes gazeuses, l'envahissement du corps par l'infection. Et souvent la mort. Les techniques modernes éliminent complètement les microbes des plaies opératoires. C'est ainsi qu'elles protègent la vie du patient et permettent une guérison rapide. Car ce sont les microbes qui arrêtent ou retardent les processus adaptifs, et la réparation. La chirurgie a commencé à se développer dès que les plaies furent à l'abri de l'infection. Elle prit son essor entre les mains d'Ollier, de Billroth, de Kocher et de leurs contemporains. En un quart de siècle de merveilleux progrès, elle devint l'art puissant de Halsted, de Tuffier, de Harvey Cushing, des Mayos, et des autres grands chirurgiens modernes.

Il était indispensable, non seulement de ne pas infecter les plaies, mais aussi de respecter leur état structural et fonctionnel au cours des manipulations opératoires. On comprit peu à peu que les substances chimiques sont dangereuses pour les tissus, que ceux-ci ne doivent pas être écrasés par des pinces, comprimés par des appareils, tiraillés par les doigts d'un opérateur brutal. Halsted et les chirurgiens de son école ont montré combien il faut manier les plaies avec délicatesse si on désire laisser intact leur pouvoir de réparation. Le résultat d'une opération dépend à la fois de l'état de la plaie et de celui du malade. Les techniques modernes prennent en considération tous les facteurs qui agissent sur les activités physiologiques et mentales. Elles protègent le patient contre la crainte, le froid, les dangers de l'anesthésie, autant que contre l'infection, le choc nerveux et les hémorragies. Et si par hasard l'infection se produit, elles sont de plus en plus capables de la combattre. Un jour, peut-être, quand nous connaîtrons mieux leur nature, deviendra-t-il possible d'augmenter la rapidité des processus naturels de la guérison. Le taux de la réparation des tissus est commandé, comme nous le savons, par certaines qualités des humeurs, en particulier par leur jeunesse. Si on pouvait donner temporairement ces qualités aux tissus et au sang des malades, la guérison des opérations chirurgicales serait beaucoup plus facile. Sans doute on utilisera aussi les substances chimiques qui ont le pouvoir d'accélérer la multiplication cellulaire. Chaque progrès dans la connaissance des phénomènes de la réparation des tissus déterminera un progrès correspondant de la chirurgie. Mais, dans les hôpitaux les plus perfectionnés comme dans le désert ou les forêts vierges, la guérison des blessures dépend, avant tout, des fonctions adaptives.

VI

Les maladies. — Signification de la maladie. — La résistance naturelle aux maladies. — L'immunité acquise.

Lorsque des microbes ou des virus, franchissant les frontières du corps, pénètrent dans le milieu intérieur, les fonctions organiques se modifient aussitôt. La maladie apparaît. Ses caractères dépendent du mode d'adaptation des tissus aux changements pathologiques du milieu. La fièvre, par exemple, est la réponse du corps à l'intrusion de certaines bactéries et de certains virus. La production de poisons par les tissus eux-mêmes, la carence de substances indispensables à la nutrition, les troubles de la sécrétion de certaines glandes, déterminent d'autres réactions adaptives. Les symptômes de la maladie de Bright, du scorbut, du goitre exophtalmique expriment l'accommodation de l'organisme à des substances que le rein malade ne peut plus éliminer, à l'absence d'une certaine vitamine, à des poisons sécrétés par la glande thyroïde. L'adaptation aux agents pathogènes a deux aspects différents. D'une part, elle tend à empêcher leur pénétration dans le corps et à les détruire. D'autre part, elle répare les lésions produites par eux, et fait disparaître les substances toxiques engendrées par les bactéries ou par les tissus eux-mêmes. La maladie n'est autre que le développement de ces processus. Elle est équivalente à la lutte du corps contre un agent perturbateur, et à son effort pour persister dans le temps. Mais elle peut être aussi, comme le cancer ou la folie, l'expression de la déchéance passive d'un organe, ou de la conscience.

Les microbes et les virus se trouvent partout, dans l'air, dans l'eau, dans nos aliments. Ils sont toujours présents à la surface de la peau et des muqueuses du nez, de la bouche, de la gorge et des voies digestives. Néanmoins ils restent, chez beaucoup de gens, inoffensifs. Parmi les êtres humains, les uns sont sujets à certaines maladies et les autres réfractaires. Cet état de résistance vient d'une constitution spéciale des tissus et des humeurs qui empêchent la pénétration des agents pathogènes ou les détruisent quand ils ont pénétré. C'est l'immunité naturelle. Elle préserve certains individus de presque toutes les maladies. Elle est une des qualités les plus précieuses que l'homme puisse désirer. Nous ignorons sa nature. Elle paraît dépendre à la fois de propriétés d'origine ancestrale, et d'autres acquises au cours du développement. Il y a des races sensibles ou résistantes à certaines maladies. On observe des familles réceptives à la tuberculose, à l'appendicite, au cancer, aux maladies mentales. D'autres, au contraire, résistent à toutes les maladies, sauf à celles de dégénérescence qui surviennent pendant la vieillesse. Mais l'immunité naturelle n'est pas seulement due à la constitution héréditaire. Elle vient aussi du genre de vie et de l'alimentation, ainsi que Reid Hunt l'a démontré il y a longtemps. On a trouvé qu'une certaine alimentation augmente la réceptivité des souris à la fièvre typhoïde expérimentale. La fréquence de la pneumonie est également modifiable par la nourriture. Dans la mousery de l'Institut Rockefeller vivaient des souris de race pure qui, soumises au régime habituel, étaient atteintes de pneumonie dans la proportion de 52 pour 100. Un groupe considérable de ces animaux reçut une alimentation plus variée. La mortalité par pneumonie tomba à. 32 pour 100. Et à 14, et même à 0 pour 100, après addition à la nourriture de certaines substances chimiques. Nous ne savons pas encore quel mode de vie pourrait amener, chez l'homme, la résistance naturelle aux infections. La prévention de chaque maladie par l'injection de vaccins ou de sérums spécifiques, les examens médicaux répétés de la population, la construction de gigantesques hôpitaux sont des moyens coûteux et peu efficaces de développer la santé dans une nation. La santé doit être une chose naturelle dont on n'a pas à s'occuper. En outre, la résistance innée aux maladies donne aux individus une vigueur, une hardiesse, dont sont privés ceux qui doivent leur survie à hygiène et à la médecine. C'est vers la recherche des facteurs de l'immunité naturelle que les sciences médicales devraient, dès aujourd'hui, s'orienter.

A côté de la résistance naturelle aux maladies, il y a la résistance acquise. Cette dernière se produit de façon spontanée ou artificielle. On sait que l'organisme s'adapte aux bactéries et aux virus par la production de substances capables de détruire, directement ou indirectement, les envahisseurs. C'est ainsi que la diphtérie, la fièvre typhoïde, la variole, la rougeole, etc., rendent leurs victimes réfractaires à une seconde atteinte de la maladie, au moins pendant quelque temps. Cette immunité spontanée exprime l'adaptation de l'organisme à une situation nouvelle. Si on injecte à une poule du sérum de lapin, le sérum de la poule acquiert, au bout de quelques jours, la propriété de déterminer un abondant précipité dans le sérum du lapin. La poule est ainsi capable de rendre inoffensives les albumines du lapin qui sont dangereuses pour elle. De même, lorsqu'on injecte des toxines microbiennes à un animal, cet animal produit des antitoxines.

Le phénomène se complique si on lui injecte les microbes eux-mêmes. Ces microbes déterminent la fabrication par l'animal de substances qui les agglutinent et les détruisent. En même temps, les leucocytes du sang et des tissus, comme l'a découvert Metchnikoff, acquièrent le pouvoir de les dévorer. Sous l'influence de l'agent pathogène surviennent des phénomènes à la fois hétérologues et convergents qui amènent la destruction de l'élément dangereux. Ces processus présentent les mêmes caractères de simplicité, de complexité, et de finalité que les autres processus physiologiques.

Ce sont des substances chimiques définies qui provoquent ces réponses adaptives de l'organisme. Certaines polysaccharides, que l'on trouve dans le corps des bactéries, déterminent, quand elles sont unies à une protéine, des réactions spécifiques des cellules et des humeurs. Les tissus de notre corps fabriquent, au lieu des polysaccharides des bactéries, des matières grasses ou sucrées, qui ont une propriété analogue. Ce sont ces substances qui donnent à l'organisme le pouvoir d'attaquer les protéines étrangères ou les tissus étrangers. De même que les microbes, les cellules d'un animal déterminent dans le corps d'un autre animal la production d'anticorps. Et elles sont finalement détruites par ces anticorps. C'est pourquoi l'implantation de testicules de chimpanzé sur un homme ne réussit pas. L'existence de ces réactions adaptives a conduit à la vaccination et à l'emploi des sérums thérapeutiques, c'est-à-dire, à l'immunité artificielle. En injectant à un cheval des microbes, ou des virus, morts ou de virulence atténuée, on provoque le développement dans son sang d'une grande quantité d'anticorps. Le sérum de l'animal ainsi immunisé contre une maladie a parfois le pouvoir de guérir les patients souffrant de cette même maladie. Il leur fournit les substances antitoxiques ou, antibactériennes dont ils manquent. Il peut suppléer ainsi à l'incapacité de la plupart des individus de se défendre eux-mêmes contre les infections microbiennes.

VII

Les maladies microbiennes. — Les maladies dégénératives et les phénomènes adaptifs. — Les maladies contre lesquelles l'organisme ne réagit pas. — Santé artificielle et santé naturelle.

Seul, ou à l'aide des sérums spécifiques et de médications chimiques et physiques qui ne sont pas spécifiques, le patient lutte contre les bactéries envahissantes. Pendant ce temps, la lymphe et le sang remplissent de poisons microbiens et des déchets de la nutrition de l'organisme malade. Des changements profonds se produisent dans le corps entier. Il y a de la fièvre, du délire, une accélération des échanges chimiques. Dans les grandes infections, fièvre typhoïde, pneumonie, septicémie, des lésions apparaissent dans les organes tels que le cœur et le foie. Les cellules manifestent alors des propriétés qui, dans la vie ordinaire, restent virtuelles. Leurs réactions tendent à rendre le milieu intérieur délétère pour les bactéries, et à stimuler toutes les activités organiques. Les leucocytes se multiplient, sécrètent des substances nouvelles, subissent les métamorphoses dont les tissus ont besoin, s'adaptent aux conditions imprévisibles créées par les facteurs pathogènes, par la défection des organes, la virulence et l'accumulation locale des bactéries. Ils forment dans les régions infectées des abcès, du pus dont les ferments digèrent les microbes. Ces ferments possèdent aussi le pouvoir de dissoudre les tissus vivants. Ils ouvrent à l'abcès une route, soit vers la peau, soit vers un organe creux. Et le pus s'élimine ainsi du corps. Dans les maladies microbiennes, les symptômes sont la traduction de l'effort des tissus et des humeurs de s'adapter aux conditions nouvelles, d'y résister, et de revenir à l'état normal.

Dans les maladies dues à une carence alimentaire, et dans les maladies dégénératives, telles que l'artériosclérose, les myocardites, les néphrites, le diabète, les fonctions adaptives entrent également en jeu. Les processus physiologiques se modifient de la façon la mieux appropriée à la survie de l'organisme. Si la sécrétion d'une glande devient insuffisante, d'autres glandes augmentent d'activité et de volume afin de la suppléer. Quand la valvule qui garnit l'orifice de communication de l'oreillette et du ventricule gauche laisse refluer le sang, le cœur grossit et sa force augmente. Il arrive ainsi à lancer dans l'aorte une quantité presque normale de sang. Grâce à ce phénomène adaptif, le malade peut, pendant plusieurs années, continuer à vivre comme tout le monde. Quand les reins fonctionnent mal, la pression artérielle s'accroît, afin qu'un volume plus grand de sang passe à travers le filtre insuffisant. Au début du diabète, l'organisme essaye de compenser la diminution de la sécrétion d'insuline par le pancréas. En général, les maladies dégénératives consistent en une tentative du corps de s'accommoder à une fonction défectueuse.

Il existe des agents pathogènes contre lesquels l'organisme ne réagit pas, ne met pas en branle ses mécanismes d'adaptation. Tel, par exemple, le tréponème pâle de la syphilis. Une fois que ce parasite a pénétré dans le corps, il ne le quitte plus. Il s'établit dans la peau, dans les vaisseaux sanguins, dans le cerveau, dans le squelette. Ni les cellules, ni les humeurs ne réagissent contre lui de façon à le tuer. Il ne cède qu'à un traitement prolongé. De même, le cancer ne rencontre aucune opposition de la part de l'organisme. Bénignes ou malignes, les tumeurs sont si semblables aux tissus normaux que le corps ne parait pas s'apercevoir de leur présence. Elles se développent souvent sur des individus qui restent, en apparence, tout à fait sains. Les symptômes qui se montrent plus tard ne représentent pas une réaction de l'organisme. Ils sont le résultat direct des méfaits de la tumeur, qui sécrète des produits toxiques, détruit un organe essentiel, ou comprime un nerf. Le cancer marche de façon inexorable parce que les tissus et les humeurs ne réagissent jamais contre lui.

Au cours des maladies, le corps fait face à une situation nouvelle pour lui. Néanmoins, il tend à s'y adapter en éliminant le facteur pathogène et en réparant les lésions causées par lui. Sans ce pouvoir adaptif, les êtres vivants ne pourraient pas durer, car ils sont sans cesse exposés aux attaques des virus ou des bactéries, et aux défaillances structurales des innombrables éléments des systèmes organiques. C'était uniquement à sa capacité adaptive que l'individu devait autrefois sa survie. Aujourd'hui, grâce à l'hygiène, au confort, à une bonne alimentation, à la douceur de l'existence, aux hôpitaux, aux médecins, aux nurses, la civilisation moderne a donné à beaucoup d'êtres humains de mauvaise qualité la possibilité de vivre. Eux et leurs descendants contribuent par une large part à l'affaiblissement des races blanches. Peut-être faudra-t-il renoncer à cette forme artificielle de santé, et cultiver seulement celle qui vient de l'excellence des fonctions adaptives et de la résistance naturelle.

VIII

Adaptation extra-organique. — Adaptation aux conditions physiques du milieu.

Dans l'adaptation extra-organique, le corps ajuste son état intérieur aux variations du milieu. Ce phénomène se produit par les mécanismes qui maintiennent la stabilité des activités physiologiques et mentales, et donnent au corps son unité. A chaque changement des conditions extérieures, les fonctions adaptives apportent une réponse appropriée. Aussi, l'homme peut-il supporter toutes les modifications de son milieu. L'air est toujours plus chaud ou plus froid que le corps. Cependant, les humeurs qui baignent les tissus, le sang qui circule dans les vaisseaux, demeurent à la même température. Ce phénomène demande l'intervention incessante de tout l'organisme. Notre température a une tendance à s'élever dès que celle de l'atmosphère augmente, ou quand les échanges chimiques, pendant la fièvre, par exemple, deviennent plus actifs. Alors la circulation pulmonaire et les mouvements respiratoires s'accélèrent. Une plus grande quantité d'eau se vaporise dans les alvéoles pulmonaires. Par conséquent la température du sang s'y abaisse. En même temps, les vaisseaux sous-cutanés se dilatent, et la peau devient rouge. Le sang arrive en abondance à la surface du corps se refroidir au contact de l'air. Et si l'air est trop chaud, les glandes sudoripares couvrent la peau d'une couche de sueur qui, en s'évaporant, diminue la température. Les systèmes nerveux central et grand sympathique entrent en jeu. Ils augmentent la rapidité des pulsations cardiaques, dilatent les vaisseaux, déterminent la sensation de la soif, etc. Au contraire, quand la température extérieure s'abaisse, les vaisseaux de la peau se contractent, la peau devient blanche. Le sang y circule à peine. Il se réfugie dans les organes profonds dont la circulation et les échanges chimiques s'activent. Nous luttons donc contre le froid, de même que contre la chaleur, par des modifications nerveuses, circulatoires, et nutritives de notre corps entier. Les variations de la température extérieure, l'exposition à la chaleur et au froid, au vent, au soleil et à la pluie, agissent non seulement sur la peau, mais sur tous les organes. Quand notre existence se passe à l'abri des intempéries, les processus régulateurs de la température, de la masse de sang, de son alcalinité, etc., deviennent inutiles.

Nous nous adaptons à toutes les excitations qui viennent du monde extérieur, même quand leur violence ou leur faiblesse ébranlent trop ou pas assez les terminaisons nerveuses des organes des sens. La lumière excessive est dangereuse. Les hommes se sont toujours gardés instinctivement contre elle. Et l'organisme possède de nombreux mécanismes capables de l'en défendre. Les paupières et le diaphragme de l'iris protègent l'œil quand l'intensité des rayons lumineux augmente. La sensibilité de la rétine décroît en même temps. La peau s'oppose à la pénétration des rayons lumineux par la production du pigment. Quand ces protections naturelles deviennent insuffisantes, des lésions de la rétine ou de la peau se produisent, et aussi des désordres des organes internes et du système nerveux. Peut-être une trop riche lumière amène-t-elle à la longue une diminution de la sensibilité et de l'intelligence. Nous ne devons pas oublier que les races les plus hautement civilisées, les Scandinaves par exemple, ont la peau blanche, et vivent, depuis beaucoup de générations, dans un pays de faible luminosité. En France, les populations du Nord sont bien supérieures à celles des bords de la Méditerranée. Les races inférieures habitent généralement les régions où la lumière est violente et la température moyenne élevée. On dirait que l'accoutumance des hommes blancs à la lumière et à la chaleur se fait aux dépens de leur développement nerveux et mental.

Le système nerveux central reçoit du monde cosmique, outre les rayons lumineux, les excitations les plus variées. Elles sont tantôt fortes, tantôt faibles. Nous sommes dans la position d'une plaque photographique qui devrait enregistrer de façon égale des intensités lumineuses très différentes. Dans ce cas, on réglerait l'effet de la lumière sur la plaque par un diaphragme et un temps de pose convenables. L'organisme emploie une autre méthode. Il s'adapte à l'intensité variable des excitations en diminuant ou en augmentant sa réceptivité. La rétine exposée à une lumière intense prend, comme on le sait, une grande partie de sa sensibilité. De même, la muqueuse olfactive, au bout de peu de temps, ne perçoit plus une mauvaise odeur. Un bruit intense, s'il est continu, ou se reproduit à un rythme uniforme, ne nous incommode pas. Le mugissement de la mer sur les rochers, ou le roulement d'un train ne gêne pas le sommeil. Seules les variations dans l'intensité des excitations sont perçues. Weber croyait que, si le stimulus augmente en progression géométrique, la sensation n'augmente qu'en progression arithmétique. L'intensité de la sensation s'accroît donc beaucoup plus lentement que celle de l'excitation. Puisque nous ne percevons pas l'intensité absolue d'un stimulus, mais la différence en intensité de deux excitations successives, ce mécanisme nous protège de façon effective. Quoique la loi de Weber ne soit pas exacte, elle exprime cependant de façon approchée ce qui se passe. D'autre part, le pouvoir adaptif du système nerveux n'est pas aussi étendu que celui des autres appareils organiques. La civilisation a créé des excitants contre lesquels nous ne savons pas nous défendre. Nous luttons mal contre le bruit des grandes villes et des usines, contre l'agitation de la vie moderne, l'inquiétude, la multiplicité des occupations. Nous ne nous habituons pas non plus au manque de sommeil. Nous sommes incapables de résister aux poisons hypnotiques, tels que l'opium ou la cocaïne. Chose étrange, nous nous accommodons sans souffrance à la plupart des conditions de la vie moderne. Mais cette accommodation provoque des changements organiques et mentaux qui constituent une véritable détérioration de l'individu.

IX

Modifications permanentes du corps et de la conscience produites par l'adaptation.

Certaines modifications permanentes du corps et de la conscience sont produites par l'adaptation. Le milieu met ainsi son empreinte sur l'être humain. Quand il agit longuement sur des sujets jeunes, cette empreinte est ineffaçable. C'est ainsi que de nouveaux aspects structuraux et mentaux apparaissent dans l'individu, et aussi dans la race. On dirait que le plasma germinatif subit peu à peu l'influence du milieu. De telles modifications sont naturellement héréditaires. Certes, l'individu ne transmet pas à ses descendants les caractères qu'il a acquis. Mais ses humeurs se modifient nécessairement au gré du monde cosmique. Et ses cellules sexuelles s'adaptent comme les autres à ces changements du milieu intérieur. Les plantes, les arbres, les animaux et les êtres humains de la Normandie diffèrent beaucoup de ceux de la Bretagne. Les uns et les autres portent la marque spécifique du sol. A l'époque où la population de chaque village se nourrissait uniquement de ses produits propres, son aspect variait davantage encore d'une province à l'autre.

L'accommodation à la soif et à la faim s'observe de façon évidente chez les animaux. Les vaches des déserts de l'Arizona s'habituent à ne pas boire pendant trois ou quatre jours. Des chiens demeurent gras et en parfaite santé, en ne mangeant que deux fois par semaine Les animaux qui boivent rarement apprennent à boire beaucoup. Et leurs tissus se mettent à retenir eau en grande quantité, et pendant longtemps. Ceux qui sont soumis au jeûne s'accoutument à absorber en un ou deux jours une quantité de nourriture assez grande pour le reste de la semaine. Il en est de même pour le sommeil. On peut s'entraîner à ne pas dormir, ou à dormir très peu pendant une certaine période, et à dormir beaucoup pendant une autre. Il est facile aussi de s'adapter à un excès de nourriture et de boisson. Si un enfant reçoit autant de nourriture qu'il est capable d'absorber, il s'accoutume à manger de façon inutilement abondante. Ensuite, il ne peut plus se passer de cette habitude. Nous ne connaissons pas encore toutes les conséquences organiques et mentales de ces excès alimentaires. Nous savons seulement qu'elles se manifestent par une augmentation du volume et de la taille du squelette, et par une diminution de l'activité générale de l'individu, comme il arrive aux lapins de garenne qu'on transforme en lapins domestiques. Il n'est pas sûr que les habitudes régulières de la vie moderne conduisent au développement optimum des êtres humains. Nous n'avons adopté cette manière de vivre que parce qu'elle est commode et agréable. Elle est certainement différente de celle de nos ancêtres, et des groupes humains qui ne jouissent pas encore de la civilisation industrielle. Mais nous pouvons douter qu'elle soit meilleure.

L'homme s'acclimate à une haute altitude par des modifications de son sang et des systèmes circulatoire, respiratoire, squelettique et musculaire. Les globules rouges répondent à l'abaissement de la pression barométrique en se multipliant. L'accommodation se fait rapidement. En quelques semaines, les soldats transportés sur les sommets des Alpes marchent, grimpent et courent aussi activement qu'aux basses altitudes. En même temps, la peau se protège contre la lumière de la neige par une pigmentation intense. Le thorax et les muscles de la poitrine se développent. Après peu de mois de vie active dans les hautes montagnes, le système musculaire s'accoutume à l'effort plus grand de la marche et à l'escalade des rochers. La forme et l'attitude du corps se modifient aussi à l'exercice incessant qui leur est demandé. En même temps, l'organisme devient résistant au froid. Il arrive, par le perfectionnement des processus régulateurs de la température du milieu intérieur, à supporter toutes les intempéries. Quand les individus acclimatés à la montagne descendent dans la plaine, leur sang redevient normal. Mais ils gardent toujours les traces de l'adaptation de leur thorax, de leurs poumons, de leur cœur et de leurs vaisseaux à une atmosphère raréfiée, à la lutte contre le froid, à l'effort incessant de tout le corps qui est demandé par l'ascension quotidienne des montagnes. Une activité musculaire intense amène à elle seule des modifications permanentes de l'organisme. Par exemple, dans les ranches de l'Ouest, les cowpunchers acquièrent une vigueur, une souplesse et une résistance qu'aucun athlète ne peut atteindre dans le confort d'une université moderne. Il en est de même du travail intellectuel. Un effort mental longtemps prolongé met son empreinte sur l'individu. Ce type d'activité est presque impossible dans l'état de mécanisation où se trouve l'éducation. Il est réalisable seulement dans les groupes, comme celui des premiers disciples de Pasteur, qui sont inspirés par un ardent idéal, par la volonté de connaître. Les jeunes hommes que Welch, au début de sa carrière à Johns Hopkins University, rassembla autour de lui, furent pendant toute leur vie fortifiés et grandis par la discipline intellectuelle à laquelle ils s'initièrent sous sa direction.

Il existe encore une forme plus subtile, moins connue, de l'accommodation des activités organiques et mentales au milieu. C'est la réponse du corps aux substances chimiques contenues dans les aliments. Nous savons que, dans les populations des pays où l'eau est riche en calcium, le squelette devient plus lourd que dans celles des régions où l'eau est tout à fait pure. Nous savons aussi que les individus nourris de lait, d'œufs, de légumes, de céréales et d'eau, diffèrent de ceux nourris surtout de viande, de vin, de bière ou d'alcool. Mais nous ignorons les caractères organiques de cette adaptation. Il est probable que la constitution des glandes et du système nerveux se modifie suivant les formes d'alimentation, que les activités mentales varient en même temps que la forme et les dimensions du corps. Aussi est-il prudent de ne pas suivre aveuglément les doctrines des médecins et des hygiénistes dont l'horizon se limite à un seul aspect de nous-mêmes. Le progrès de l'humanité ne viendra certainement pas de l'augmentation du poids et de la longévité des individus.

On dirait que la mise en jeu des mécanismes de l'adaptation stimule toutes les fonctions organiques. Les gens affaiblis, les convalescents se trouvent bien d'un changement momentané de climat. Certaines variations dans les habitudes de la vie, dans la nourriture, le sommeil, l'habitat, sont utiles. L'accommodation à des conditions nouvelles d'existence augmente momentanément l'activité des processus physiologiques et mentaux. La rapidité avec laquelle se produit l'adaptation dépend du rythme du temps physiologique. Les enfants répondent immédiatement à un changement de climat. Les adultes, beaucoup plus lentement. Pour produire des résultats durables, l'action du milieu doit être prolongée. Pendant la jeunesse, un climat nouveau, des habitudes nouvelles peuvent provoquer des modifications adaptives qui sont persistantes. C'est pour cette raison que le service militaire obligatoire, en imposant à chacun un changement de vie, certains exercices et une certaine discipline, favorise beaucoup le développement des individus. Il serait possible de rendre l'énergie et l'audace à la plupart de ceux qui les ont perdues en les plaçant dans de plus rudes conditions d'existence. A l'uniformité et à la douceur de la vie des écoles et des universités, il faudrait substituer des habitudes plus viriles. L'accommodation à une discipline physiologique, intellectuelle et morale, détermine dans le système nerveux, les glandes endocrines et la conscience, des changements définitifs. Elle donne à l'organisme une meilleure intégration, une plus grande vigueur, et plus d'aptitude à surmonter les obstacles et les dangers de l'existence.

X

Adaptation au milieu social par l'effort, par la fuite. — Le manque d'adaptation.

On s'adapte au milieu social comme au milieu physique. Les activités mentales ont, ainsi que les activités physiologiques, une tendance à se modifier dans le sens le plus favorable à la survie de l'individu. Elles s'orientent de manière à nous ajuster à notre milieu. En général, nous ne recevons pas gratuitement du groupe dont nous faisons partie la position que nous désirons y occuper. Chacun veut posséder, connaître, commander, jouir. Il est poussé par le désir de l'argent, l'ambition, la curiosité, l'appétit sexuel. Il se trouve dans un milieu toujours indifférent, parfois hostile. Il réalise vite qu'il doit conquérir ce qu'il désire. La conscience subit le milieu social en s'y adaptant. Le mode d'adaptation dépend de la constitution individuelle. On s'accommode à son milieu en le conquérant, ou en y échappant. Et souvent aussi, on ne s'y accommode pas du tout. L'attitude naturelle de l'être humain à l'égard du monde et de ses semblables est la lutte. La conscience répond à l'inimitié du milieu par un effort dirigé contre ce milieu. Alors l'intelligence et la ruse se développent, ainsi que l'attention volontaire, le désir d'apprendre, la volonté de travailler, de posséder, de dominer. La passion de conquérir prend des figures diverses suivant les hommes et le milieu. Elle est l'inspiratrice de toutes les grandes aventures.

Elle a mené Pasteur à la rénovation de la médecine, Mussolini à la construction d'une grande nation, Einstein à la création d'un univers. Elle entraîne les bandits modernes au vol, à l'assassinat, à l'exploitation financière et économique de la société. Elle édifie les hôpitaux, les laboratoires, les universités, les églises. Elle pousse l'homme à la fortune et à la mort, à l'héroïsme et au crime. Et jamais au bonheur.

Le second mode d'adaptation est la fuite. Les uns abandonnent la lutte, et descendent au niveau où elle n'est plus nécessaire. Ils deviennent des ouvriers d'usine, des prolétaires. Les autres se réfugient en eux-mêmes. Ils peuvent, en même temps, s'accommoder partiellement au milieu, et même le conquérir, grâce à la supériorité de leur intelligence. Mais ils ne luttent pas. Ils ne font partie qu'en apparence d'un monde auquel leur vie intérieure les soustrait. D'autres encore oublient le milieu grâce à un travail incessant. Ceux qui sont obligés d'agir sans cesse s'adaptent à tous les événements. Une femme dont l'enfant meurt, et qui doit en soigner plusieurs autres, n'a pas le temps de songer à sa douleur. Le travail est un moyen plus efficace que l'alcool et la morphine de supporter les conditions adverses du milieu. Certains individus passent leur vie dans le rêve, dans l'espoir de la fortune, de la santé, du bonheur. Les illusions et l'espérance sont un moyen puissant d'adaptation. L'espérance engendre l'action. C'est avec raison que le christianisme la considère comme une grande vertu. Elle est un des facteurs les plus puissants de l'ajustement de l'individu à un milieu défavorable. Enfin, on s'adapte aussi par l'habitude. Les douleurs s'oublient plus vite que les joies. Mais l'inaction augmente toutes les souffrances de la vie. Le plus grand malheur que la civilisation scientifique a apporté aux hommes est l'oisiveté.

Il y a beaucoup de gens qui ne s'adaptent jamais à leur groupe social. Parmi eux se trouvent les faibles d'esprit. Dans la société moderne, ils n'ont de place nulle part, excepté dans les institutions faites pour eux. Beaucoup d'enfants normaux naissent parmi les dégénérés et les criminels. Ils forment dans ce milieu leur corps et leur conscience. Ensuite, ils sont inadaptables à la vie normale. Ils constituent la population des prisons, et celle, bien plus nombreuse, qui vit en pleine liberté du vol et de l'assassinat. Ces êtres sont le résultat nécessaire de la corruption apportée par la civilisation industrielle. Ils sont irresponsables. Irresponsables aussi sont les enfants élevés dans les écoles modernes par des professeurs qui ignorent la nécessité de l'effort, de la concentration intellectuelle, et de la discipline morale. Plus tard, quand ils rencontrent l'indifférence du monde, les difficultés matérielles et mentales de la vie, ils sont incapables de s'y accommoder, sauf par la fuite, par la recherche d'un secours, d'une protection, et le cas échéant, par le crime ou le suicide. Beaucoup de jeunes gens possédant des muscles vigoureux, mais dépourvus de résistance nerveuse, reculent devant la lutte imposée par la vie moderne. On les voit, en période de crise, venir demander abri et nourriture à leurs vieux parents. De même que les produits des milieux criminels, ou trop misérables, ils sont incapables de conquérir leur place dans la Cité nouvelle.

Certaines formes de notre vie conduisent directement à la dégénérescence des individus. Il y a des conditions sociales aussi fatales aux hommes blancs que les climats chauds et humides. Nous réussissons à nous accommoder à la pauvreté, aux soucis, aux chagrins, par le travail et par la lutte. Nous pouvons, sans dégénérer, subir la tyrannie, les révolutions, la guerre. Mais nous ne nous accoutumons pas à la misère ou à la prospérité, L'extrême pauvreté amène toujours l'affaiblissement de l'individu et de la race. Il en est de même de la richesse sans responsabilité. Il existe cependant des familles qui pendant des siècles ont possédé l'argent et le pouvoir, et sont restées fortes. Mais autrefois le pouvoir et l'argent venaient de la propriété de la terre, et entraînaient la nécessité de la lutte, de l'effort, d'un travail continu. Aujourd'hui, la richesse n'apporte avec elle aucune obligation. Elle produit toujours l'affaiblissement des hommes. Le loisir, sans la richesse, est aussi dangereux. Ni les cinémas, ni les concerts, ni les radios, ni les automobiles, ni les sports ne remplacent le travail intelligent et l'activité utile. Nous sommes loin d'avoir résolu le problème le plus redoutable de la société moderne, celui du manque d'occupation. Nous ne le résoudrons probablement qu'au prix d'une révolution morale et sociale. Pour le moment, nous sommes aussi incapables de lutter contre l'oisiveté que contre le cancer et les maladies mentales.

XI

Les caractères des fonctions adaptives. — Le principe de Le Chatelier et la stabilité interne du corps. — La loi de l'effort.

La fonction adaptive prend autant de visages différents que les tissus et les humeurs rencontrent de situations nouvelles. Elle n'est l'expression particulière d'aucun système organique. Elle est définissable seulement par son but. Ses moyens varient. Mais sa fin reste toujours la même. Cette fin est la survie de l'individu. Lorsqu'on considère l'adaptation dans toutes ses manifestations, elle apparaît comme l'agent de la stabilisation et des réparations organiques, la cause du perfectionnement des organes par l'usage, le lien qui fait des tissus et des humeurs un tout persistant dans la variabilité du monde extérieur. Il est commode de nous la représenter ainsi comme une entité. Cette convention permet de décrire ses caractères. En réalité, la fonction adaptive est un aspect de tous les processus physiologiques et de leurs éléments physico-chimiques.

Dans un système en équilibre, quand un facteur tend à modifier cet équilibre, une réaction se produit qui s'oppose à ce facteur. Si on dissout du sucre dans l'eau, la température s'abaisse et le refroidissement diminue la solubilité du sucre. C'est le principe de Le Chatelier. Quand un exercice musculaire violent augmente la quantité de sang veineux qui arrive au cœur, les centres nerveux en sont informés par les nerfs de l'oreillette droite, comme nous l'avons mentionné déjà. Ils provoquent alors une accélération des pulsations cardiaques. Et l'excès de sang veineux est enlevé. Il n'y a qu'une analogie superficielle entre le principe de Le Chatelier et cette adaptation physiologique. Dans le premier cas, un équilibre tend à se conserver par des moyens physiques. Dans le second cas, un état stable et non pas un équilibre, se maintient à l'aide de processus physiologiques. Si, au lieu du sang, c'est un tissu qui modifie son état, un phénomène analogue se produit. L'extirpation d'un morceau de peau met en branle une réaction complexe qui, par des mécanismes convergents, répare la perte de substance. Dans ces deux exemples, l'excès de sang veineux et la plaie sont les facteurs qui modifient l'état de l'organisme.

A ces facteurs s'oppose un enchaînement de processus physiologiques aboutissant, dans un cas, à l'accélération des battements du cœur, et dans l'autre, à la cicatrisation. Plus un muscle fonctionne, plus il se développe. Au lieu de l'user, le travail le fortifie. C'est une donnée immédiate de l'observation que les activités physiologiques et mentales s'améliorent par l'usage. Et aussi que l'effort est indispensable au développement optimum de l'individu. L'intelligence et le sens moral s'atrophient, comme les muscles, par le manque d'exercice. La loi de l'effort est plus importante encore que celle de la constance des états organiques. La stabilité du milieu intérieur est, sans nul doute, indispensable à la survie du corps. Mais le progrès physiologique et mental de chacun de nous dépend de notre activité fonctionnelle et de nos efforts. L'être humain s'accommode au non-emploi de ses systèmes viscéraux par la dégénérescence.

L'adaptation, pour atteindre sa fin, utilise des processus multiples. Elle ne se localise jamais à une région ou à un organe. Elle met en branle le corps entier. Par exemple, la colère détermine des modifications de tous les systèmes organiques. Les muscles se contractent. Les nerfs grands sympathiques et les glandes surrénales entrent en jeu. Leur action produit l'élévation de la tension artérielle, l'accélération des battements du cœur, la libération par le foie du glucose qui sera employé comme combustible par les muscles. De même, quand l'organisme lutte contre le refroidissement de la peau, les appareils circulatoire, respiratoire, digestif, musculaire et nerveux sont mobilisés. En somme, le corps répond aux changements du milieu extérieur par le déclenchement de la plupart de ses activités. L'exercice des fonctions adaptives est aussi nécessaire au développement du corps et de la conscience que l'effort physique à celui des muscles. L'accommodation aux intempéries, au manque de sommeil, à la fatigue, à la faim, stimule tous les processus physiologiques.

Les phénomènes adaptifs tendent vers un but. Mais ils n'y parviennent pas toujours. Ils ne sont pas précis. Ils n'agissent que dans certaines limites. Chaque individu tolère seulement un certain nombre de bactéries et une certaine virulence de ces bactéries. Au delà de ce nombre et de cette virulence, les fonctions adaptives ne jouent plus de façon suffisante. La maladie se déclare. Il en est de même de la résistance à la fatigue, à la chaleur ou au froid. Il n'est pas douteux que le pouvoir adaptif s'augmente par l'exercice ainsi que les autres activités physiologiques. Comme elles, il est perfectible. Au lieu de prévenir les maladies uniquement en protégeant les individus contre les agents de ces maladies, il faut rendre chacun capable de se protéger lui-même en augmentant artificiellement l'efficacité des fonctions adaptives.

En résumé, nous avons considéré l'adaptation comme l'expression de propriétés fondamentales des tissus, comme un aspect de la nutrition. Les processus physiologiques se modifient d'autant de façons différentes que de situations nouvelles et imprévisibles se présentent à eux. Ils se modèlent sur le but à atteindre. Ils n'apprécient pas le temps et l'espace comme notre intelligence le fait. Le temps se présente à eux d'une façon différente qu'à nous. Les tissus s'ordonnent aussi facilement par rapport à des configurations spatiales qui existent déjà, que par rapport à celles qui n'existent pas encore. Dans le développement de l'embryon la vésicule optique, qui vient du cerveau, et le cristallin, qui vient de la peau, s'agencent en fonction d'un œil qui est encore virtuel. L'adaptabilité est un caractère à la fois des éléments des tissus, des tissus eux-mêmes, et de l'organisme tout entier. Les éléments paraissent agir dans l'intérêt de l'ensemble, comme les abeilles qui travaillent pour leur communauté. Ils connaissent l'avenir aussi bien que le présent. Et ils s'accommodent aux situations futures par des changements anticipés de leur forme et de leurs fonctions.

XII

LA SUPPRESSION DE LA PLUPART DES FONCTIONS ADAPTIVES PAR LA CIVILISATION MODERNE.

Nous utilisons beaucoup moins que nos ancêtres nos fonctions adaptives. Depuis un quart de siècle surtout, nous nous accommodons au milieu par les mécanismes créés par notre intelligence, et non plus par nos mécanismes physiologiques. La civilisation scientifique nous a donné des moyens de conserver notre équilibre intra-organique qui sont plus agréables et moins laborieux que les procédés naturels. Elle a rendu presque invariables les conditions physiques de la vie quotidienne. Elle a standardisé le travail musculaire, l'alimentation, le sommeil. Elle a supprimé l'effort et la responsabilité morale. Par conséquent, elle a transformé les modes de l'activité de nos systèmes musculaire, nerveux, circulatoire et glandulaire.

Les habitants de la Cité nouvelle n'ont pas à souffrir des changements de la température atmosphérique. Le confort des maisons, les appareils modernes de chauffage et de réfrigération, l'excellence des vêtements, les automobiles fermées et chauffées, nous protègent de façon parfaite, contre les intempéries. Pendant l'hiver nous ne subissons plus les alternatives de froid prolongé et de réchauffement brutal devant le feu des cheminées et des poêles, auxquelles nos ancêtres étaient exposés. Notre organisme n'a plus à mettre en branle les enchaînements de processus physiologiques, qui augmentaient l'activité des échanges et modifiaient la circulation du corps tout entier. L'homme mal protégé par des vêtements insuffisants, qui conserve sa température interne à l'aide d'un exercice violent, fait fonctionner tous ses systèmes organiques de façon puissante. Au contraire, celui qui combat le froid par des fourrures et des habits imperméables au vent, par l'appareil de chauffage d'une voiture bien close, ou en s'enfermant dans une chambre à température égale, maintient ces mêmes systèmes dans un état d'inactivité. Chez beaucoup de gens, la peau n'est jamais fouettée par le vent. Elle n'a jamais à se défendre contre la pluie, l'humidité de vêtements mouillés, ni contre l'ardeur du soleil, pendant de longues heures de fatigue.

Chez eux, les mécanismes chargés de régler la température du sang et des humeurs restent toujours au repos. Ils sont privés d'un exercice qui est peut-être indispensable à leur complet développement et à celui de l'individu. Nous devons remarquer que les fonctions adaptives n'ont pas pour substratum un système spécial dont nous pourrions nous passer quand nous n'en avons pas besoin. Elles sont l'expression de tout notre corps.

L'effort musculaire n'a pas été éliminé complètement. Mais il est devenu beaucoup moins fréquent. Il a été remplacé dans les circonstances ordinaires de la vie par celui des machines. Il n'est pratiqué que dans l'athlétisme, et sous une forme standardisée et soumise à des règles arbitraires. Nous devons nous demander si ces exercices artificiels remplacent complètement les exercices naturels des conditions anciennes de la vie. Quelques heures de danse et de tennis par semaine ne sont pas, pour les femmes, l'équivalent de l'effort qu'elles faisaient en montant et descendant continuellement l'escalier de leur maison, en accomplissant leurs travaux domestiques sans l'aide de machines, en circulant à pied dans les rues. Aujourd'hui, elles vivent dans des appartements pourvus d'un ascenseur, marchent avec difficulté sur de hauts talons, et se servent constamment d'une automobile, des omnibus ou des tramways. Il en est de même pour les hommes. Le golf du samedi et du dimanche ne compense pas la complète inaction du reste de la semaine. En supprimant l'effort musculaire de la vie quotidienne, nous avons supprimé, sans nous en douter, l'exercice incessant auquel se livraient nos systèmes viscéraux pour maintenir la constance du milieu intérieur. Les muscles consomment, comme on le sait, du sucre et de l'oxygène, produisent de la chaleur, libèrent de l'acide lactique dans le sang circulant. Pour s'adapter à ces changements, l'organisme doit mettre en action le cœur, l'appareil respiratoire, le foie, le pancréas, les reins, les glandes sudoripares, les systèmes cérébro-spinal et grand sympathique. En somme, il n'est pas probable que les exercices intermittents auxquels nous nous livrons soient l'équivalent de l'activité musculaire continue que comportait l'existence de nos ancêtres. Aujourd'hui, l'effort physique est réservé à certains moments et à certains jours. L'état ordinaire des systèmes organiques, des glandes sudoripares et des glandes endocrines est le repos.

Nous avons aussi modifié l'usage des fonctions digestives. Les aliments durs, tels que le pain rassis, la viande des vieux animaux, par exemple, ne sont plus employés dans l'alimentation. Les médecins ont également oublié que les mâchoires sont faites pour broyer des choses résistantes, et que l'estomac est construit pour digérer des produits naturels. Les enfants sont nourris surtout avec des aliments mous, du lait, des bouillies. Ni leurs mâchoires, ni leurs dents, ni les muscles de leur face ne travaillent suffisamment. Il en est sans doute de même des muscles et des glandes de leur appareil digestif. La fréquence, la régularité et l'abondance des repas laissent inutilisée une fonction qui a joué un rôle considérable dans la survie des races humaines, l'adaptation au manque de nourriture. Dans la vie primitive, les hommes étaient soumis à des périodes de jeûne. Quand la disette ne les y obligeait pas, ils se soumettaient à cette épreuve de façon volontaire. Toutes les religions ont insisté sur la nécessité du jeûne. La privation de nourriture produit d'abord la sensation de faim, parfois une certaine stimulation nerveuse, et plus tard un sentiment de faiblesse. Mais elle détermine aussi des phénomènes cachés qui sont bien plus importants. Le sucre du foie se mobilise, et aussi la graisse des dépôts sous-cutanés et les protéines des muscles, des glandes, des cellules hépatiques. Tous les organes sacrifient leur propre substance pour maintenir l'intégrité du milieu intérieur et du cœur. Le jeûne nettoie et transforme nos tissus.

L'homme moderne dort trop ou pas assez. Il s'adapte mal à trop de sommeil. Il s'adapte plus mal encore à son absence pendant des périodes prolongées. Il est utile, cependant de s'habituer à rester à l'état de veille quand on ne le désire pas. La lutte contre le sommeil met en branle des appareils organiques dont la vigueur se développe par l'exercice. Elle demande aussi un effort de la volonté. Cet effort, comme beaucoup d'autres, a été supprimé par les habitudes modernes. Malgré l'agitation de l'existence, la fausse activité des sports et des transports rapides, nos grands systèmes régulateurs restent au repos. En somme, le mode de vie engendré par la civilisation scientifique a rendu inutiles des mécanismes dont l'activité a été incessante, pendant des millénaires, chez les êtres humains.

XIII

Nécessité de l'activité des fonctions adaptives pour le développement optimum des êtres humains.

Cependant, l'exercice des fonctions adaptives paraît indispensable au développement optimum de l'individu. Notre corps se trouve dans un milieu physique dont les conditions sont variables. Il maintient la constance de son état intérieur grâce à une activité organique incessante. Cette activité n'est pas localisée à un seul système. Tous nos appareils anatomiques réagissent contre le monde extérieur dans le sens le plus favorable à la continuation de notre vie. Est-il possible qu'une propriété si générale de nos tissus puisse rester virtuelle sans inconvénients pour nous ? Ne sommes-nous pas organisés pour vivre dans des conditions changeantes et irrégulières ? L'homme atteint son plus haut développement quand il est exposé aux intempéries, quand il est privé de sommeil et qu'il dort longuement, quand sa nourriture est tantôt abondante, tantôt rare, quand il conquiert par un effort son abri et ses aliments. Il faut aussi qu'il exerce ses muscles, qu'il se fatigue, et qu'il se repose, qu'il combatte et qu'il souffre, que parfois il soit heureux, qu'il aime et qu'il haïsse, que sa volonté alternativement se tende et se relâche, qu'il lutte contre ses semblables ou contre lui-même. Il est fait pour ce mode d'existence, comme l'estomac pour digérer les aliments. C'est dans les conditions où les processus adaptifs s'exercent de façon intense qu'il devient le plus viril. On sait combien sont solides, physiquement et moralement, ceux qui, dès l'enfance, ont été soumis à une discipline intelligente, qui ont enduré quelques privations et se sont accommodés à des conditions adverses.

Nous observons, cependant, des individus qui se sont pleinement développés sans y avoir été obligés par la pauvreté. En général, ces individus se sont conformés aussi, quoique d'une autre manière, aux lois de l'adaptation. On leur a imposé dès l'enfance, ou ils se sont imposé à eux-mêmes, une discipline, une sorte d'ascèse, qui les a préservés des effets délétères de la richesse. Le fils du seigneur féodal était soumis à un dur entraînement physique et moral. Un des héros de la Bretagne, Bertrand du Guesclin, s'obligea lui-même à braver chaque jour les intempéries et à combattre rudement avec les enfants de son âge. Quoique petit et difforme, il acquit une résistance et une force encore légendaires. Ce n'est pas la richesse qui est nuisible, mais la suppression de l'effort. Les fils des grands chefs de l'industrie du dix-neuvième siècle, aux États-Unis aussi bien qu'en Europe, ont souvent perdu la force ancestrale parce qu'ils n'ont jamais eu à lutter contre leur milieu.

Nous ne connaissons pas encore complètement l'effet de la carence des fonctions adaptives sur le développement des hommes. Il y a aujourd'hui dans les grandes villes beaucoup d'individus dont ces fonctions ne jouent presque jamais. Parfois les conséquences de ce phénomène apparaissent chez eux de façon évidente. Elles se manifestent non seulement chez les enfants des familles riches, mais aussi chez ceux qui sont élevés comme les riches. Dès leur naissance, ces enfants sont placés dans des conditions qui mettent au repos leurs activités adaptives. On les garde constamment dans des chambres à température égale. Pendant l'hiver, on les habille comme de petits Esquimaux. Ils sont gavés de nourriture, dorment autant qu'ils veulent, n'ont aucune responsabilité, ne font jamais d'effort intellectuel ou moral, apprennent seulement ce qui les amuse et ne surmontent aucune difficulté. Le résultat est connu. Ils deviennent des êtres aimables, généralement beaux, souvent forts, se fatiguant facilement, dépourvus d'acuité intellectuelle, de sens moral, de résistance nerveuse. Ces défauts ne sont pas d'origine ancestrale. Car ils existent chez les descendants des pionniers aussi bien que chez ceux des nouveaux venus. On ne laisse pas impunément sans emploi des fonctions aussi importantes que les fonctions adaptives. La loi de l'effort, surtout, doit être obéie. La dégénérescence du corps et de l'âme est le prix que doivent payer les individus et les races qui oublient cette nécessité.

C'est une donnée immédiate de l'observation que notre développement optimum demande l'activité de tous nos organes. Aussi la valeur de l'être humain diminue-t-elle toujours quand les systèmes adaptifs s'atrophient. Pendant l'éducation, il est indispensable que tous ces systèmes fonctionnent continuellement. Les muscles ne sont utiles que parce qu'ils contribuent à l'harmonie et à la force du corps. Au lieu de former des athlètes, nous devons former des hommes modernes. Et les hommes modernes ont besoin d'équilibre nerveux, d'intelligence, de résistance à la fatigue et d'énergie morale, plus que de puissance musculaire. L'acquisition de ces qualités ne peut pas se faire sans effort et sans lutte. C'est-à-dire sans l'aide de tous les organes. Elle demande aussi que l'être humain ne soit pas exposé à des conditions de vie auxquelles il est inadaptable. On dirait qu'il n'y a pas d'accommodation possible à l'agitation incessante, à la dispersion intellectuelle, à l'alcoolisme, aux excès sexuels précoces, au bruit, à la contamination de l'air, à l'adultération des aliments. S'il en est ainsi, il sera indispensable de modifier notre mode de vie et notre milieu, même au prix d'une révolution destructive. Après tout, la civilisation a pour but, non pas le progrès de la science et des machines, mais celui de l'homme.

XIV

Signification de l'adaptation. — Ses applications pratiques.

En résumé, l'adaptation est un mode d'être de tous les processus organiques et mentaux. Elle n'est pas une entité. Elle est équivalente au groupement automatique de nos activités de la façon qui assure le mieux la survie de l'individu. Elle est essentiellement téléologique. C'est grâce à elle que le milieu intérieur reste constant, que le corps conserve son unité, qu'il guérit ses maladies. C'est grâce à elle que nous durons, malgré la fragilité et le caractère transitoire de nos tissus. Elle est aussi indispensable que la nutrition, dont elle est seulement un aspect. Cependant, dans l'organisation de la vie moderne, aucun compte n'a été tenu de cette fonction si importante. On a supprimé presque complètement son usage. Il en est résulté une détérioration du corps, et surtout de la conscience.

Ce mode d'activité est nécessaire au développement optimum de l'être humain. Sa carence, en effet, entraîne celle des fonctions nutritives et mentales, dont elle n'est pas distincte. Grâce à elle, les processus organiques se meuvent suivant le rythme du temps physiologique, et celui des variations imprévisibles du milieu extérieur. Chaque changement de ce milieu provoque une réponse de tous nos organes. Ces mouvements des grands systèmes fonctionnels expriment la prise de contact de l'homme avec la réalité extérieure. Ils amortissent les chocs matériels et mentaux que nous recevons sans cesse. Non seulement ils nous permettent de durer, mais ils sont aussi les agents de notre formation et de notre perfectionnement. Ils possèdent un caractère d'importance capitale : celui d'être mis en branle par des facteurs chimiques, physiques et physiologiques que nous pouvons facilement manier. Nous possédons donc le merveilleux pouvoir d'intervenir avec succès dans le développement des activités organiques et mentales. C'est ainsi que la connaissance des mécanismes de l'adaptation nous permettra de restaurer ou de construire l'individu.

CHAPITRE VII

L'INDIVIDU

I

**L'ÊTRE HUMAIN ET L'INDIVIDU. — LA QUERELLE DES RÉ-
ALISTES ET DES NOMINALISTES. — LA CONFUSION DES
SYMBOLES ET DES FAITS CONCRETS.**

L'être humain ne se rencontre nulle part dans la nature. Nous n'y observons que l'individu. Celui-ci se distingue de l'être humain en ce qu'il est une réalité concrète. C'est lui qui agit, aime, souffre, combat, meurt. Au contraire, l'être humain est une idée platonicienne. Il vit dans notre esprit et dans nos livres. Il se compose des abstractions étudiées par les physiologistes, les psychologistes, les sociologues. Ses caractères sont des Universaux. Nous nous trouvons de nouveau en face du problème qui passionna les esprits philosophiques du moyen âge, celui de la réalité des idées générales. Réalité pour laquelle Anselme de Laon soutint contre Abélard une lutte dont, après huit cents ans, nous entendons encore les échos. Abélard fut vaincu. Cependant, Anselme et Abélard, les réalistes qui croyaient à l'existence des Universaux, et les nominalistes qui n'y croyaient pas, avaient également raison.

A la vérité, nous avons besoin du général et du particulier, de l'être humain et de l'individu. La réalité du général, des Universaux, est indispensable à la construction de la science, car notre esprit ne se meut aisément que parmi les abstractions. Pour le savant moderne, comme pour Platon, les idées sont la seule réalité. Cette réalité abstraite nous donne la connaissance du concret. Le général nous fait saisir le particulier. Grâce aux abstractions créées par les sciences de l'être humain, l'individu peut être habillé de schémas commodes qui, sans être faits à sa mesure, s'appliquent cependant à lui et nous aident à le comprendre. D'autre part, l'étude empirique des faits concrets permet l'évolution et le progrès des idées, des Universaux. Elle les enrichit continuellement. L'observation de multitudes d'individus développe une science de plus en plus complète de l'être humain. Les idées, au lieu d'être immuables dans leur beauté, comme le voulait Platon, se transforment et grandissent, quand notre esprit s'abreuve à la source sans cesse jaillissante de la réalité empirique.

Nous vivons dans deux mondes différents, celui des faits, et celui de leurs symboles. Pour prendre connaissance de nous-mêmes et de nos semblables, nous utilisons à la fois l'observation et les abstractions scientifiques. Mais il nous arrive de confondre l'abstrait et le concret. Nous traitons alors les faits comme des symboles. Nous assimilons l'individu à l'être humain. La plupart des erreurs des éducateurs, des médecins et des sociologues viennent de cette confusion. Les savants habitués aux techniques de la mécanique, de la chimie, de la physique et de la physiologie, étrangers à la philosophie et à la culture intellectuelle, sont exposés à mélanger les concepts des différentes disciplines, et à ne pas distinguer clairement le général du particulier. Cependant, dans la poursuite de la connaissance de nous-mêmes, il importe de faire exactement la part de l'être humain et celle de l'individu. C'est aux individus que nous avons affaire dans l'éducation, la médecine et la sociologie. Il serait désastreux de les considérer seulement comme des symboles, comme des êtres humains. L'individualité est un caractère fondamental de l'homme. Elle ne consiste pas seulement en un certain aspect du corps et de l'esprit. Elle imprègne tout notre être. Elle en fait un événement unique dans l'histoire du monde. D'une part, elle se manifeste dans l'ensemble formé par l'organisme et la conscience. D'autre part, elle met son empreinte sur chaque élément de cet ensemble, tout en restant indivisible. C'est uniquement parce qu'il est commode de le faire, que nous considérons séparément ses aspects tissulaire, humoral et mental.

II

L'INDIVIDUALITÉ TISSULAIRE ET HUMORALE.

Les individus se distinguent facilement les uns des autres par les traits de leur visage, leurs gestes, leur démarche, leurs caractères intellectuels et moraux. Malgré les changements que le temps apporte à leur aspect extérieur, leur identité peut être rétablie grâce aux dimensions de certaines parties de leur squelette, comme Bertillon l'a montré autrefois. De même, les lignes de la pulpe des doigts constituent un caractère indélébile. L'empreinte digitale est la vraie signature de l'individu. Mais l'aspect de la peau est seulement une expression de l'individualité des tissus. En général, cette dernière ne se traduit par aucune particularité morphologique. Les cellules de la glande thyroïde, du foie, de la peau, etc., d'un individu paraissent identiques à celles d'un autre individu. Le cœur bat à peu près de la même façon chez tout le monde. La structure et les fonctions des organes ne semblent pas être spécifiques à chacun de nous. Mais il est permis de croire que des caractères individuels apparaîtraient si nos méthodes d'examen étaient plus raffinées. Certains chiens possèdent un sens olfactif si développé qu'ils reconnaissent l'odeur particulière de leur maître au milieu d'une foule d'autres hommes. Les tissus de notre corps sont capables de percevoir la spécificité de nos humeurs, et ne s'accommodent pas des humeurs d'un autre individu.

L'individualité tissulaire se manifeste de la façon suivante. On place à la surface d'une plaie des fragments de peau empruntés, les uns au patient lui-même, les autres à un ami ou à un parent. Au bout de quelques jours, les greffons appartenant au patient adhèrent à la plaie et s'agrandissent. Les greffons étrangers se décollent et disparaissent. Les premiers survivent et les seconds meurent. Il arrive très exceptionnellement que deux individus soient assez semblables pour pouvoir échanger leurs tissus. Autrefois, Cristiani transplanta chez une petite fille, dont la glande thyroïde fonctionnait mal, des fragments de la thyroïde de sa mère. L'enfant guérit. Au bout d'une dizaine d'années, elle se maria et devint enceinte. Les greffons étaient encore vivants. Ils se mirent alors à augmenter de volume, comme le fait en pareille circonstance la glande thyroïde normale. Entre deux jumeaux identiques des transplantations glandulaires se feraient sans doute avec succès. En règle générale, les tissus d'un individu refusent d'accepter ceux d'un autre individu. Dans la transplantation du rein, par exemple, lorsque la circulation sanguine est rétablie par la suture des vaisseaux, l'organe fonctionne immédiatement. Il se comporte d'abord de façon normale. Au bout de quelques semaines cependant, de l'albumine, puis du sang apparaissent dans l'urine. Et une maladie, semblable à la néphrite, amène rapidement l'atrophie du rein. Mais si l'organe greffé appartient à l'animal lui-même, il reprend intégralement et de façon permanente ses fonctions. Les humeurs reconnaissent, dans les tissus étrangers, des différences de constitution qui ne sont décelables par aucune autre épreuve. Les tissus sont spécifiques de l'individu auxquels ils appartiennent. C'est ce caractère qui a empêché, jusqu'à présent, l'utilisation thérapeutique de la transplantation des organes.

Les humeurs possèdent une spécificité analogue. Celle-ci se traduit par un certain effet du sérum sanguin d'un individu sur les cellules d'un autre individu. Souvent les globules rouges du sang s'agglutinent les uns aux autres sous l'influence du sérum. C'est ce phénomène qui amenait autrefois les accidents signalés après la transfusion sanguine. Il est donc indispensable que les globules de l'homme qui donne son sang ne soient pas agglutinés par le sérum du patient. D'après une remarquable découverte de Landsteiner, les êtres humains se divisent en quatre groupes, dont la connaissance est essentielle au succès de la transfusion. Le sérum des membres de ces groupes agglutine les globules des membres de certains autres groupes. Il y a aussi un groupe de donneurs universels dont les cellules ne sont pas agglutinées par le sérum des autres groupes. Leur sang peut être mélangé impunément à tous les autres sangs. Ces caractères persistent pendant la vie entière. Ils se transmettent héréditairement d'après les lois de Mendel. Il existe environ trente sous-groupes, dont l'influence réciproque est moins marquée. Dans la transfusion, cette influence est négligeable. Mais elle est indicative de l'existence de ressemblances et de différences entre des groupes plus restreints. Bien que l'épreuve de l'agglutination des globules par le sérum soit d'une grande utilité, elle est encore imparfaite. Elle met en lumière certaines différences entre des catégories d'individus. Mais elle ne décèle pas les caractères plus subtils qui distinguent les uns des autres les individus composant chaque catégorie.

Ces caractères spécifiques de l'individu sont rendus évidents par les résultats de la transplantation des organes. Mais il n'existe pas de méthodes permettant de les déceler facilement. L'injection répétée du sérum d'un individu dans les veines d'un autre individu appartenant au même groupe sanguin n'amène aucune réaction, aucune formation appréciable d'anticorps. C'est pour cette raison qu'un malade peut subir sans danger des transfusions répétées. Dans ce cas, les humeurs ne réagissent ni contre les globules, ni contre le sérum du donneur. Il est probable, cependant, que des procédés suffisamment délicats permettraient de mettre en évidence les différences individuelles révélées par la transplantation des organes. Cette spécificité des humeurs est due à des protéines et à certains groupes chimiques que Landsteiner a désignés sous le nom d'haptènes. Les haptènes sont des substances grasses et des sucres. Quand on les combine à une matière protéique, le composé, injecté à un animal, détermine l'apparition dans le sérum de substances nouvelles, les anticorps spécifiquement opposés à l'haptène. C'est de l'agencement intérieur des grosses molécules résultant de la combinaison d'un haptène et d'une protéine que dépend probablement la spécificité de l'individu. Les groupes d'atomes qui composent ces molécules et les modifications possibles de leurs positions dans l'édifice moléculaire sont très nombreux. Parmi les êtres humains qui se sont succédé sur la terre, il n'y en a pas eu sans doute deux dont la constitution chimique ait été identique. L'individualité des tissus est liée, d'une façon encore inconnue, aux molécules qui entrent dans la construction des cellules et des humeurs. Notre individualité propre a donc sa base au plus profond de nous-mêmes.

Cette individualité s'imprime sur le corps entier. Elle réside aussi bien dans les processus physiologiques que dans la structure chimique des humeurs et des cellules. Chacun de nous réagit à sa manière aux événements du monde extérieur, au bruit, au danger, aux aliments, au froid, au chaud, aux attaques des microbes et des virus. Quand on injecte à des animaux de race pure des quantités égales d'une protéine étrangère, ou d'une suspension de bactéries, ces animaux ne répondent jamais à cette injection d'une façon uniforme. Quelques-uns ne répondent pas du tout. Pendant les grandes épidémies, les êtres humains se comportent suivant leurs caractères propres. Les uns tombent malades et meurent. Les autres tombent également malades mais guérissent. D'autres demeurent entièrement réfractaires. D'autres enfin sont légèrement affectés par la maladie, mais sans présenter de symptômes définis. Chacun manifeste un pouvoir différent d'adaptation. Il y a, comme le dit Richet, une personnalité humorale, de même qu'il y a une personnalité psychologique.

La durée physiologique porte aussi la marque de notre individualité. Sa valeur, comme on le sait, varie pour chacun de nous. En outre, elle ne reste pas constante pendant le cours de notre vie. Comme chaque événement s'inscrit au fond de nous-mêmes, notre personnalité humorale et tissulaire se spécifie de plus en plus à mesure que nous vieillissons. Elle s'enrichit de tout ce qui se passe dans notre monde intérieur. Car les cellules et les humeurs, comme l'esprit, sont douées de mémoire. Chaque maladie, chaque injection de sérum ou de vaccin, chaque invasion de notre corps par des bactéries, des virus ou des substances chimiques étrangères nous modifient de façon permanente. Ces événements produisent en nous des états allergiques, des états ou notre réactivité est modifiée. C'est ainsi que les tissus et les humeurs acquièrent une individualité de plus en plus accusée. Les vieillards sont beaucoup plus différents les uns des autres que les enfants. Chaque homme est une histoire qui n'est identique à aucune autre.

III

L'INDIVIDUALITÉ PSYCHOLOGIQUE. — LES CARACTÈRES QUI CONSTITUENT LA PERSONNALITÉ.

L'individualité psychologique se superpose à l'individualité tissulaire et humorale. Elle dépend d'elle dans la mesure où l'activité mentale dépend des processus cérébraux et des autres fonctions organiques. Elle nous donne notre caractère d'unicité. Elle fait que nous sommes nous-mêmes, et pas un autre. Deux jumeaux identiques, provenant du même œuf, possédant la même constitution génétique, manifestent chacun une personnalité différente. Les caractères mentaux sont un réactif encore plus délicat de l'individualité que les caractères humoraux et tissulaires. Les hommes se distinguent davantage les uns des autres par leur intelligence et leur tempérament que par leurs fonctions physiologiques. Chacun est défini par le nombre de ses activités psychologiques, et également par leur qualité et leur intensité. Il n'existe pas d'individus mentalement identiques. A la vérité ceux qui ne possèdent qu'une conscience rudimentaire se ressemblent beaucoup les uns les autres. Plus la personnalité est riche, plus les différences individuelles sont grandes. Toutes les activités de la conscience se trouvent rarement développées à la fois dans un même sujet. Chez la plupart, les unes ou les autres de ces fonctions sont absentes ou affaiblies. Il y a une différence très considérable, non seulement dans leur quantité, mais aussi dans leur qualité. En outre, le nombre de leurs combinaisons est infini. Rien n'est plus difficile à connaître que la constitution d'un individu donné. La complexité de la personnalité mentale étant extrême et les tests psychologiques insuffisants, il est impossible d'établir une classification précise des êtres humains. On peut, cependant, les diviser en catégories d'après leurs caractères intellectuel, affectif, moral, esthétique et religieux, et d'après les combinaisons de ces caractères entre eux et avec les caractères physiologiques.

Il y a aussi des relations claires entre les types psychologiques et morphologiques. L'aspect physique d'un individu est une indication de sa constitution tissulaire, humorale et mentale. Entre les types les plus accusés, on trouve beaucoup d'intermédiaires. Les classifications possibles sont très nombreuses. Elles ont donc peu d'utilité. Les individus ont été distingués en intellectuels, sensitifs et volontaires. Dans chaque catégorie, il y a les hésitants, les contrariants, les impulsifs, les incohérents, les faibles, les dispersés, les inquiets, et aussi les réfléchis, les maîtres de soi, les intègres et les équilibrés. Parmi les intellectuels, on trouve des groupes très distincts. Les esprits larges, dont les idées sont nombreuses, qui assimilent les éléments les plus variés, les coordonnent et les unissent. Les esprits étroits, incapables de saisir de vastes ensembles, mais qui pénètrent profondément dans les détails d'une spécialité. L'intelligence précise, analytique, se rencontre plus fréquemment que celle capable de grandes synthèses. Il y a aussi le groupe des logiciens et celui des intuitifs. C'est ce dernier groupe qui fournit la plupart des grands hommes. On observe de nombreuses combinaisons des types intellectuel et affectif. Les intellectuels sont émotifs, passionnés, entreprenants, et aussi lâches, irrésolus, faibles. Parmi eux, le type mystique est très rare. La même multiplicité de combinaisons apparaît dans les groupes à tendances morales, esthétiques et religieuses. Une telle classification nous montre simplement la prodigieuse variété des types humains.(8) L'étude de l'individualité psychologique est aussi décevante que serait celle de la chimie, si le nombre des corps simples devenait infini.

Chacun de nous a conscience d'être unique. Cette unicité est réelle. Mais il existe de grandes différences dans le degré de l'individualisation. Certaines personnalités sont très riches, très fermes. D'autres sont faibles, modifiables suivant le milieu et suivant les circonstances. Entre le simple affaiblissement de la personnalité et les psychoses, il y a une longue série d'états intermédiaires. Quelques névroses donnent à leurs victimes le sentiment de la dissolution de leur personnalité. D'autres maladies la détruisent réellement. L'encéphalite léthargique produit des lésions cérébrales qui amènent des changements profonds de l'individu. Il en est de même de la démence précoce, de la paralysie générale. Dans d'autres maladies, les modifications psychologiques sont seulement temporaires. L'hystérie détermine parfois le dédoublement de la personnalité. Le malade devient deux individus différents. Chacune de ces personnes artificielles ignore ce que fait l'autre. On peut également déterminer pendant le sommeil hypnotique des modifications de l'identité du sujet. Si on lui impose par suggestion une autre personnalité, il en prend les attitudes, en éprouve les émotions. A côté des gens qui se

---

8 — Georges Dumas, *Traité de Psychologie*, 1924, t. II, livre III, chapitre III, p. 575.

dédoublent en plusieurs personnes, il y en a d'autres qui se dissocient seulement de façon partielle. Dans cette catégorie, on peut ranger ceux qui pratiquent l'écriture automatique, certains médiums, et enfin les êtres falots et vacillants qui pullulent dans la société moderne.

Nous ne sommes pas capables encore de faire un inventaire complet de l'individualité psychologique, et de mesurer ses éléments. Ni de déterminer exactement en quoi elle consiste, de quelle manière un individu diffère d'un autre. Nous ne pouvons même pas découvrir dans un homme donné ses caractères essentiels. Et encore moins ses potentialités. Il faudrait, cependant, que chaque individu s'insère dans le milieu social suivant ses aptitudes, suivant ses activités mentales et physiologiques spécifiques. Mais il ne peut le faire, car il ignore ce qu'il est. Les parents et les éducateurs partagent cette ignorance. Ils ne savent pas distinguer dans les enfants la nature de leur individualité. Au contraire, ils cherchent à les standardiser. Les hommes d'affaires n'utilisent pas les qualités personnelles de leurs employés. Ils méconnaissent le fait que les gens sont tous différents les uns des autres. Nous restons généralement dans l'ignorance de nos aptitudes propres. Cependant, n'importe qui ne peut pas faire n'importe quoi. Suivant ses caractères, chacun s'adapte plus facilement à un certain travail, à un certain genre de vie. Son succès et son bonheur dépendent d'une certaine correspondance de son milieu avec lui. Entre un individu et son groupe social, il devrait y avoir la même relation qu'entre une serrure et sa clef. La connaissance des qualités immanentes de l'enfant et de ses virtualités s'impose comme la première préoccupation des parents et des éducateurs. Certes, la psychologie scientifique ne peut guère les aider dans cette tâche. Les tests appliqués aux élèves des écoles par des psychologistes inexpérimentés ont peu de signification. Peut-être vaudrait-il mieux leur attribuer moins d'importance, car ils donnent à ceux qui ignorent l'état de la psychologie une confiance illusoire. La psychologie n'est pas encore une science. Pour le moment l'individualité et ses potentialités ne sont pas mesurables. Mais un observateur sagace, connaissant bien les êtres humains, est parfois capable de découvrir l'avenir dans les caractères présents d'un individu donné.

IV

L'INDIVIDUALITÉ DE LA MALADIE. — LA MÉDECINE ET LA RÉALITÉ DES UNIVERSAUX.

Les maladies ne sont pas des entités. Nous observons des gens atteints de pneumonie, de syphilis, de diabète, de fièvre typhoïde, etc. Nous construisons ensuite dans notre esprit des Universaux, des abstractions que nous appelons maladies. La maladie représente l'adaptation de l'organisme à un agent pathogène, ou sa destruction progressive par cet agent. Adaptation et destruction prennent la forme de l'individu qui les subit, et le rythme de son temps intérieur. Le corps est détruit plus rapidement par une maladie dégénérative pendant la jeunesse que pendant la vieillesse. Il répond d'une façon spécifique à tout ennemi. Le sens de sa réponse dépend des propriétés immanentes de ses tissus. L'angine de poitrine, par exemple, annonce sa présence par une souffrance aiguë. On dirait que le cœur est saisi par une griffe d'acier. Mais l'intensité de la douleur varie suivant la sensibilité des individus. Quand cette sensibilité est faible, la maladie prend un autre visage Sans avertissement, sans douleur préalable, elle tue sa victime. On sait que la fièvre typhoïde produit de la fièvre, de la dépression, qu'elle est une maladie grave, demandant un long séjour à l'hôpital. Cependant, certains individus, quoique atteints de cette affection, continuent à vaquer à leurs occupations habituelles. Au cours des épidémies de grippe, de diphtérie, de fièvre jaune, etc., quelques malades n'éprouvent qu'un peu de fièvre, quelques malaises. Ils réagissent ainsi à l'infection à cause des qualités inhérentes de leurs tissus. Comme nous le savons, les mécanismes adaptifs qui nous protègent contre les microbes et les virus varient suivant chacun de nous. Quand l'organisme est incapable de résistance, dans le cancer, par exemple, sa destruction se fait aussi avec son caractère propre. Chez une jeune femme, un cancer du sein amène rapidement la mort. Dans l'extrême vieillesse au contraire, il évolue souvent avec une grande lenteur. La maladie est une chose personnelle. Elle prend l'aspect de l'individu. Il y a autant de maladies différentes que de malades différents.

Il serait impossible, cependant, de construire une science de la médecine en se contentant de compiler un grand nombre d'observations individuelles. Il a fallu classifier les faits, et les simplifier par des abstractions. C'est ainsi qu'est née la maladie. Alors on a pu écrire les traités de médecine. Une sorte de science s'est édifiée, grossièrement descriptive, rudimentaire, imparfaite, mais commode, indéfiniment perfectible, et d'un enseignement facile. Malheureusement, les médecins se sont contentés de ce résultat. Ils n'ont pas compris que les traités, décrivant des entités pathologiques, contiennent seulement une partie des connaissances nécessaires à celui qui soigne des malades. Au médecin la science des maladies ne suffit pas. Il faut aussi qu'il distingue clairement l'être humain malade, décrit dans les livres médicaux, du malade concret en face duquel il se trouve. Ce malade, qui doit être non seulement étudié, mais avant tout soulagé, rassuré, et guéri. Son rôle consiste à découvrir, dans chaque patient, les caractères de son individualité, sa résistance propre à l'agent pathogène, le degré de sa sensibilité à la douleur, la valeur de toutes ses activités organiques, son passé et son avenir. Ce n'est pas par le calcul des probabilités qu'il doit prédire le futur d'un individu, mais par une analyse profonde de sa personnalité humorale, tissulaire et psychologique. En somme, la médecine, quand elle se limite à l'étude des maladies, s'ampute d'une partie d'elle-même.

Beaucoup de médecins s'obstinent à ne poursuivre que des abstractions. D'autres, cependant, croient que la connaissance du malade est aussi importante que celle de la maladie. Les premiers veulent rester dans le domaine des symboles, les autres sentent la nécessité d'appréhender le concret. On voit donc se réveiller, autour des Écoles de médecine, la vieille querelle des réalistes et des nominalistes. La médecine scientifique, établie dans ses palais, défend comme l'Église du moyen âge la réalité des Universaux. Elle anathématise les nominalistes qui, à l'exemple d'Abélard, considèrent les Universaux et les maladies comme des créations de notre esprit, et les malades comme la seule réalité. En vérité, la médecine doit être à la fois réaliste et nominaliste. Il faut qu'elle étudie l'individu aussi bien que la maladie. Peut-être la méfiance que le public éprouve de plus en plus à son égard, l'inefficacité et parfois le ridicule de la thérapeutique, sont-ils dus à la confusion des symboles indispensables à l'édification des sciences médicales, et du patient concret. L'insuccès des médecins vient de ce qu'ils vivent dans un monde imaginaire. Ils voient dans leurs malades les maladies décrites dans les traités de médecine. Ils sont les victimes de la croyance en la réalité des Universaux.

V

Origine de l'individualité. — La querelle des généticistes et des behavioristes. — Importance relative de l'hérédité et du développement. — L'influence des facteurs héréditaires sur l'individu.

L'unicité de chaque homme a une double origine. Elle vient à la fois de la constitution de l'œuf qui lui donne naissance, et de la façon dont cet œuf se développe, de son histoire. Nous avons déjà mentionné comment, avant la fécondation, l'ovule expulse la moitié de son noyau, la moitié de chaque chromosome, donc la moitié des facteurs héréditaires, des gènes, qui sont rangés les uns à la suite des autres le long des chromosomes. Comment la tête d'un spermatozoïde s'introduit dans l'ovule après avoir perdu aussi la moitié de ses chromosomes. De l'union des chromosomes mâles et des chromosomes femelles dans l'œuf fécondé dérive le corps avec tous ses caractères et toutes ses tendances. L'individu, à ce moment, n'existe qu'à l'état potentiel. Il contient les facteurs dominants qui ont déterminé les caractères visibles de ses parents, et aussi les facteurs récessifs qui sont restés silencieux chez eux pendant toute leur vie. Suivant leur position relative dans les chromosomes du nouvel être, les facteurs récessifs manifesteront leur activité, ou seront neutralisés par un facteur dominant. Ce sont ces relations qui sont décrites par la science de la génétique comme les lois de l'hérédité. Ces lois expriment seulement la manière dont les caractères immanents de l'individu s'établissent. Mais ces caractères ne sont que des tendances, des potentialités. Suivant les conditions que l'embryon, le fœtus, l'enfant, le jeune homme rencontrent dans leur développement, ces potentialités s'actualisent ou restent virtuelles. Et l'histoire de chaque individu est aussi unique que la nature et l'arrangement des gènes de l'œuf dont il provient. L'originalité de l'être humain dépend donc à la fois de l'hérédité et du développement.

Nous savons qu'elle vient de ces deux sources. Mais nous ignorons quelle est la part de chacune d'elles dans notre formation. L'hérédité est-elle plus importante que le développement, ou inversement ? Watson et les behavioristes proclament que l'éducation et le milieu sont capables de modeler n'importe quel être humain suivant la forme que nous désirons. L'éducation serait tout, et l'hérédité rien. D'autre part, les généticistes pensent que l'hérédité s'impose à l'homme comme le fatum antique, et que le salut de la race se trouve, non pas dans l'éducation, mais dans l'eugénisme. Les uns et les autres oublient qu'un tel problème se résout, non pas à l'aide d'arguments, mais par des observations et des expériences.

Les observations et les expériences nous montrent que la part de l'hérédité et celle du développement varient suivant les individus, et que le plus souvent on ne peut pas déterminer leur valeur respective. Cependant, entre les enfants de mêmes parents, élevés ensemble et de la même façon, il y a des différences frappantes de forme, de stature, de constitution nerveuse, d'aptitudes intellectuelles, de qualités morales. Il est bien évident que ces différences sont d'origine ancestrale. De même, si on examine attentivement des petits chiens, quand ils tètent encore, on voit que chacun des huit ou neuf individus, qui composent la portée, présente quelque caractère distinct. Les uns réagissent à un bruit soudain, à la détonation d'un pistolet, par exemple, en s'aplatissant sur le sol, les autres en se dressant sur leurs petites pattes, d'autres en avançant dans la direction du bruit. Les uns conquièrent les meilleures mamelles, les autres se laissent éliminer de leur place. Les uns s'éloignent de la mère, explorent les alentours de leur niche. Les autres restent avec elle. D'autres grondent quand on les touche, d'autres encore restent silencieux. Quand les animaux élevés ensemble, et dans des conditions identiques, sont devenus adultes, on constate que la plupart de leurs caractères ne sont pas modifiés. Les chiens timides et peureux restent timides et peureux toute leur vie. Ceux qui étaient hardis et alertes perdent parfois ces qualités au cours du développement. Mais, en général, ils les conservent. Ils peuvent aussi les augmenter. Parmi les caractères d'origine ancestrale, les uns demeurent inutilités, les autres se développent. Les jumeaux qui proviennent d'un même œuf possèdent originellement les mêmes caractères immanents. Ils sont absolument identiques. Cependant, ceux qu'on sépare l'un de l'autre dès les premiers jours de leur vie, et qu'on élève de façon différente, dans des pays éloignés, perdent cette identité. Au bout de dix-huit ou vingt ans, on observe chez eux des différences extrêmement marquées, et aussi de grandes ressemblances, surtout au point de vue intellectuel. Il apparaît donc que l'identité de la constitution n'assure pas la formation d'individus semblables dans des milieux différents. Il est évident aussi que la différence des milieux n'est pas capable d'effacer l'identité de la constitution. Suivant les conditions dans lesquelles se fait le développement, les unes ou les autres des potentialités de l'individu s'actualisent. Et deux êtres, originellement identiques, deviennent différents.

Comment agissent dans la formation de notre corps et de notre conscience les particules de substance nucléaire, les gènes que nous recevons de nos ancêtres ? Dans quelle mesure la constitution de l'individu dépend-elle de celle de l'œuf ? L'observation et l'expérience montrent que certains aspects de l'individu existent déjà dans l'œuf, que d'autres sont seulement virtuels. Les gènes exercent donc leur influence, soit de façon inexorable en imposant à l'individu des caractères qui se développent nécessairement, soit sous la forme de tendances qui se réalisent, ou ne se réalisent pas, suivant les conditions du développement. Le sexe est déterminé fatalement dès l'union des cellules paternelle et maternelle. L'œuf du futur mâle possède un chromosome de moins que celui de la femelle, ou un chromosome atrophique.

Toutes les cellules du corps de l'homme différent par ce dernier caractère de celui de la femme. La faiblesse d'esprit, la folie, l'hémophilie, la surdi-mutité, comme on le sait, sont des vices héréditaires. Certaines maladies, telles que le cancer, l'hypertension, la tuberculose, etc., se transmettent aussi des parents aux enfants, mais sous forme d'une tendance. Les conditions du développement peuvent empêcher ou favoriser leur production. Il en est de même de la vigueur de l'activité corporelle, de la volonté, de l'intelligence, du jugement. La valeur de chaque individu est déterminée dans une large mesure par ses prédispositions héréditaires. Mais, comme les êtres humains ne sont pas de race pure, il est impossible de prévoir ce que seront les produits d'un mariage donné. On sait seulement que, dans les familles de gens supérieurs, il y a plus de chances pour que les enfants appartiennent à un type supérieur, que s'ils n'étaient nés dans une famille inférieure. Mais le hasard des unions nucléaires fait que des enfants médiocres apparaissent dans la descendance d'un grand homme, et qu'un grand homme jaillisse d'une famille obscure.

La tendance à la supériorité n'est nullement irrésistible comme celle de la folie, par exemple. L'eugénisme ne réussit à produire des types supérieurs que dans certaines conditions du développement et de l'éducation. Il n'est pas capable à lui seul d'améliorer beaucoup les individus. Il n'a pas le pouvoir magique que le public lui attribue.

VI

L'influence du développement sur l'indivi‑
du. — Variations de l'effet de ce facteur suivant
les caractères immanents de l'individu.

Les tendances ancestrales, qui se transmettent suivant les lois de Mendel et d'autres lois, impriment au développement de chaque homme un aspect particulier. Pour se manifester, elles demandent naturellement le concours du milieu extérieur. Les potentialités des tissus et de la conscience s'actualisent grâce aux facteurs chimiques, physiques, physiologiques et mentaux de ce milieu. On ne peut pas, en général, distinguer dans un individu ce qui est héréditaire de ce qui est acquis. A la vérité, certaines particularités, telles que la couleur des yeux, celle des cheveux, la myopie, la faiblesse d'esprit, sont évidemment d'origine ancestrale. Mais la plupart des autres sont dues à l'influence du milieu sur les tissus et la conscience. Le développement du corps s'infléchit dans des directions différentes suivant les facteurs externes. Et les propriétés immanentes de l'individu s'actualisent ou restent virtuelles. Il est certain que les tendances héréditaires sont profondément influencées par les circonstances de la formation de l'individu. Mais il est vrai aussi que chacun se développe d'après ses propres règles, d'après la qualité spécifique de ses tissus. En outre, l'intensité originelle de ces tendances, leur capacité d'actualisation, varient. L'avenir de certains individus est déterminé de manière fatale. Celui des autres dépend plus ou moins des conditions du développement.

Mais il est possible de prédire dans quelle mesure les tendances héréditaires d'un enfant seront modifiées par le mode de vie, l'éducation, le milieu social. La constitution génétique des tissus n'est jamais connue. Nous ignorons comment se sont groupés dans l'œuf dont il provient les gènes des parents et des grands-parents de chaque être humain. Nous ignorons si des particules nucléaires de quelque ancêtre lointain n'existent pas en lui. Et aussi, si un changement spontané des gènes eux‑mêmes ne fera pas apparaître chez lui des caractères imprévisibles. Il arrive parfois qu'un enfant, descendant de plusieurs générations dont nous croyons connaître les tendances, manifeste un aspect totalement nouveau. Cependant on peut prédire, dans une certaine mesure, les résultats probables de l'action du milieu sur un individu donné. Dès le début de la vie de l'enfant, aussi bien que du chien, un observateur averti saisit la signification des caractères en voie de formation. Un enfant mou, apathique, inattentif, craintif, inactif, n'est pas transformable par les conditions du développement en un homme énergique, un chef autoritaire et audacieux. La vitalité, l'imagination, l'esprit d'aventure ne viennent pas entièrement du milieu. Il est probable aussi qu'ils sont irrépressibles par lui. A la vérité, les circonstances du développement n'agissent que dans les limites des prédispositions héréditaires, des qualités immanentes des tissus et de la conscience. Mais ces prédispositions, nous ne connaissons jamais avec certitude leur nature. Nous devons, cependant, nous comporter comme si elles étaient favorables. Il faut donner à chaque individu une formation permettant l'épanouissement de ses qualités virtuelles, jusqu'au moment où il est prouvé que ces qualités n'existent pas.

Les facteurs chimiques, physiologiques et psychologiques du milieu favorisent ou entravent le développement des tendances immanentes. En effet, ces tendances ne peuvent s'exprimer que par certaines formes organiques. Si le calcium et le phosphore nécessaires à la construction du squelette, ou les vitamines et les sécrétions glandulaires qui permettent l'utilisation de ces matériaux par le cartilage dans la formation des os manquent, les membres se déforment et le bassin se rétrécit. Ce simple accident empêche l'actualisation des tendances qui destinaient telle femme à être une mère prolifique, peut-être génératrice d'un nouveau Lincoln ou d'un nouveau Pasteur. Le manque d'une vitamine, ou une maladie infectieuse peuvent déterminer l'atrophie des testicules ou d'autres glandes et, par suite, un arrêt du développement d'un individu qui, grâce à son patrimoine héréditaire, serait devenu un chef, un grand conducteur d'hommes. Toutes les conditions physiques et chimiques du milieu sont susceptibles d'agir sur l'actualisation de nos potentialités. C'est à leur influence modelante qu'est dû en grande partie l'aspect physique, intellectuel et moral de chacun de nous.

Les agents psychologiques ont sur l'individu un effet plus profond encore. Ce sont eux qui engendrent la forme intellectuelle et morale de notre vie, l'ordre ou la dispersion, l'abandon ou la maîtrise de nous-mêmes. Par les modifications circulatoires et glandulaires qu'ils provoquent dans l'organisme, ils transforment aussi les activités et la structure du corps. La discipline de l'esprit et des appétits physiologiques a un effet défini, non seulement sur l'attitude psychologique de l'individu, mais aussi sur sa structure tissulaire et humorale. Nous ne savons pas dans quelle mesure les influences mentales du milieu sont capables de stimuler ou d'étouffer les tendances ancestrales. Sans nul doute, elles jouent un rôle capital dans la destinée de l'individu. Elles annihilent parfois les plus grandes qualités spirituelles. Elles développent aussi certains individus au delà de toute attente. Elles aident celui qui est faible, rendent plus forts les forts. Le jeune Bonaparte lisait Plutarque et s'efforçait de penser et de vivre comme les grands hommes de l'antiquité.

Il n'est pas indifférent qu'un enfant s'enthousiasme pour Babe Ruth ou pour George Washington, pour Charlie Chaplin ou pour Lindbergh. Jouer au gangster n'est pas la même chose que jouer au soldat. Quelles que soient ses tendances ancestrales, chaque individu est aiguillé par les conditions de son développement sur la route qui le conduira soit aux montagnes solitaires, soit au flanc des collines, soit à la boue des marécages où se plaît l'humanité.

L'influence du milieu sur l'individualisation varie suivant l'état des tissus et de la conscience. En d'autres termes, un même facteur agissant sur plusieurs individus, ou sur le même individu à des moments différents de son existence, n'a pas des effets identiques. Il est bien connu que la réponse au milieu d'un organisme donné dépend de ses tendances héréditaires. Par exemple, l'obstacle qui arrête l'un stimule l'autre à un plus grand effort, et provoque chez lui l'actualisation d'activités restées jusqu'à ce moment potentielles. De même, aux périodes successives de la vie, avant ou après certaines maladies, l'organisme répond de façon différente à une influence pathogène.

Un excès de nourriture et de sommeil n'agit pas de la même manière pendant la jeunesse et la vieillesse. La rougeole est insignifiante chez l'enfant, grave chez l'adulte. La réactivité de l'organisme varie, non seulement suivant l'âge physiologique du sujet, mais suivant toute son histoire antérieure. Elle dépend de la nature de son individualisation. En somme, le rôle du milieu dans l'actualisation des tendances héréditaires n'est pas exactement définissable. L'influence des propriétés immanentes des tissus et celle du développement sont mêlées de façon inextricable dans la formation organique et mentale de l'individu.

VII

LES LIMITES DE L'INDIVIDU DANS L'ESPACE. — LES FRONTIÈRES ANATOMIQUES ET PSYCHOLOGIQUES. — EXTENSION DE L'INDIVIDU AU-DELÀ DES FRONTIÈRES ANATOMIQUES.

L'individu est, ainsi que nous le savons, un centre d'activités spécifiques. Il nous apparaît comme distinct du monde extérieur, et aussi des autres hommes. En même temps, il est uni à ce milieu et à ses semblables. Il ne pourrait pas exister sans eux. Il possède le double caractère d'être indépendant et dépendant de l'univers cosmique. Mais nous ignorons comment il est lié aux autres êtres, où se trouvent exactement ses frontières spatiales et temporelles. Nous avons des raisons de croire que la personnalité s'étend hors du continuum physique. Il semble que ses limites se trouvent au delà de la surface cutanée, que la netteté des contours anatomiques soit en partie une illusion, que chacun de nous soit beaucoup plus vaste et plus diffus que son corps.

Nous savons que nos frontières visibles sont constituées d'une part, par la peau, et d'autre part, par les muqueuses digestives et respiratoires. Notre intégrité anatomique et fonctionnelle et notre survie dépendent de leur inviolabilité. Leur destruction et l'envahissement des tissus par les microbes amènent la mort, et la désintégration de l'individu. Mais nous savons aussi qu'elles se laissent traverser par les rayons cosmiques, par les substances chimiques qui résultent de la digestion intestinale des matières alimentaires et par l'oxygène de l'atmosphère, par les vibrations lumineuses, caloriques et sonores. Grâce à elles le monde intérieur de notre corps se continue avec le monde extérieur. Mais cette limite anatomique est seulement celle d'un aspect de l'individu. Elle n'entoure pas notre personnalité mentale. L'amour et la haine sont des réalités. Par eux nous sommes liés à d'autres êtres humains d'une façon positive, quelle que soit la distance qui nous en sépare. Une femme souffre plus de la perte de son enfant que de l'amputation d'un de ses propres membres. La rupture d'une union affective amène parfois la mort. Si nous pouvions percevoir les liens immatériels qui nous attachent les uns aux autres, et à ce que nous possédons, les hommes nous apparaîtraient avec des caractères nouveaux et étranges. Les uns dépasseraient à peine la surface de leur peau. Les autres s'étendraient jusqu'à un coffre de banque, aux organes sexuels d'un autre individu, à des aliments, à certaines boissons, parfois à un chien, à une maison, à des objets d'art. D'autres nous sembleraient immenses. Ils se prolongeraient en de nombreux tentacules, qui iraient s'attacher aux membres de leur famille, à un groupe d'amis, à une vieille maison, au ciel et aux montagnes du pays où ils sont nés. Les conducteurs de peuples, les grands philanthropes, les saints seraient des géants étendant leurs bras multiples sur un pays, un continent, le monde entier. Entre nous et notre milieu social il y a une relation étroite. Chaque individu occupe dans son groupe une certaine place. Il y est uni par un lien réel. Cette place peut lui paraître plus importante que sa propre vie. S'il en est privé par la ruine, la maladie, les persécutions de ses ennemis, il lui arrive de préférer le suicide à ce changement. Il est évident que l'individu dépasse de toutes parts sa frontière corporelle.

Mais l'homme peut se prolonger dans l'espace de façon plus positive encore. (9) Au cours des phénomènes télépathiques, il projette instantanément au loin une partie de lui-même, une sorte d'émanation, qui va rejoindre un parent ou un ami. Il s'étend ainsi à de longues distances, franchit l'océan, des continents entiers, en un espace de temps trop petit

---

9 — Les limites psychologiques de l'individu dans l'espace et dans le temps ne sont évidemment que des suppositions. Mais des suppositions, même étranges, sont commodes pour grouper des faits qui restent, pour le moment, inexplicables. Leur but est simplement de provoquer de nouvelles expériences. L'auteur réalise clairement que ses conjonctures unit considérées comme hérétiques aussi bien par les matérialistes que par les spiritualistes, par les vitalistes que par les mécanistes. Que l'équilibre même de son cerveau sera mis en doute. Cependant on ne peut pas négliger des faits parce qu'ils sont obscurs. Il faut, au contraire, les étudier. La métapsychique nous donnera peut-être sur la nature de l'être humain des renseignements plus importants que la psychologie normale. Les sociétés de recherches psychiques et, en particulier, la société anglaise, ont attiré sur la clairvoyance et la télépathie l'attention du public. Aujourd'hui, le temps est venu d'étudier ces phénomènes physiologiques. Mais les recherches métapsychiques ne doivent pas être entreprises par des amateurs, même si ces amateurs sont de grands physiciens, de grands philosophes ou de grands mathématiciens. Pour les savants les plus illustres, qu'ils s'appellent Isaac Newton, William Crookes ou Oliver Lodge, il est dangereux de sortir de leur domaine et de s'occuper de théologie ou de spiritisme. Seuls, des médecins ayant une connaissance approfondie de l'homme, de sa physiologie, de ses neurones, de son aptitude au mensonge, de sa susceptibilité à la suggestion, de son habileté à la prestidigitation, sont qualifiés pour étudier ces faits. Et les suppositions de l'auteur au sujet des limites spatiales et temporelles de l'individu inspireront, il l'espère, non pas de futiles discussions, mais des expériences faites avec les techniques de la physiologie et de la physique.

pour être apprécié. Il est capable de rencontrer au milieu d'une foule celui auquel il doit s'adresser. Il lui fait certaines communications. Il lui arrive aussi de découvrir, dans l'immensité et le tumulte d'une ville moderne, la maison, la chambre de celui qu'il cherche, bien qu'il n'ait aucune connaissance ni d'elle, ni de lui. L'individu, qui possède cette forme d'activité, se comporte comme un être extensible, une sorte d'amibe, capable d'envoyer un pseudopode à une distance prodigieuse. On constate parfois entre un sujet hypnotisé et l'hypnotiseur un lien invisible qui les met en rapport l'un avec l'autre. Ce lien parait être une émanation du sujet. Quand l'hypnotiseur est ainsi en rapport avec l'hypnotisé, il peut lui suggérer, à distance, certains actes à accomplir. Dans ce cas, deux individus séparés se trouvent en contact l'un avec l'autre, bien que chacun reste en apparence enfermé dans ses limites anatomiques.

On dirait que la pensée se transmet d'un point à l'autre de l'espace comme des ondes électro-magnétiques. Nous ne savons pas avec quelle rapidité. Il n'a pas été possible jusqu'à présent de mesurer la vitesse des communications télépathiques. Les physiciens et les astronomes ne tiennent pas compte des phénomènes métapsychiques. La télépathie cependant est une donnée immédiate de l'observation. Si on découvre un jour que la pensée se propage dans l'espace comme la lumière, nos idées au sujet de la constitution de l'Univers devront être modifiées. Mais il est loin d'être certain que les phénomènes télépathiques soient dus à la propagation dans l'espace d'un agent physique. Il est même possible qu'il n'y ait aucun contact spatial entre les deux individus qui entrent en communication. En effet, nous savons que l'esprit n'est pas entièrement inscrit dans les quatre dimensions du continuum physique. Il se trouve donc à la fois dans l'univers matériel, et ailleurs. Il s'insère dans la matière par l'intermédiaire, du cerveau et se prolonge hors de l'espace et du temps, comme une algue qui se fixe à un rocher et laisse flotter sa chevelure dans le mystère de l'Océan. Il nous est permis de supposer qu'une communication télépathique consiste en une rencontre, en dehors des quatre dimensions de notre univers, des parties immatérielles de deux consciences.

Pour le moment, il faut continuer à considérer les communications télépathiques comme produites par une extension de l'individu dans l'espace. Cette extensibilité spatiale est un phénomène rare. Cependant, beaucoup d'entre nous lisent parfois la pensée des autres comme le font les clairvoyants. D'une façon analogue, quelques hommes ont le pouvoir d'entraîner, de convaincre leurs semblables à l'aide de paroles banales, de les mener ainsi au combat, au sacrifice, à la mort. César, Napoléon,

Mussolini, tous les grands conducteurs de peuples, grandissent au delà de la stature humaine, et enveloppent de leur volonté et de leurs idées des foules innombrables. Entre certains individus et les choses de la nature, il y a des relations subtiles et obscures. Ces hommes paraissent s'étendre à travers l'espace jusqu'à la réalité qu'ils saisissent. Ils sortent d'eux-mêmes, ils sortent aussi du continuum physique. Parfois ils projettent inutilement leurs tentacules hors de l'espace et du temps. Ils ne rapportent alors que des choses insignifiantes. Mais ils peuvent aussi, tels les grands inspirés de la science, de l'art, de la religion, y appréhender les lois naturelles, les abstractions mathématiques, les idées platoniciennes, la beauté suprême, Dieu.

VIII

Les limites de l'individu dans le temps. — Les liens du corps et de la conscience avec le passé et le futur.

Dans le temps, comme dans l'espace, l'individu dépasse les limites de son corps. Sa frontière temporelle n'est ni plus précise, ni plus fixe que sa frontière spatiale. Nous sommes liés au passé et au futur, bien que notre personnalité ne s'y prolonge pas. Celle-ci, comme on le sait, prend naissance au moment de la fécondation de l'œuf par l'élément mâle. Mais ses éléments existent déjà, éparpillés dans les tissus de nos parents, des parents de nos parents, et de nos plus lointains ancêtres. Nous sommes faits des substances cellulaires de notre père et de notre mère. Nous dépendons du passé de façon organique et indissoluble. Comme nous portons en nous des fragments innombrables du corps de nos parents, nos qualités sont engendrées par les leurs. La force et le courage viennent de la race, chez les hommes comme les chevaux de course. Il ne faut pas songer à supprimer l'histoire. Nous devons, au contraire, utiliser la connaissance du passé pour prévoir l'avenir et le diriger.

On sait que les caractères acquis par l'individu au cours de sa vie ne se transmettent pas à ses descendants. Cependant, le plasma germinatif ne reste pas immuable. Il se modifie parfois sous l'influence du milieu intérieur. Il est altérable par les maladies, les poisons, les aliments, les sécrétions des glandes endocrines. La syphilis des parents peut être la cause de désordres profonds du corps et de la conscience de leurs enfants. Pour cette raison, la descendance des hommes de génie se compose parfois d'êtres inférieurs, faibles, mal équilibrés. Le tréponème pâle a exterminé plus de grandes familles que toutes les guerres du monde. De même, les alcooliques, les morphinomanes, les cocaïnomanes, etc., engendrent des déficients qui payent pendant toute leur vie les vices de leur père. Certes, il est facile de passer à sa descendance le résultat de ses fautes. Mais il est beaucoup plus difficile de la faire bénéficier de ses vertus. La transmission des qualités que nous avons gagnées pendant notre vie ne se produit pas de façon directe. Nous ne nous étendons dans l'avenir que par l'intermédiaire de nos œuvres.

Chaque individu met son empreinte sur son milieu, sa maison, sa famille, ses amis. Il vit comme entouré de lui-même. C'est grâce à ce qu'il a ainsi créé que sa descendance hérite de ses caractères. L'enfant dépend de ses parents pendant une longue période. Il a le temps de recevoir ce que ceux-ci sont capables de lui communiquer. Comme il a le don de l'imitation, il tend à devenir tel qu'eux. Il prend leur figure véritable, et non le masque qu'ils portent dans leur vie sociale. Il éprouve, en général, pour eux, de l'indifférence et quelque mépris. Mais il accepte d'eux leur ignorance, leur vulgarité, leur égoïsme, leur lâcheté. Certains individus, cependant, laissent en héritage à leurs descendants leur intelligence, leur bonté, leur sens esthétique, leur courage. Ils se continuent par leurs œuvres d'art, leurs découvertes scientifiques, par les institutions politiques, économiques et sociales qu'ils ont créées, ou simplement par la ferme qu'ils ont construite et les champs défrichés par leurs bras. Notre civilisation a été faite par de tels hommes.

L'influence de l'individu sur le futur n'est donc pas équivalente à un prolongement de lui-même dans le temps. Elle s'exerce grâce aux fragments organiques qu'il a transmis directement à ses enfants, ou à ses créations architecturales, scientifiques, philosophiques, etc. On dirait, cependant, que notre personnalité peut réellement s'étendre au delà de la durée physiologique. Certains individus paraissent susceptibles de voyager dans le temps. Les clairvoyants perçoivent non seulement des événements qui se produisent au loin, mais aussi des événements passés et futurs. On dirait que leur conscience projette ses tentacules aussi facilement dans le temps que dans l'espace. Ou bien que s'échappant du continuum physique, elle contemple le passé et le futur, comme une mouche contemplerait un tableau si, au lieu de marcher à sa surface, elle volait à quelque distance de lui. Les faits de prédiction de l'avenir nous mènent jusqu'au seuil d'un monde inconnu. Ils semblent indiquer l'existence d'un principe psychique capable d'évoluer en dehors des limites de notre corps. Les spécialistes du spiritisme interprètent certains de ces phénomènes comme preuve de la survie de la conscience après la mort. Le médium se croit habité par l'esprit du décédé. Il révèle parfois aux expérimentateurs des détails connus seulement du sujet mort, et dont on vérifie plus tard l'exactitude. On pourrait, d'après Broad, interpréter ces faits comme indiquant la persistance après la mort, non pas de l'esprit, mais d'un facteur psychique capable de se greffer temporairement sur l'organisme du médium. Ce facteur psychique, en s'unissant à un être vivant, constituerait une sorte de conscience appartenant à la fois au médium et au défunt. Son existence serait transitoire. Peu à peu il se désagrégerait, et finalement disparaîtrait de façon totale. Les résultats des expériences des spirites sont d'une grande importance. Mais l'interprétation qu'ils en donnent est d'une valeur douteuse. Nous savons que l'esprit d'un clairvoyant est capable de saisir également le passé et le futur. Pour lui, il n'y a aucun secret. Il parait donc impossible de distinguer, pour le moment, la survivance d'un principe psychique d'un phénomène de clairvoyance médiumnique.

IX

L'individu.

En résumé, l'individualité n'est pas seulement un aspect de l'organisme. Elle constitue aussi un caractère essentiel de chacun de ses éléments. D'abord virtuelle au sein de l'ovule fécondé, elle manifeste peu à peu ses caractères à mesure que le nouvel être s'allonge dans le temps. C'est le conflit de cet être avec son milieu qui oblige ses tendances ancestrales à s'actualiser. Ces tendances infléchissent dans une certaine direction nos activités adaptives. En effet, ce sont les tendances, les propriétés innées de nos tissus, qui déterminent la façon dont nous utilisons le milieu extérieur. Chacun de nous répond à sa manière propre à ce milieu. Il y choisit ce qui lui permet de s'individualiser davantage. Il est un foyer d'activités spécifiques. Ces activités sont distinctes, mais indivisibles. L'âme n'est pas séparable du corps, la structure de la fonction, la cellule de son milieu, la multiplicité de l'unité, le déterminant du déterminé. Nous commençons à réaliser que la surface du corps n'est pas la vraie limite de l'individu, qu'elle établit seulement entre nous et le monde extérieur le plan de clivage indispensable à notre action. Nous sommes construits comme les châteaux forts du moyen âge, dont le donjon était entouré de plusieurs enceintes. Nos défenses intérieures sont nombreuses et enchevêtrées les unes aux autres. La surface de la peau constitue la frontière que nos ennemis microscopiques ne doivent pas franchir. Néanmoins, nous nous étendons beaucoup plus loin qu'elle. Au-delà de l'espace et du temps. Nous connaissons le centre de l'individu, mais nous ne savons pas où se trouvent ses limites extérieures. Peut-être ces limites n'existent-elles pas. Chaque homme est lié à ceux qui le précèdent et à ceux qui le suivent. Il se fond en quelque sorte en eux. L'humanité n'est pas composée d'éléments séparés, comme les molécules d'un gaz. Elle ressemble à un réseau de filaments qui s'étendent dans le temps, et portent, comme les grains d'un chapelet, les générations successives d'individus. Sans nul doute notre individualité est réelle. Mais elle est moins définie que nous le croyons. Notre complète indépendance des autres individus et du monde cosmique est une illusion.

Notre corps est fait des éléments chimiques du milieu extérieur qui pénètrent en lui et se modifient suivant son individualité. Ces éléments s'organisent en édifices temporaires, tissus, humeurs et organes, qui s'effondrent et se reconstruisent pendant toute la vie. Après notre mort, ils retournent au monde de la matière inerte. Certaines substances chimiques prennent nos caractères raciaux et individuels. Elles deviennent nous-mêmes. D'autres ne font que traverser notre corps. Elles participent à l'existence de chacun de nous sans avoir aucun de nos caractères, de même que la cire ne modifie pas sa composition chimique quand elle forme différentes statues. Elles passent en nous comme un grand fleuve où nos cellules puisent les matières nécessaires à leur croissance et à leurs dépenses d'énergie. D'après les mystiques, nous recevons aussi du monde extérieur certains éléments spirituels. La grâce de Dieu pénètre dans notre âme comme l'oxygène de l'air, ou l'azote des aliments, dans nos tissus.

La spécificité individuelle persiste pendant toute la durée de la vie, bien que les tissus et les humeurs changent continuellement. Organes et milieu intérieur se meuvent au rythme de processus irréversibles vers des transformations définitives, et la mort. Mais ils conservent toujours leurs qualités immanentes. Ils ne sont pas plus modifiés par le courant de matière où ils sont immergés que les sapins des montagnes par les nuages qui les traversent. Cependant, l'individualité s'accuse ou s'atténue suivant les conditions du milieu. Quand ces conditions sont particulièrement défavorables, elle semble se dissoudre. La personnalité mentale est moins marquée que la personnalité organique. Chez les hommes modernes, on se demande, à juste raison, si elle existe encore. Certains observateurs mettent sa réalité en doute. Théodore Dreiser la considère comme un mythe. Il est certain que les habitants de la Cité nouvelle présentent une grande uniformité dans leur faiblesse morale et intellectuelle. La plupart des individus sont construits sur le même type. Un mélange de nervosisme et d'apathie, de vanité et, de manque de confiance en soi-même, de force musculaire et de non-résistance à la fatigue. Des tendances génésiques, à la fois irrésistibles et peu violentes, parfois homosexuelles. Cet état est dû à de graves désordres dans la formation de la personnalité. Il n'est pas seulement une attitude d'esprit, une mode qui peut facilement changer. Il est l'expression, soit d'une dégénérescence de la race, soit du développement défectueux des individus, soit de ces deux phénomènes.

Cette déchéance est, dans une certaine mesure, d'origine héréditaire. La suppression de la sélection naturelle a permis la survie d'êtres dont les tissus et la conscience sont de mauvaise qualité. La race a été affaiblie par la conservation de tels reproducteurs. On ne sait pas encore l'importance relative de cette cause de dégénérescence. Comme nous l'avons mentionné déjà, l'influence de l'hérédité est difficile à distinguer de celle du milieu. L'idiotie et la folie ont sûrement une origine ancestrale. Quant à la faiblesse mentale observée dans les écoles et les universités, et dans la population en général, elle vient de désordres du développement, et non pas de défauts héréditaires. Quand ces êtres mous, d'intelligence faible, et sans moralité, sont changés radicalement de milieu, placés dans des conditions plus primitives de vie, parfois ils se modifient et reprennent leur virilité. Le caractère atrophique des produits de notre civilisation n'est donc pas incurable. Il est loin d'être toujours l'expression d'une décadence raciale.

Parmi la foule des faibles et des déficients, il y a, cependant, des hommes complètement développés. Quand nous observons attentivement ces hommes, ils nous apparaissent comme supérieurs aux schémas classiques. En effet, l'individu dont toutes les potentialités sont actualisées n'est nullement conforme à l'image que se fait chaque spécialiste du sujet de son étude. Il n'est pas les fragments de conscience qu'essayent de mesurer les psychologistes. Il ne se trouve pas davantage dans les réactions, chimiques, les processus fonctionnels, et les organes que se partagent les spécialistes de la médecine. Il n'est pas non plus l'abstraction dont les éducateurs essayent de guider les manifestations concrètes. Il est presque absent de l'être rudimentaire que se représentent les social workers, les directeurs de prisons, les économistes, les sociologistes et les politiciens. En somme, il ne se montre jamais à un spécialiste, à moins que ce spécialiste ne consente à regarder l'ensemble dont il étudie une partie. Il est beaucoup plus que la somme des données accumulées par toutes les sciences particulières. Nous ne le saisissons pas tout entier. Il renferme de vastes régions inconnues. Ses potentialités sont gigantesques. Comme la plupart des grands phénomènes naturels, il est encore inintelligible pour nous. Quand nous le contemplons dans l'harmonie de ses activités organiques et spirituelles, il éveille en nous une puissante émotion esthétique. C'est cet individu qui est le créateur et le centre de l'Univers.

X

L'homme est à la fois un être humain et un individu. — Le réalisme et le nominalisme sont tous deux nécessaires.

La société moderne ignore l'individu. Elle ne tient compte que des êtres humains. Elle croit à la réalité des Universaux et nous traite comme des abstractions. C'est la confusion des concepts d'individu et d'être humain qui l'a conduite à une de ses erreurs les plus graves, à la standardisation des hommes. Si ceux-ci étaient tous identiques, il serait possible de les élever, de les faire vivre et travailler en grands troupeaux, comme des bestiaux. Mais chacun d'eux a une personnalité. Il ne peut pas être traité comme un symbole. Comme on le sait depuis longtemps, la plupart des grands hommes ont été élevés presque isolément, ou bien ils ont refusé d'entrer dans le moule de l'école. A la vérité, l'école est indispensable pour les études techniques. Elle répond aussi au besoin de l'enfant d'être, dans une certaine mesure, en contact avec ses semblables. Mais l'éducation doit avoir une direction sans cesse attentive. Cette direction ne peut lui être donnée que par les parents. Seuls ces derniers, surtout la mère, ont observé depuis leur apparition les particularités physiologiques et mentales dont l'orientation constitue le but de l'éducation. La société moderne a commis la sérieuse faute de substituer, dès le plus bas âge, l'école à l'enseignement familial. Elle y a été obligée par la trahison des femmes. Celles-ci abandonnent leurs enfants au kindergarten pour s'occuper de leur carrière, de leurs ambitions mondaines, de leurs plaisirs sexuels, de leurs fantaisies littéraires ou artistiques, ou simplement pour jouer au bridge, aller au cinéma, perdre leur temps dans une paresse affairée. Elles ont causé ainsi l'extinction du groupe familial, où l'enfant grandissait en compagnie d'adultes et apprenait beaucoup d'eux. Les jeunes chiens élevés dans des chenils avec des animaux du même âge sont moins développés que ceux qui courent en liberté avec leurs parents. Il en est de même des enfants perdus dans la foule des autres enfants et de ceux qui vivent avec des adultes intelligents. L'enfant modèle facilement ses activités physiologiques, affectives et mentales sur celles de son milieu. Aussi reçoit-il peu des enfants de son âge. Quand il est réduit à n'être qu'une unité dans une école, il se développe mal. Pour progresser, l'individu demande la solitude relative, et l'attention du petit groupe familial.

C'est également grâce à son ignorance de l'individu que la société moderne atrophie les adultes. L'homme ne supporte pas impunément le mode d'existence et le travail uniforme et stupide imposé aux ouvriers d'usine, aux employés de bureau, à ceux qui doivent assurer la production en masse. Dans l'immensité des villes modernes, il est isolé et perdu. Il est une abstraction économique, une tête du troupeau. Il perd sa qualité d'individu. Il n'a ni responsabilité, ni dignité. Au milieu de la foule émergent les riches, les politiciens puissants, les bandits de grande envergure. Les autres ne sont qu'une poussière anonyme. Au contraire, l'individu garde sa personnalité quand il fait partie d'un groupe où il est connu, d'un village, d'une petite ville, où son importance relative est plus grande, dont il peut espérer devenir, à son tour, un citoyen influent. La méconnaissance théorique de l'individualité a amené sa disparition réelle.

Une autre erreur, due à la confusion des concepts d'être humain et d'individu, est l'égalité démocratique. Ce dogme s'effondre aujourd'hui sous les coups de l'expérience des peuples. Il est donc inutile de montrer sa fausseté. Mais on doit s'étonner de son long succès. Comment l'humanité a-t-elle pu y croire si longtemps ? Il ne tient pas compte de la constitution du corps et de la conscience. Il ne convient pas au fait concret qui est l'individu. Certes, les êtres humains sont égaux. Mais les individus ne le sont pas. L'égalité de leurs droits est une illusion. Le faible d'esprit et l'homme de génie ne doivent pas être égaux devant la loi. L'être stupide, inintelligent, incapable d'attention, dispersé, n'a pas droit à une éducation supérieure. Il est absurde de lui donner le même pouvoir électoral qu'à l'individu complètement développé. Les sexes ne sont pas égaux. Il est très dangereux de méconnaître toutes ces inégalités. Le principe démocratique a contribué à l'affaissement de la civilisation en empêchant le développement de l'élite. Il est évident que les inégalités individuelles doivent être respectées. Il y a, dans la société moderne, des fonctions appropriées aux grands, aux petits, aux moyens et aux inférieurs. Mais il ne faut pas chercher à former les individus supérieurs par les mêmes procédés que les médiocres. Aussi la standardisation des êtres humains par l'idéal démocratique a assuré la prédominance des faibles. Ceux-ci sont, dans tous les domaines, préférés aux forts. Ils sont aidés et protégés, souvent admirés. Ce sont également les malades, les criminels, et les fous qui attirent la sympathie du public. C'est le mythe de l'égalité, l'amour du symbole, le dédain du fait concret qui, dans une large mesure, est coupable de l'affaissement de l'individu. Comme il était impossible d'élever les inférieurs, le seul moyen de produire l'égalité parmi les hommes était de les amener tous au plus bas niveau. Ainsi disparut la force de la personnalité.

Non seulement le concept d'individu a été confondu avec celui d'être humain, mais ce dernier a été adultéré par l'introduction d'éléments étrangers, et privé de certains de ses éléments propres. Nous lui avons appliqué les concepts qui appartiennent au monde mécanique. Nous avons ignoré la pensée, la souffrance morale, le sacrifice, la beauté, et la paix. Nous avons traité l'homme comme une substance chimique, une machine, ou un rouage de machine. Nous l'avons amputé de ses activités morales, esthétiques, et religieuses. Nous avons aussi supprimé certains aspects de ses activités physiologiques. Nous ne nous sommes pas demandé comment les tissus et la conscience s'accommoderaient des changements de l'alimentation et du mode de vie. Nous avons totalement négligé le rôle capital des fonctions adaptives et la gravité des conséquences de leur mise au repos. Notre faiblesse actuelle vient, à la fois, de la méconnaissance de l'individualité et de l'ignorance de la constitution de l'être humain.

XI

Signification pratique de la connaissance de nous-mêmes.

L'homme moderne est le résultat de son milieu, des habitudes de vie et de pensée que la société lui a imposées. Nous avons vu comment ces habitudes affectent notre corps et notre conscience. Nous savons à présent qu'il nous est impossible de nous accommoder sans dégénérer au milieu créé autour de nous par la technologie. Ce n'est pas la science qui est responsable de notre état. Seuls, nous sommes coupables. Nous n'avons pas su distinguer le défendu du permis. Nous avons enfreint les lois naturelles. Nous avons ainsi commis le péché suprême, le péché qui est toujours puni. Les dogmes de la religion scientifique et de la morale industrielle sont tombés devant la réalité biologique. La vie donne toujours la même réponse à ceux qui lui demandent ce qui lui est interdit. Elle s'affaiblit. Et les civilisations s'écroulent. Les sciences de la matière inerte nous ont conduits dans un pays qui n'est pas le nôtre. Nous avons accepté aveuglément tout ce qu'elles nous ont offert. L'individu est devenu étroit, spécialisé, immoral, inintelligent, incapable de se diriger lui-même, et de diriger ses institutions. Mais en même temps les sciences biologiques nous ont dévoilé le plus précieux des secrets : les lois du développement de notre corps et de notre conscience. C'est cette connaissance qui nous donne le moyen de nous rénover. Tant que les qualités héréditaires de la race seront intactes, la force et l'audace de leurs ancêtres pourront se réveiller chez les hommes modernes. Sont-ils encore capables de la vouloir ?

CHAPITRE VIII

LA RECONSTRUCTION DE L'HOMME

I

La science de l'homme peut-elle conduire à sa rénovation ?

La science, qui a transformé le monde matériel, nous donne le pouvoir de nous transformer nous-mêmes. Elle nous a révélé le secret des mécanismes de notre vie. Elle nous a montré comment provoquer artificiellement leur activité, comment nous modeler suivant la forme que nous désirons. Grâce à sa connaissance d'elle-même, l'humanité, pour la première fois depuis le début de son histoire, est devenue maîtresse de sa destinée. Mais sera-t-elle capable d'utiliser à son profit la force illimitée de la science ? Pour grandir de nouveau, elle est obligée de se refaire. Et elle ne peut pas se refaire sans douleur. Car elle est à la fois le marbre et le sculpteur. C'est de sa propre substance qu'elle doit, à grands coups de marteau, faire voler les éclats, afin de reprendre son vrai visage. Elle ne se résignera pas à cette opération avant d'y être contrainte par la nécessité. Elle n'en voit pas l'urgence au milieu du confort, de la beauté, et des merveilles mécaniques que lui a apportés la technologie. Elle ne s'aperçoit pas qu'elle dégénère. Pourquoi ferait-elle l'effort de modifier sa façon d'être, de vivre, et de penser ?

Il s'est produit heureusement un événement inattendu des ingénieurs, des économistes, et des politiciens. Le magnifique édifice financier et économique des États-Unis s'est écroulé. Au premier abord, le public n'a pas cru à la réalité d'une telle catastrophe. Il n'a pas été ébranlé dans sa foi. Il a écouté docilement les explications des économistes. La prospérité allait revenir. Mais la prospérité n'est pas revenue. Aujourd'hui, quelques doutes entrent dans les têtes les plus intelligentes du troupeau. Les causes de la crise sont-elles uniquement économiques et financières ? Ne doit-on pas incriminer aussi la corruption et la stupidité des politiciens et des financiers, l'ignorance et les illusions des économistes ? La vie moderne n'a-t-elle pas diminué l'intelligence et la moralité de toute la nation ? Pourquoi devons-nous payer chaque année plusieurs billions de dollars pour combattre les criminels ? Pourquoi, en dépit de ces sommes gigantesques, les gangsters continuent-ils à attaquer victorieusement les banques, à tuer les agents de police, à enlever, rançonner, et assassiner les enfants ? Pourquoi le nombre des faibles d'esprit et des fous est-il si grand ? La crise mondiale ne dépend-elle pas de facteurs individuels et sociaux plus importants que les économiques ? Il y a lieu d'espérer que le spectacle de notre civilisation, à ce début de son déclin, nous obligera à nous demander si la cause du mal ne se trouve pas en nous-mêmes aussi bien que dans nos institutions. La rénovation sera possible seulement quand nous réaliserons son absolue nécessité.

A ce moment, le seul obstacle qui se dressera devant nous sera notre inertie. Et non pas l'incapacité de notre race à s'élever de nouveau. En effet, la crise économique est survenue avant que nos qualités ancestrales aient été complètement détruites par l'oisiveté, la corruption, et la mollesse de l'existence. Nous savons que l'apathie intellectuelle, l'immoralité et la criminalité sont, en général, des caractères non transmissibles héréditairement. La plupart des enfants ont à leur naissance les mêmes potentialités que leurs parents. Pour développer leurs qualités innées, il suffit de le vouloir. Nous avons à notre disposition toute la puissance de la méthode scientifique. Il y a encore, parmi nous, des hommes capables de l'utiliser avec désintéressement. La société moderne n'a pas étouffé tous les foyers de culture intellectuelle, de courage moral, de vertu et d'audace. Le flambeau n'est pas éteint. Le mal n'est donc pas irréparable. Mais la rénovation des individus demande celle des conditions de la vie moderne. Elle est impossible sans une révolution. Il ne suffit donc pas de comprendre la nécessité d'un changement, et de posséder les moyens scientifiques de le réaliser. Il faut aussi que l'écroulement spontané de la civilisation technologique déchaîne dans leur violence les impulsions nécessaires à un tel changement.

Avons-nous encore assez d'énergie et de clairvoyance pour cet effort gigantesque ? Au premier abord, il ne le semble pas. L'homme moderne s'est affaissé dans l'indifférence à tout, excepté à l'argent. Il y a, cependant, une raison d'espérer. Après tout, les races qui ont construit le monde présent ne sont pas éteintes. Dans le plasma germinatif de leurs descendants dégénérés existent encore les potentialités ancestrales. Ces potentialités restent susceptibles de s'actualiser. Certes, les représentants des souches énergiques et nobles sont étouffés par la foule des prolétaires dont l'industrie a, de façon aveugle, provoqué l'accroissement. Ils sont en petit nombre. Mais la faiblesse de leur nombre n'est pas un obstacle à leur succès. Car ils possèdent, à l'état virtuel, une merveilleuse force. Il faut nous souvenir de ce que nous avons accompli depuis la chute de l'Empire romain. Dans le petit territoire des États de l'ouest de l'Europe, au milieu des combats incessants, des famines, et des épidémies, nous sommes parvenus à conserver, pendant tout le moyen âge, les restes de la culture antique. Au cours des longs siècles obscurs, notre sang a ruisselé de toutes parts pour la défense de la chrétienté contre nos ennemis du Nord, de l'Est et du Sud. Grâce à un immense effort, nous avons réussi à échapper au sommeil de l'islamisme. Puis un miracle s'est produit. De l'esprit des hommes formés par la discipline scolastique la science a jailli. Et, chose plus extraordinaire encore, la science a été cultivée par les hommes d'Occident, pour elle-même, pour sa vérité et sa beauté, avec un désintéressement complet. Au lieu de végéter dans l'égoïsme individuel, comme en Orient et surtout en Chine, elle a, en quatre cents ans, transformé notre monde. Nos pères ont accompli une œuvre unique dans l'histoire de l'humanité. Les hommes qui en Europe et en Amérique descendent d'eux, ont, pour la plupart, oublié l'histoire. Il en est de même de ceux qui profitent aujourd'hui de la civilisation matérielle construite par nous. Des blancs qui jadis ne combattirent pas à nos côtés sur les champs de bataille d'Europe, et des jaunes, des bruns et des noirs, dont le flot montant alarme trop Spengler. Ce que nous avons réalisé une première fois, nous sommes capables de l'entreprendre de nouveau. Si notre civilisation s'écroulait, nous en construirions une autre. Mais est-il nécessaire que nous traversions le chaos pour atteindre l'ordre et la paix ? Pouvons-nous nous relever avant d'avoir subi la sanglante épreuve d'un bouleversement total ? Sommes-nous capables de nous reconstruire nous-mêmes, d'éviter les cataclysmes qui sont imminents, et de continuer notre ascension ?

II

Nécessité d'un changement d'orientation intellectuelle. — L'erreur de la renaissance. — La primauté de la matière et celle de l'homme.

Nous ne pouvons pas entreprendre la restauration de nous-mêmes et de notre milieu avant d'avoir transformé nos habitudes de pensée. En effet, la société moderne a souffert dès son origine d'une faute intellectuelle. Faute que nous avons répétée sans cesse depuis la Renaissance. La technologie a construit l'homme, non pas suivant l'esprit de la science, mais suivant des conceptions métaphysiques erronées. Le moment est venu d'abandonner ces doctrines. Nous devons briser les barrières qui ont été élevées entre les propriétés des objets. C'est en une mauvaise interprétation d'une idée géniale de Galilée que consiste l'erreur dont nous souffrons aujourd'hui. Galilée distingua, comme on le sait, les qualités primaires des choses, dimensions et poids, qui sont susceptibles d'être mesurées, de leurs qualités secondaires, forme, couleur, odeur, qui ne sont pas mesurables. Le quantitatif fut séparé du qualitatif. Le quantitatif, exprimé en langage mathématique, nous apporta la science. Le qualitatif fut négligé. L'abstraction des qualités primaires des objets était légitime. Mais l'oubli des qualités secondaires ne l'était pas. Il eut des conséquences graves pour nous. Car, chez l'homme, ce qui ne se mesure pas est plus important que ce qui se mesure. L'existence de la pensée est aussi fondamentale que celle des équilibres physico-chimiques du sérum sanguin. La séparation du qualitatif et du quantitatif fut rendue plus profonde encore quand Descartes créa le dualisme du corps et de l'âme. Dès lors, les manifestations de l'esprit devinrent inexplicables. Le matériel fut définitivement isolé du spirituel. La structure organique et les mécanismes physiologiques prirent une réalité beaucoup plus grande que le plaisir, la douleur, la beauté. Cette erreur engagea notre civilisation sur la route qui conduisit la science à son triomphe, et l'homme à sa déchéance.

Afin de redresser notre direction, nous devons nous transporter par la pensée au milieu des hommes de la Renaissance, nous imprégner de leur esprit, de leur passion pour l'observation empirique, et de leur dédain pour les systèmes philosophiques. Comme eux, nous devons distinguer les qualités primaires et secondaires des choses. Mais il faut nous séparer radicalement d'eux en accordant aux qualités secondaires la même réalité qu'aux primaires. Nous rejetterons aussi le dualisme de Descartes. L'esprit sera réintégré dans la matière. L'âme ne sera plus distincte du corps. Les manifestations mentales seront aussi bien à notre portée que les physiologiques. Certes, le qualitatif est d'une étude plus difficile que le quantitatif. Les faits concrets ne satisfont pas notre esprit, qui aime l'aspect définitif des abstractions. Mais la science ne doit pas être cultivée uniquement pour elle-même, pour l'élégance de ses méthodes, pour sa clarté et sa beauté. Elle a pour but l'avantage matériel et spirituel de l'homme. Nous devons donner autant d'importance aux sentiments qu'à la thermodynamique. Il est indispensable que notre pensée embrasse tous les aspects de la réalité. Au lieu d'abandonner les résidus des abstractions scientifiques, nous utiliserons à la fois résidus et abstractions. Nous n'accepterons pas la supériorité du quantitatif, de la mécanique, de la physique et de la chimie. Nous renoncerons à l'attitude intellectuelle enfantée par la Renaissance et à la définition arbitraire qu'elle nous a donnée du réel. Mais nous garderons toutes les conquêtes que l'humanité a faites grâce à elle. L'esprit et les techniques de la science sont notre bien le plus précieux.

Il sera difficile de nous débarrasser d'une doctrine qui, pendant plus de trois cents ans, a dominé l'intelligence des civilisés. La plupart des savants ont foi en la réalité des Universaux, au droit exclusif du quantitatif à l'existence, à la primauté de la matière, à la séparation de l'esprit et du corps et à la situation subordonnée de l'esprit. Ils ne renieront pas facilement ces croyances. Car un tel changement ébranlerait jusque dans leurs fondations la pédagogie, la médecine, l'hygiène, la psychologie et la sociologie. Le petit jardin, que chacun cultive facilement, se transformerait en une forêt qu'il faudrait défricher. Si la civilisation scientifique quittait la route qu'elle suit depuis la Renaissance et revenait à l'observation naïve du concret, des événements étranges se produiraient aussitôt. La matière perdrait sa primauté. Les activités mentales deviendraient les égales des physiologiques. L'étude des fonctions morales, esthétiques et religieuses apparaîtrait comme aussi indispensable que celle des mathématiques, de la physique et de la chimie. Les méthodes actuelles de l'éducation sembleraient absurdes. Les écoles et les Universités seraient obligées de changer leurs programmes. On demanderait aux hygiénistes pourquoi ils s'occupent exclusivement de la prévention des maladies des organes, et non de celle des maladies mentales. Pourquoi ils isolent les gens atteints de maladies infectieuses, et non ceux qui communiquent aux autres leurs maladies intellectuelles et morales. Pourquoi les habitudes qui causent les affections organiques sont considérées comme dangereuses, et non celles qui amènent la corruption, la criminalité et la folie. Le public refuserait de se laisser soigner par des médecins qui ne connaissent qu'une petite partie du corps. Les pathologistes seraient conduits à étudier les lésions du milieu intérieur aussi bien que celles des organes. Ils auraient à tenir compte de l'influence des états mentaux sur l'évolution des maladies des tissus. Les économistes réaliseraient que les hommes sentent et souffrent, qu'il ne suffit pas de leur donner de la nourriture et du travail, qu'ils ont des besoins spirituels aussi bien que physiologiques. Et également que l'origine des crises économiques et financières peut être morale et intellectuelle. Nous ne serions plus obligés de considérer, comme des bienfaits de la civilisation moderne, les conditions barbares de la vie, des grandes villes, la tyrannie de l'usine et celle du bureau, le sacrifice de la dignité morale à l'intérêt économique, et de l'esprit à l'argent. Nous rejetterions les inventions mécaniques qui sont nuisibles au développement humain. L'économique n'apparaîtrait plus comme la raison dernière de tout. Il est évident que la libération du préjugé matérialiste modifierait la plupart des formes de la vie présente. Aussi la société s'opposera de toutes ses forces à ce progrès de la pensée.

D'autre part, il est important que la faillite du matérialisme n'amène pas une réaction spiritualiste. Puisque la civilisation scientifique et le culte de la matière n'ont pas réussi, la tentation peut devenir grande de choisir le culte opposé, celui de l'esprit. La primauté de la psychologie ne serait pas moins dangereuse que celle de la physiologie, de la physique et de la chimie. Freud est plus nuisible que les mécanistes les plus extrêmes. Il serait aussi désastreux de réduire l'homme à son aspect mental qu'à ses aspects physiologique et physico-chimique. L'étude des propriétés physiques du sérum sanguin, de ses équilibres ioniques, de la perméabilité du protoplasma, de la constitution chimique des antigènes, etc... n'est pas moins indispensable que celle des rêves, des états médiumniques, des effets psychologiques de la prière, de la mémoire des mots, etc. La substitution du spirituel au matériel ne corrigerait pas l'erreur commise par la Renaissance. L'exclusion de la matière serait plus néfaste encore que celle de l'esprit. Le salut ne se trouvera que dans l'abandon de toutes les doctrines. Dans la pleine acceptation des données de l'observation positive. Dans la réalisation du fait que l'homme n'est ni moins, ni plus que ces données.

III

Comment utiliser la connaissance de nous-mêmes. — Comment faire une synthèse. — Est-il possible à un savant d'acquérir une telle masse de connaissances ?

Ces données doivent servir de base à la reconstruction de l'homme. Notre première tâche est de les rendre utilisables. Nous assistons depuis des années aux progrès des eugénistes, des généticistes, des biométristes, des statisticiens, des behavioristes, des physiologistes, des anatomistes, des chimistes organiques, des chimistes biologiques, des physico-chimistes, des psychologistes, des médecins, des endocrinologistes, des hygiénistes, des psychiatristes, des criminologistes, des éducateurs, des pasteurs, des économistes, des sociologistes, etc., etc. Nous savons aussi combien insignifiants sont les résultats pratiques de leurs recherches. Ce gigantesque amas de connaissances est disséminé dans les revues techniques, dans les traités, dans le cerveau des savants. Chacun n'en possède qu'un fragment. Il faut à présent réunir ces parcelles en un tout, et faire vivre ce tout dans l'esprit de quelques individus. Alors, la science de l'homme deviendra féconde.

Cette entreprise est difficile. Comment construire une synthèse ? Autour de quel aspect de l'être humain les autres doivent-ils être groupés ? Quelle est la plus importante de nos activités ? L'économique, la politique, la sociale, la mentale, ou l'organique ? Quelle science doit grandir et absorber les autres ? Sans nul doute, la reconstruction de nous-mêmes et de notre milieu économique et social demande une connaissance précise de notre corps et de notre âme, c'est-à-dire, de la physiologie, de la psychologie et de la pathologie. De toutes les sciences qui s'occupent de l'homme, depuis l'anatomie jusqu'à l'économie politique, la médecine est la plus compréhensive. Cependant, elle est loin de saisir son objet dans toute son étendue. Elle s'est contentée jusqu'à présent d'étudier la structure et les activités de l'individu en état de santé et de maladie, et d'essayer de guérir les malades. Elle a accompli cette tâche avec un modeste succès. Elle a réussi beaucoup mieux, comme on le sait, dans la prévention des maladies. Néanmoins, son rôle dans notre civilisation est resté secondaire. Excepté quand, par l'intermédiaire de l'hygiène, elle a aidé l'industrie à accroître la population. On dirait qu'elle a été paralysée par ses propres doctrines. Rien ne l'empêcherait aujourd'hui de se débarrasser des systèmes auxquels elle s'attarde encore, et de nous aider de façon plus effective. Il y a près de trois cents ans, un philosophe, qui rêvait de lui consacrer sa vie, conçut clairement les hautes fonctions dont elle est capable. « L'esprit, écrivait Descartes dans le Discours de la Méthode, dépend si fort du tempérament et de la disposition des organes du corps, que s'il est possible de trouver quelque moyen qui rende communément les hommes plus sages et plus habiles qu'ils n'ont été jusqu'ici, je crois que c'est dans la médecine qu'on doit le chercher. Il est vrai que celle qui est maintenant en usage contient peu de choses dont l'utilité soit si remarquable ; mais, sans que j'aie aucun dessein de la mépriser, je m'assure qu'il n'y a personne, même de ceux qui en font profession, qui n'avoue que tout ce qu'on y sait n'est presque rien à comparaison de ce qui reste à y savoir, et qu'on se pourrait exempter d'une infinité de maladies, tant du corps que de l'esprit, et même aussi peut-être de l'affaiblissement de la vieillesse si on avait assez de connaissances de leurs causes et de tous les remèdes dont la nature nous a pourvus. »

Grâce à l'anatomie, à la physiologie, à la psychologie et à la pathologie, la médecine possède les bases essentielles de la connaissance de l'homme. Il lui serait facile d'élargir ses vues, d'embrasser, outre le corps et la conscience, leurs relations avec le monde matériel et mental, de s'adjoindre la sociologie, de devenir la science par excellence de l'être humain. Elle grandirait au point non seulement de guérir ou de prévenir les maladies, mais aussi de diriger le développement de toutes nos activités organiques, mentales et sociales. Ainsi comprise, elle nous permettrait de bâtir l'individu suivant les règles de sa propre nature. Elle serait l'inspiratrice de ceux qui auront la tâche de conduire l'humanité à une vraie civilisation. Aujourd'hui, l'éducation, l'hygiène, la religion, la construction des villes, l'organisation politique, sociale, et économique de la société sont confiées à des gens qui connaissent un seul aspect de l'homme. Il paraîtrait insensé de remplacer les ingénieurs des usines de métallurgie ou de produits chimiques par des politiciens, des juristes, des instituteurs, ou des philosophes. C'est, cependant, à de telles personnes qu'on laisse prendre la direction, infiniment plus difficile, de la formation physiologique et mentale des hommes civilisés, et même du gouvernement des grandes nations. La médecine, développée au-delà de la conception de Descartes et devenue la science de l'homme, pourrait fournir à la société moderne des ingénieurs connaissant les mécanismes de l'être humain, et de ses relations avec le monde extérieur.

Cette superscience ne sera utilisable que si elle anime notre intelligence au lieu de rester ensevelie dans des bibliothèques. Mais un cerveau humain peut-il assimiler une quantité aussi énorme de connaissances ? Existe-t-il des hommes capables de bien connaître l'anatomie, la physiologie, la chimie, la psychologie, la pathologie, la médecine, et de posséder, en même temps, des notions approfondies de génétique, de chimie alimentaire, de pédagogie, d'esthétique, de morale, de religion, d'économie politique et sociale ? Il semble qu'on puisse répondre à cette question de manière affirmative. L'acquisition de toutes ces sciences n'est pas impossible à un esprit vigoureux. Elle demanderait environ vingt-cinq années d'études ininterrompues. A l'âge de cinquante ans, ceux qui auront eu le courage de se soumettre à cette discipline seront probablement capables de diriger la construction des êtres humains et d'une civilisation faite réellement pour eux. A la vérité, il sera nécessaire que ces savants renoncent aux habitudes ordinaires de l'existence, peut-être au mariage, à la famille. Ils ne pourront pas non plus jouer au bridge et au golf, aller au cinéma, écouter les programmes des radios, faire des discours dans des banquets, être membres de comités, assister aux séances des sociétés scientifiques, des partis politiques, ou des académies, traverser l'Océan pour prendre part à des Congrès Internationaux. Ils devront vivre comme les moines des grands ordres contemplatifs. Non comme des professeurs d'université, et encore moins comme des hommes d'affaires modernes. Au cours de l'histoire des grandes nations, beaucoup d'individus se sont sacrifiés pour le salut de leur pays. Le sacrifice paraît une condition nécessaire de la vie. Aujourd'hui comme hier, des hommes sont prêts au renoncement suprême. Si les multitudes qui habitent les cités sans défense du bord de l'Océan étaient menacées par des explosifs et des gaz, aucun aviateur militaire n'hésiterait à se jeter, lui, son appareil et ses bombes, sur les envahisseurs. Pourquoi quelques individus ne sacrifieraient-ils pas leur vie pour acquérir la science indispensable à la reconstruction de l'être humain civilisé et de son milieu ? Certes, cette tâche est extrêmement dure. Mais il existe des esprits capables de l'entreprendre. La faiblesse des savants que l'on rencontre parfois dans les universités et les laboratoires vient de la médiocrité de leur but, et de l'étroitesse de leur vie. Les hommes grandissent quand ils sont inspirés par un haut idéal, quand ils contemplent de vastes horizons. Le sacrifice de soi-même n'est pas difficile lorsqu'on est brûlé par la passion d'une grande aventure. Et il n'y a pas d'aventure plus belle et plus dangereuse que la rénovation de l'homme moderne.

IV

Des institutions nécessaires a la science de l'homme.

La rénovation de l'homme demande que son corps et son esprit puissent se développer suivant les lois naturelles. Et non pas suivant les théories des différentes écoles d'éducateurs. Il faut que l'individu soit, dès son enfance, libéré des dogmes de la civilisation industrielle et des principes qui font la base de la société moderne. Pour jouer son rôle constructif, la science de l'homme n'a pas besoin d'institutions coûteuses et nombreuses. En fait, elle pourrait utiliser celles qui existent déjà, pourvu qu'elles soient rajeunies. Le succès d'une telle entreprise sera déterminé dans certains pays par l'attitude du gouvernement, et dans d'autres, par celle du public. En Italie, en Allemagne, ou en Russie, si le dictateur jugeait utile de construire les enfants suivant un certain type, de modifier d'une certaine manière les adultes et leurs modes de vie, les institutions convenables surgiraient immédiatement. Dans les démocraties, le progrès doit venir de l'initiative privée. Quand le public réalisera plus clairement la faillite de nos croyances pédagogiques, médicales, économiques et sociales, il se demandera peut-être comment remédier à cette situation.

Dans le passé, ce sont des individus isolés qui ont provoqué l'essor de la religion, de la science et de l'éducation. Par exemple, le développement de l'hygiène aux États-Unis est dû entièrement à l'inspiration de quelques hommes. C'est Hermann Biggs qui a rendu New-York une des villes les plus saines du monde. C'est un groupe de jeunes hommes inconnus qui, sous la direction de Welch, fondèrent Johns Hopkins Medical School, et déterminèrent les étonnants progrès de la pathologie, de la chirurgie et de l'hygiène aux États-Unis. Quand la bactériologie naquit du cerveau de Pasteur, l'Institut Pasteur fut créé à Paris par une souscription nationale. Le Rockefeller Institute for Medical Research fut fondé à New-York par John D. Rockefeller, parce que la nécessité de découvertes nouvelles dans le domaine de la médecine était devenue évidente à Welch, à Theobald Smith, à Mitchell Prudden, à Simon Flexner, à Christian Herter et à quelques autres savants. Des particuliers établirent, dans beaucoup d'Universités américaines, des laboratoires de recherches destinés à faire progresser la physiologie, l'immunologie, la chimie de la nutrition, etc. Les grandes fondations Carnegie et Rockefeller s'inspirèrent d'idées plus générales. Augmenter l'instruction du public, élever le niveau scientifique des Universités, promouvoir la paix parmi les nations, prévenir les maladies infectieuses, améliorer la santé et le bien-être de tous, grâce aux méthodes scientifiques. C'est toujours la réalisation de l'existence d'un besoin qui détermina ces mouvements. L'État n'intervint pas à leur début. Mais plus tard les institutions privées entraînèrent le progrès des institutions publiques. En France, par exemple, l'enseignement de la bactériologie fut donné d'abord exclusivement à l'Institut Pasteur. Ensuite toutes les Universités de l'État instituèrent des chaires et des laboratoires de bactériologie.

Il en sera probablement de même pour les institutions nécessaires à la restauration de l'homme. Un jour, sans doute, quelque Collège, quelque Université, ou quelque École de médecine, comprendra l'importance du sujet. Il y a eu des velléités d'un effort dans cette direction. L'Université de Yale a créé, comme on le sait, un Institut pour l'étude des relations humaines. D'autre part, la fondation Macy a été établie dans le but d'étudier l'homme sain et malade et d'intégrer les connaissances que nous possédons à son sujet. A Gênes, Nicola Pende a constitué un Institut pour l'amélioration physique, morale et intellectuelle de l'individu. Beaucoup de gens commencent à sentir la nécessité d'une compréhension plus large de l'être humain. Mais ce sentiment n'a pas été encore formulé d'une façon aussi claire qu'en Italie. Les organisations déjà existantes doivent subir certaines modifications afin de devenir utilisables. Il faut, par exemple, qu'elles éliminent le reste du mécanisme étroit du siècle dernier, et qu'elles comprennent la nécessité d'une clarification des concepts employés en biologie, le besoin de la réintégration des parties dans le tout, de la formation de vrais savants en même temps que de travailleurs scientifiques. Il faut aussi que l'application à l'homme des résultats de chaque science, depuis la chimie de la nutrition jusqu'à celle de l'économie politique, soit confiée, non pas à des spécialistes dont dépend le progrès des sciences particulières, mais à des hommes qui les connaissent toutes. Les spécialistes doivent être les instruments d'un esprit synthétique. Ils seront utilisés par lui de la même manière que le professeur de médecine d'une grande Université utilise, dans les laboratoires de sa clinique, les services de pathologistes, de bactériologistes, de physiologistes, de chimistes, de physiciens. Il ne confie ni aux uns, ni aux autres de ces savants, la direction de l'étude et du traitement des malades. Un économiste, un endocrinologiste, un psychanalyste, un chimiste biologique, sont également ignorants de l'homme. On ne peut leur faire confiance que dans les limites de leur propre domaine.

Nous ne devons pas oublier que nos connaissances sont encore rudimentaires, que la plupart des grands problèmes mentionnés au début de ce livre attendent encore leur solution. Cependant, les questions qui intéressent des centaines de millions d'individus et l'avenir de la civilisation ne peuvent pas être laissées sans réponses. Ces réponses doivent s'élaborer dans des instituts de recherches consacrés à la science de l'homme. Jusqu'à présent nos laboratoires biologiques et médicaux ont tourné leurs activités vers la poursuite de la santé, vers la découverte des mécanismes chimiques et physico-chimiques qui sont la base des phénomènes physiologiques. L'Institut Pasteur a suivi avec grand succès la voie ouverte par son fondateur. Sous la direction de Duclaux et sous celle de Roux, il s'est spécialisé dans l'étude des bactéries et des virus, et des moyens de protéger les êtres humains contre leurs attaques, dans la découverte des vaccins, des sérums, des substances chimiques capables de prévenir et de guérir les maladies. L'Institut Rockefeller a entrepris l'exploration d'un champ plus vaste. En même temps que les agents producteurs des maladies et leurs effets sur les animaux et les hommes, on y analyse les activités physiques, chimiques, physico-chimiques et physiologiques manifestées par le corps. Dans les laboratoires de l'avenir ces recherches s'avanceront beaucoup plus loin. L'homme tout entier appartient au domaine de la recherche biologique. Certes, chaque spécialiste doit continuer librement l'exploration de son district propre. Mais il importe qu'aucun aspect important de l'être humain ne soit ignoré. La méthode employée par Simon Flexner dans la direction de l'Institut Rockefeller pourrait être étendue avec profit aux instituts biologiques et médicaux de demain. A l'Institut Rockefeller, la matière vivante est étudiée de façon très compréhensive depuis la structure de ses molécules jusqu'à celle du corps humain. Cependant, dans l'organisation de ces vastes recherches, Flexner n'imposa aucun programme aux membres de son Institut. Il se contenta de choisir des savants qui avaient un goût naturel pour l'exploration de ces différents territoires. On pourrait par un procédé analogue organiser des laboratoires destinés à l'étude de toutes les activités psychologiques et sociales de l'homme, aussi bien que de ses fonctions chimiques et organiques.

Les institutions biologiques de l'avenir, afin d'être fécondes, devront se garder de la confusion des concepts que nous avons signalés comme étant une des causes de la stérilité des recherches médicales. La science suprême, la psychologie, a besoin des méthodes et des concepts de la physiologie, de l'anatomie, de la mécanique, de la chimie, de la chimie physique, de la physique et des mathématiques, c'est-à-dire, de toutes les sciences qui occupent un rang inférieur au sien dans la hiérarchie de nos connaissances. Nous savons que les concepts d'une science d'un rang plus élevé ne peuvent pas être réduits à ceux d'une science d'un rang moins élevé, que les phénomènes macroscopiques ne sont pas moins fondamentaux que les phénomènes microscopiques, que les événements psychologiques sont aussi réels que les physico-chimiques. Néanmoins, les biologistes éprouvent souvent la tentation de revenir aux conceptions mécanistiques du dix-neuvième siècle, qui sont commodes. Nous évitons ainsi d'aborder les sujets vraiment difficiles. Les sciences de la matière inerte sont indispensables à l'étude de l'organisme vivant. Elles sont aussi indispensables au physiologiste que la connaissance de la lecture et de l'écriture à l'historien. Mais ce sont les techniques et non les concepts de ces sciences qui sont applicables à l'homme. L'objectif des biologistes est l'organisme vivant, et non des modèles, ou des systèmes artificiellement isolés. La physiologie générale, comme la comprenait Bayliss, est une petite partie de la physiologie. Les phénomènes organiques et mentaux ne peuvent pas être négligés.

Nous savons que la solution des problèmes humains est lente, qu'elle demande la vie de plusieurs générations de savants. Et qu'il y a besoin d'une institution capable de diriger de façon ininterrompue les recherches d'où dépend l'avenir de notre civilisation. Nous devons donc chercher le moyen de donner à l'humanité une sorte d'âme, de cerveau immortel, qui intégrerait ses efforts et donnerait un but à sa marche errante. La création d'une telle institution constituerait un événement de grande importance sociale. Ce foyer de pensée serait composé, comme la Cour Suprême des États-Unis, d'un très petit nombre d'hommes. Il se perpétuerait lui-même indéfiniment, et ses idées resteraient toujours jeunes. Les chefs démocratiques, aussi bien que les dictateurs, pourraient puiser à cette source de vérité scientifique les informations dont ils ont besoin pour développer une civilisation réellement humaine.

Les membres de ce haut conseil seraient libres de toute recherche, de tout enseignement. Ils ne feraient pas de discours. Ils ne publieraient pas de livres. Ils se contenteraient de contempler les phénomènes économiques, sociaux, psychologiques, physiologiques et pathologiques, manifestés par les nations civilisées et les individus qui les constituent. Ils suivraient attentivement la marche de la science, l'influence de ses applications sur nos habitudes de vie. Ils essayeraient de découvrir comment mouler la civilisation moderne sur l'homme sans étouffer ses qualités essentielles. Leur méditation silencieuse protégerait les habitants de la Cité nouvelle contre les inventions mécaniques qui sont dangereuses pour leurs tissus ou pour leur esprit, contre les adultérations de la pensée aussi bien que des aliments, contre les fantaisies des spécialistes de l'éducation, de la nutrition, de la morale, de la sociologie, contre tous les progrès inspirés, non par les besoins du public, mais par l'intérêt personnel ou les illusions de leurs inventeurs. Elle empêcherait la détérioration organique et mentale de la nation. A ces savants il faudrait donner une position aussi élevée, aussi libre des intrigues politiques et de la publicité que celle des membres de la Cour Suprême. A la vérité, leur importance serait beaucoup plus grande encore que celle des juristes chargés de veiller sur la Constitution. Car ils auraient la garde du corps et de l'âme d'une grande race dans sa lutte tragique contre les sciences aveugles de la matière.

V

La restauration de l'homme suivant les règles de sa nature. — Nécessité d'agir à la fois sur l'individu et son milieu.

Il s'agit de tirer l'individu de l'état de diminution intellectuelle, morale et physiologique amené par les conditions modernes de la vie. De développer en lui toutes ses activités virtuelles. De lui donner la santé. De lui rendre, d'une part, son unité, et d'autre part, sa personnalité. De le faire grandir autant que le permettent les qualités héréditaires de ses tissus et de sa conscience. De briser les moules dans lesquels l'éducation et la société ont réussi à l'enfermer. De rejeter tous les systèmes. Pour arriver à ce résultat, nous devons intervenir dans les processus organiques et mentaux qui constituent l'individu. Celui-ci est lié étroitement à son milieu. Il n'a pas d'existence indépendante. Nous ne le rénoverons que dans la mesure où nous transformerons le monde qui l'environne.

Il faut donc refaire notre cadre matériel et mental.

Mais les formes de la société sont rigides. Nous ne pouvons pas, dès à présent, les changer. Cependant, la restauration de l'homme doit être commencée immédiatement, dans les conditions actuelles de la vie. Chacun de nous peut modifier son mode d'existence, créer son propre milieu dans la foule non pensante, s'imposer une certaine discipline physiologique et mentale, certains travaux, certaines habitudes, se rendre maître de lui-même. S'il est isolé, il lui est presque impossible de résister à son entourage matériel, mental et économique. Pour combattre victorieusement cet entourage, il doit s'associer avec d'autres individus ayant le même idéal. Les révolutions sont engendrées souvent par de petits groupes où fermentent et grossissent les tendances nouvelles. Ce sont de tels groupes qui, pendant le dix-huitième siècle, ont préparé en France la chute de la monarchie. La Révolution française a été faite par les encyclopédistes plus que par les jacobins. Aujourd'hui, les principes de la civilisation industrielle doivent être combattus par nous avec le même acharnement que l'ancien régime par les encyclopédistes. Mais la lutte sera plus dure car les modes d'existence apportés par la technologie sont aussi agréables que l'alcool, l'opium eu la cocaïne. Les individus qui sont animés par l'esprit de révolte seront obligés de s'associer, de s'organiser, de ne soutenir mutuellement. Mais comment protéger les enfants contre les mœurs de la Cité nouvelle ? Ceux-ci suivent nécessairement l'exemple de leurs camarades, et acceptent les superstitions courantes d'ordre médical, pédagogique et social, même quand ils en ont été libérés par des parents intelligents. Dans les écoles, tous sont obligés de se conformer aux habitudes du troupeau. La rénovation de l'individu demande donc son affiliation à un groupe assez nombreux pour s'isoler de la foule, pour s'imposer des règles nécessaires, et posséder ses propres écoles. Quand de tels groupes et de telles écoles existeront, peut-être quelques universités abandonneront-elles les formes orthodoxes de l'éducation et se décideront-elles à préparer les jeunes gens à la vie de demain par des disciplines conformes à leur vraie nature.

Un groupe, quoique petit, est susceptible d'échapper à l'influence néfaste de la société de son époque par l'établissement, parmi ses membres, d'une règle semblable à la discipline militaire ou monastique. Ce moyen n'est pas nouveau. L'humanité a déjà traversé des périodes où des communautés d'hommes ou de femmes, afin d'atteindre un certain idéal, durent s'imposer des règles de conduite très différentes des habitudes communes. Notre civilisation se développa, pendant le moyen âge, grâce à des groupements de ce genre. Tels, par exemple, les ordres monastiques, les ordres de chevalerie et les corporations d'artisans. Parmi les ordres religieux, les uns s'isolèrent dans des monastères, les autres restèrent dans le monde. Mais tous se soumirent à une stricte discipline physiologique et mentale. Les chevaliers avaient des règles qui variaient suivant les différents ordres. Ces règles leur imposaient, dans certaines circonstances, le sacrifice de leur vie. Quant aux artisans, leurs rapports entre eux et avec le public étaient déterminés par une minutieuse législation. Les membres de chaque corporation avaient leurs coutumes, leurs cérémonies et leurs fêtes religieuses. En somme, ces hommes abandonnaient plus ou moins les formes ordinaires de l'existence. Ne sommes-nous pas capables de répéter, sous une forme différente, ce qu'ont fait les moines, les chevaliers et les artisans du moyen âge ? Deux conditions essentielles du progrès de l'individu sont l'isolement et la discipline. Aujourd'hui, tout individu peut, même dans le tumulte des grandes villes, se soumettre à ces conditions. Il est libre de choisir ses amis, de ne pas aller au théâtre, au cinéma, de ne pas écouter les programmes radiophoniques, de ne pas lire certains journaux et certains livres, de ne pas envoyer ses enfants à certaines écoles, etc. Mais c'est surtout par une règle intellectuelle, morale et religieuse, et le refus d'adopter les mœurs de la foule que nous sommes capables de nous reconstruire. Des groupes suffisamment nombreux seraient susceptibles de se donner une vie plus personnelle encore. Les Doukhobors du Canada nous ont montré quelle indépendance peuvent garder, même à notre époque, ceux dont la volonté est assez forte.

Il n'y aurait pas besoin d'un groupe dissident très nombreux pour changer profondément la société moderne. C'est une donnée ancienne de l'observation que la discipline donne aux hommes une grande force. Une minorité ascétique et mystique acquerrait rapidement un pouvoir irrésistible sur la majorité jouisseuse et aveulie. Elle serait capable, par la persuasion ou peut-être par la force, de lui imposer d'autres formes de vie. Aucun des dogmes de la société moderne n'est inébranlable. Ni les usines gigantesques, ni les offices buildings qui montent jusqu'au ciel, ni les grandes villes meurtrières, ni la morale industrielle, ni la mystique de la production ne sont nécessaires à notre progrès. D'autres modes d'existence et de civilisation sont possibles. La culture sans le confort, la beauté sans le luxe, la machine sans la servitude de l'usine, la science sans le culte de la matière permettraient aux hommes de se développer indéfiniment, en gardant leur intelligence, leur sens moral et leur virilité.

VI

Le choix des individus. — Les classes biologiques et sociales.

Il est nécessaire de faire un choix parmi la foule des hommes civilisés. Nous savons que la sélection naturelle n'a pas joué son rôle depuis longtemps. Que beaucoup d'individus inférieurs ont été conservés grâce aux efforts de l'hygiène et de la médecine. Que leur multiplication a été nuisible à la race. Mais nous ne pouvons pas prévenir la reproduction des faibles qui ne sont ni fous ni criminels. Ni supprimer les enfants de mauvaise qualité comme on détruit, dans une portée de petits chiens, ceux qui présentent des défauts. Il y a un seul moyen d'empêcher la prédominance désastreuse des faibles. C'est de développer les forts. L'inutilité de nos efforts pour améliorer les individus de mauvaise qualité est devenue évidente. Il vaut beaucoup mieux faire grandir ceux qui sont de bonne qualité. C'est en fortifiant les forts que l'on apportera une aide effective aux inférieurs. La foule profite toujours des idées des inventions de l'élite, et des institutions créées par elle. Au lieu de niveler, comme nous le faisons aujourd'hui, les inégalités organiques et mentales, nous les exagérerons et nous construirons de plus grands hommes. Il faut abandonner l'idée dangereuse de restreindre les forts, d'élever les faibles, et de faire ainsi pulluler les médiocres.

Nous devons chercher, parmi les enfants, ceux qui possèdent de hautes potentialités, et les développer aussi complètement que possible. Et donner ainsi à la nation une aristocratie non héréditaire. De tels enfants se rencontrent dans toutes les classes de la société, quoique les hommes distingués apparaissent plus fréquemment dans les familles intelligentes que dans les autres. Les descendants des hommes qui ont fondé la civilisation américaine ont conservé souvent les qualités ancestrales. Ces qualités se cachent généralement sous l'aspect de la dégénérescence. Cette dégénérescence vient de l'éducation, de l'oisiveté, du manque de responsabilité et de discipline morale. Les fils des hommes très riches, comme ceux des criminels, devraient être soustraits, dès leur bas âge, au milieu qui les corrompt. Séparés ainsi de leur famille, ils seraient susceptibles de manifester leur force héréditaire. Il existe sans doute dans les familles aristocratiques d'Europe des individus de grande vitalité. En France, en Angleterre, en Allemagne, les descendants des Croisés et des barons féodaux sont encore en grand nombre. Les lois de la génétique nous indiquent la possibilité de l'apparition parmi eux d'êtres aventureux et intrépides. Il est probable aussi que la lignée des criminels qui ont eu de l'imagination, de l'audace et du jugement, celle des héros de la Révolution française ou de la Révolution russe, et celle des magnats de la finance et de l'industrie seraient utilisables dans la construction d'une élite entreprenante. La criminalité, comme on le sait, n'est pas héréditaire, si elle n'est pas unie à la faiblesse d'esprit ou à d'autres défauts mentaux ou cérébraux. On trouve bien rarement de hautes potentialités chez les fils des gens honnêtes, intelligents, sérieux, qui n'ont pas eu de chance dans leur carrière, ont fait de mauvaises affaires, ou ont végété toute leur vie dans des situations inférieures. Ces potentialités sont absentes généralement dans les familles de paysans habitant depuis des siècles la même ferme. Cependant de tels milieux jaillissent parfois des artistes, des poètes, des aventuriers, des saints. Une famille de New-York, dont les membres sont connus pour leurs brillantes qualités, vient de paysans qui cultivèrent le même morceau de terre dans le sud de la France depuis l'époque de Charlemagne jusqu'à celle de Napoléon.

La force et le talent peuvent apparaître brusquement dans des familles où ils ne se sont jamais montrés. Des mutations se produisent chez l'homme comme chez les autres animaux et chez les plantes. On rencontre, même chez les prolétaires, des sujets capables d'un haut développement. Mais ce phénomène est peu fréquent. En effet, la répartition de la population d'un pays en différentes classes n'est pas l'effet du hasard, ni de conventions sociales. Elle a une base biologique profonde. Car elle dépend des propriétés physiologiques et mentales des individus. Dans les pays libres, tels que les États-Unis et la France, chacun a eu, dans le passé, la liberté de s'élever à la place qu'il était capable de conquérir. Ceux qui sont aujourd'hui des prolétaires doivent leur situation à des défauts héréditaires de leur corps et de leur esprit. De même, les paysans sont restés volontairement attachés au sol depuis le moyen âge, parce qu'ils possèdent le courage, le jugement, la résistance, le manque d'imagination et d'audace qui les rendent aptes à ce genre de vie. Les ancêtres de ces cultivateurs inconnus, amoureux passionnés du sol, soldats anonymes, armature inébranlable des nations d'Europe étaient, malgré leurs grandes qualités, d'une constitution organique et mentale plus faible que les seigneurs médiévaux qui conquirent la terre et la défendirent contre tous les envahisseurs. Les premiers étaient nés serfs. Les seconds, rois. Aujourd'hui, il est indispensable que les classes sociales soient de plus en plus des classes biologiques. Les individus doivent monter ou descendre au niveau auquel les destine la qualité de leurs tissus et de leur âme. Il faut faciliter l'ascension de ceux qui ont les meilleurs organes et le meilleur esprit. Il faut que chacun occupe sa place naturelle. Les peuples modernes peuvent se sauver par le développement des forts. Non par la protection des faibles.

VII

La construction de l'élite. — L'eugénisme volontaire. — Une aristocratie héréditaire.

Pour la perpétuation d'une élite, l'eugénisme est indispensable. Il est évident qu'une race doit reproduire ses meilleurs éléments. Cependant, dans les nations les plus civilisées, la reproduction diminue et donne des individus inférieurs. Les femmes se détériorent volontairement grâce à l'alcool et au tabac. Elles se soumettent à un régime alimentaire dangereux afin de réaliser un allongement conventionnel de leurs lignes. En outre, elles refusent d'avoir des enfants. Leur carence est due à leur éducation, au féminisme, à un égoïsme mal compris. Elle est due aussi aux conditions économiques, à l'instabilité du mariage, à leur déséquilibre nerveux, et au fardeau que la faiblesse et la corruption précoce des enfants imposent aux parents. Les femmes, venant des plus anciennes familles, qui seraient les plus aptes à avoir des enfants de bonne qualité et à les élever de façon intelligente, sont presque stériles. Ce sont les nouvelles venues, les paysannes et les prolétaires des pays les plus primitifs de l'Europe, qui engendrent des familles nombreuses. Mais leurs rejetons n'ont pas la valeur de deux des premiers colons de l'Amérique du Nord. On ne peut pas espérer une augmentation du taux de la natalité parmi les éléments les plus nobles des nations avant qu'une révolution profonde se soit faite dans les habitudes de la vie et de la pensée, et qu'un nouvel idéal s'élève au-dessus de l'horizon.

L'eugénisme peut exercer une grande influence sur la destinée des races civilisées. A la vérité, on ne réglera jamais la reproduction des humains comme celle des animaux. Cependant, il deviendra possible d'empêcher la propagation des fous et des faibles d'esprit. Peut-être aussi faudrait-il imposer aux candidats au mariage un examen médical, comme on le fait pour les jeunes soldats et les employés des hôtels, des hôpitaux et des grands magasins. Mais les examens médicaux ne donnent que l'illusion de la sécurité. Nous avons appris leur valeur en lisant les rapports contradictoires des experts devant les tribunaux. Il semble donc que l'eugénisme, pour être utile, doive être volontaire. Par une éducation appropriée, on pourrait faire comprendre aux jeunes gens à quels malheurs ils s'exposent en se mariant dans des familles où existent la syphilis, le cancer, la tuberculose, le nervosisme, la folie, ou la faiblesse d'esprit. De telles familles devraient être considérées par eux comme au moins aussi indésirables que les familles pauvres. En réalité, elles sont plus dangereuses que celles des voleurs et des assassins. Aucun criminel ne cause de malheurs aussi grands que l'introduction dans une race de la tendance à la folie.

L'eugénisme volontaire n'est pas irréalisable. Sans doute, l'amour souffle aussi librement que le vent. Mais la croyance en cette particularité de l'amour est ébranlée par le fait que certains jeunes hommes ne tombent amoureux que de jeunes filles riches, et vice versa. Si l'amour est capable d'écouter l'argent, il se soumettra peut-être à des considérations aussi pratiques que celles de la santé. Personne ne devrait épouser un individu porteur de tares héréditaires. Des tissus et un esprit sains sont indispensables à la vie normale. Presque tous les malheurs de l'homme sont dus à sa constitution organique et mentale, et dans une large mesure, à son hérédité. A la vérité, ceux qui portent un trop lourd fardeau ancestral de folie, de faiblesse d'esprit, ou de cancer, ne doivent pas se marier. Aucun être humain n'a le droit d'apporter à un autre être humain une vie de misère. Et encore moins de procréer des enfants destinés au malheur. En fait, l'eugénisme demande le sacrifice de beaucoup d'individus. Cette nécessité, que nous rencontrons pour la seconde fois, semble être l'expression d'une loi naturelle. Beaucoup d'êtres vivants sont sacrifiés à chaque instant par la nature à d'autres êtres vivants. Nous connaissons l'importance sociale et individuelle du renoncement. Les grandes nations ont toujours honoré, au-dessus de tous les autres, ceux qui ont donné leur vie à leur patrie. Le concept de sacrifice, de sa nécessité sociale absolue, doit être introduit dans l'esprit de l'homme moderne.

Quoique l'eugénisme soit capable d'empêcher l'affaiblissement de l'élite, il est insuffisant à déterminer son progrès illimité. Dans les races les plus pures les individus ne s'élèvent pas au-dessus d'un certain niveau. Cependant, chez les hommes comme chez les chevaux de course, des êtres exceptionnels apparaissent de temps en temps. Nous ignorons tout de la genèse du génie. Nous ne savons pas comment déterminer dans le plasma germinatif une évolution progressive, comment provoquer, par des mutations appropriées, l'apparition d'êtres supérieurs. Nous devons nous contenter de favoriser l'union des meilleurs éléments de la race par le moyen indirect de l'éducation, par certains avantages économiques. Le progrès des forts dépend des conditions de leur développement, et de la possibilité accordée aux parents de transmettre à leurs rejetons les qualités qu'ils ont acquises pendant le cours de leur existence. La société moderne doit permettre à tous, mais surtout à l'élite, d'avoir une vie stable, de former un petit monde familial, de posséder une maison, un jardin, des amis. Il faut que les enfants soient élevés par leurs parents au contact de ces choses qui représentent leur esprit. Le groupe social doit être assez petit, et la famille assez durable et assez compacte pour que la personnalité des parents s'y fasse sentir. Il est impératif d'arrêter immédiatement la transformation du fermier, de l'artisan, de l'artiste, du professeur, et du savant, en prolétaires manuels ou intellectuels, ne possédant rien que leurs bras ou leur cerveau. Ce prolétariat sera la honte éternelle de la civilisation scientifique. Il détermine la suppression de la famille comme unité sociale. Il éteint l'intelligence et le sens moral. Il détruit les restes de la culture et de la beauté. Il abaisse l'être humain. Une certaine sécurité est indispensable pour le développement optimum de l'individu et de la famille. Il faut évidemment que le mariage cesse d'être une union temporaire. Que l'union de l'homme et de la femme, comme celle des anthropoïdes supérieurs, dure au moins jusqu'au moment où les jeunes n'ont plus besoin de protection. Que les lois concernant l'éducation et spécialement celle des filles, le mariage et le divorce aient en vue l'intérêt de la prochaine génération. C'est pour devenir capables de faire de leurs propres enfants des êtres humains de qualité supérieure, et non d'être doctoresse, avocate ou professeur, que les femmes doivent recevoir une haute éducation.

L'eugénisme volontaire conduirait non seulement à la production d'individus plus forts, mais aussi de familles où la résistance, l'intelligence, et le courage seraient héréditaires. Ces familles constitueraient une aristocratie, d'où sortiraient probablement des hommes d'élite. La société moderne doit améliorer, par tous les moyens possibles, la race humaine. Il n'existe pas d'avantages financiers et sociaux assez grands, d'honneurs assez hauts, pour récompenser convenablement ceux qui, grâce à la sagesse de leur mariage, engendreraient des génies. La complexité de notre civilisation est immense. Personne ne connaît ses mécanismes. Cependant, ces mécanismes doivent être connus, et dirigés. Pour accomplir cette tâche, nous avons besoin de construire des individus de plus gros calibre intellectuel et moral. L'établissement par l'eugénisme d'une aristocratie biologique héréditaire serait une étape importante vers la solution des grands problèmes de l'heure présente.

VIII

Les agents physiques et chimiques de la formation de l'individu.

Bien que notre connaissance de l'homme soit encore très incomplète, elle nous donne le pouvoir d'intervenir dans la formation de son corps et de son âme, de l'aider à développer toutes ses potentialités. De le modeler suivant nos désirs, pourvu que ces désirs ne s'écartent pas des lois naturelles. Nous avons à notre disposition trois méthodes différentes. La première consiste à faire pénétrer dans l'organisme des substances chimiques susceptibles de modifier la constitution des tissus, des humeurs et des glandes, et les activités mentales. La seconde, à mettre en branle par des modifications appropriées du milieu extérieur, les mécanismes de l'adaptation, régulateurs de toutes les activités du corps et de la conscience. La troisième, à provoquer des états mentaux qui favorisent le développement organique, ou déterminent l'individu à se construire lui-même. Ces méthodes utilisent des outils de nature physique, chimique, physiologique, et psychologique. Le maniement de ces outils est difficile et incertain. Nous ne connaissons encore que de façon imparfaite leur usage. Leurs effets ne se limitent pas à une seule partie de l'organisme. Ils s'étendent à tous les systèmes. Ils agissent avec lenteur, même pendant l'enfance et la jeunesse. Mais ils marquent toujours l'individu d'une empreinte définitive.

Les facteurs chimiques et physiques du milieu extérieur, comme on le sait, sont capables de modifier profondément les tissus et l'esprit. Pour faire des hommes résistants et hardis, il faut utiliser les longs hivers des montagnes, les pays aux saisons alternativement brûlantes et glacées, ceux où il y a des brouillards froids et peu de lumière, qui sont battus par les ouragans, ceux dont la terre est pauvre et couverte de rochers. C'est dans de telles régions qu'on pourrait placer les écoles destinées à la formation d'une élite dure et ardente. Et non pas dans les pays du sud, où le soleil brille toujours, et où la température est chaude et égale. La Riviéra et la Floride ne conviennent qu'aux dégénérés, aux malades, aux vieillards, et aux individus normaux qui ont besoin, pendant une courte période, de se reposer. L'énergie morale, l'équilibre nerveux, la résistance organique augmentent chez les gens exposés à des alternatives de chaud et de froid, de sécheresse et d'humidité, de soleil violent, de pluie et de neige, de vent et de brouillard, en un mot, aux intempéries ordinaires des régions septentrionales. La brutalité du climat de l'Amérique du Nord, où sous le soleil de l'Espagne il y a des hivers scandinaves, était probablement une des causes de la force légendaire et de l'intrépidité du Yankee d'autrefois. Ces facteurs ont presque entièrement perdu leur efficacité, depuis que les hommes se protègent contre la dureté du climat par le confort de leurs maisons et la sédentarité de leur vie.

Nous connaissons mal encore l'effet des substances chimiques contenues dans les aliments sur les activités physiologiques et mentales. L'opinion des médecins à ce sujet n'a qu'une faible valeur, car ils n'ont jamais fait d'expériences assez prolongées sur des êtres humains pour connaître l'influence d'une alimentation déterminée. Mais nous savons que, dans le passé, les hommes de notre race qui dominaient leur groupe par leur intelligence, leur brutalité et leur courage se nourrissaient surtout de viande, de farines grossières, et d'alcool. Des expériences nouvelles sont indispensables pour préciser l'influence de ces facteurs. Il semble que par le mode de nourriture, par sa quantité et par sa qualité, on puisse atteindre l'esprit aussi bien que le corps. Il est probable qu'à ceux dont la destinée est de créer, d'entreprendre et de commander, la nourriture des travailleurs manuels ne convient pas. Ni celle des moines contemplatifs qui, vivant dans la paix des monastères, cherchent à étouffer en eux les passions du siècle. Nous devons découvrir quelle alimentation il faut donner aux hommes modernes qui végètent dans les bureaux et les usines. Peut-être sera-t-il indispensable de diminuer leur sédentarité, afin qu'ils ne prennent pas les défauts des animaux domestiques. Certes, nous ne pouvons pas les nourrir comme nos ancêtres dont la vie était une lutte perpétuelle contre les choses, les animaux, et leurs semblables. Mais ce n'est pas à l'aide de vitamines et de fruits qu'on les améliorera. Ces substances se sont toujours trouvées en abondance dans le lait, le beurre, les céréales, et les légumes. Cependant, les populations, se nourrissant de tels aliments, n'ont pas manifesté jusqu'à présent des qualités exceptionnelles. Il en est de même des animaux élevés dans les laboratoires avec une alimentation théoriquement excellente. Nous avons besoin de substances qui, sans augmenter le volume du squelette et son poids, produiraient la souplesse et la force des muscles, la résistance nerveuse, l'agilité de l'esprit. Un jour, peut-être, quelque savant trouvera-t-il le moyen de produire des grands hommes à l'aide d'enfants ordinaires, comme les abeilles transforment une larve commune en reine à l'aide des aliments qu'elles savent lui préparer. Mais il est probable qu'aucun facteur physique ou chimique, à lui seul, ne fera progresser beaucoup l'individu. C'est un ensemble de conditions variées qui détermine la supériorité des formes organiques et mentales.

IX

Les agents physiologiques.

L'activité d'adaptation de tous les systèmes physiologiques a une puissante influence sur le développement de l'individu. Nous savons que le fonctionnement, au lieu d'user les structures anatomiques, les rend plus résistantes. Aussi, la stimulation des activités organiques et mentales est-elle le moyen le plus sûr d'améliorer la qualité des tissus et de l'esprit.

On arrive facilement à ce résultat en faisant jouer les mécanismes qui enchaînent les organes en des réactions ordonnées par rapport à une fin. Il est bien connu, par exemple, que chaque groupe musculaire est développable par des exercices appropriés. Si on veut fortifier, non seulement les muscles, mais aussi les appareils chargés de la nutrition de ces muscles, et ceux qui permettent l'effort prolongé de tout la corps, des exercices plus variés que les sports classiques sont nécessaires. Ces exercices sont ceux que demandaient les besoins quotidiens de la vie primitive. L'athlétisme spécialisé, que l'on enseigne dans les Universités, ne fait pas des hommes vraiment résistants. La mise en activité des systèmes comprenant à la fois les muscles, les vaisseaux, le cœur, les poumons, le cerveau et la moelle, en un mot, de l'organisme tout entier, est indispensable. La course en terrain accidenté, l'ascension des montagnes, la lutte, la natation, les travaux des bois et des champs en même temps que l'exposition aux intempéries, et une certaine dureté de vie, produisent l'harmonie des muscles, du squelette, des organes et de la conscience.

On peut de cette façon exercer les grands appareils qui permettent au corps de faire face aux changements du monde extérieur. L'acte naturel de grimper sur les arbres ou les rochers fait fonctionner tous les systèmes régulateurs de la composition du plasma sanguin, de la circulation et de la respiration. Le séjour à une haute altitude détermine l'activité des organes chargés de la fabrication des globules rouges de l'hémoglobine. La course prolongée déclenche des phénomènes grâce auxquels s'élimine l'énorme quantité d'acide produite par les muscles et déversée dans le sang. La soif vide les tissus de leur eau. Le jeûne mobilise les protéines et les matières grasses des organes. Par le passage de la chaleur au froid, et du froid à la chaleur, on fait agir les mécanismes si étendus qui règlent la température de l'organisme. Il y a beaucoup d'autres façons de stimuler les processus de l'adaptation. Leur mise en jeu perfectionne le corps entier. Elle rend tous ses appareils intégrateurs plus forts, plus souples, plus prêts à remplir leurs fonctions.

L'harmonie des fonctions organiques et psychologiques est une des qualités les plus importantes que possède l'individu. Elle est obtenue par des moyens qui varient suivant les caractères spécifiques de chacun de nous. Mais elle demande toujours un effort mental. C'est par son intelligence et la maîtrise de soi-même que l'on conserve l'équilibre de ses fonctions. Tout homme a une tendance naturelle à chercher la satisfaction de ses appétits physiologiques, et de besoins artificiels, tels que celui de l'alcool, de la vitesse, du changement incessant. Mais il dégénère quand il satisfait complètement cette tendance. Il doit donc s'habituer à dominer sa faim, son besoin de sommeil, ses impulsions sexuelles, sa paresse, son goût des exercices musculaires, de l'alcool, etc. Trop de sommeil et de nourriture sont plus dangereux que trop peu. C'est d'abord par le dressage et ensuite par l'addition progressive du raisonnement aux habitudes du dressage qu'on forme des individus aux activités équilibrées et puissantes.

La valeur de chacun dépend de sa capacité de faire face, sans effort et rapidement, à des situations différentes. C'est par la construction de nombreux réflexes, de réactions instinctives très variées, qu'on atteint ce résultat. Les réflexes sont d'autant plus aisés à établir que l'individu est plus jeune. L'enfant est capable d'accumuler en lui de vastes trésors de réflexes utiles. On le dresse facilement, plus facilement que le plus intelligent des chiens de berger. On peut l'entraîner à courir sans se fatiguer, à tomber comme un chat, à grimper, à nager, à se tenir et à marcher de façon harmonieuse, à observer exactement ce qui se passe autour de lui, à se réveiller vite et complètement, à parler plusieurs langues, à obéir, à attaquer, à se défendre, à se servir adroitement de ses mains pour une grande variété de travaux, etc. Les habitudes morales se créent de façon identique. Les chiens eux-mêmes apprennent à ne pas voler. L'honnêteté, la franchise, le courage doivent être développés par les procédés employés dans la construction des réflexes, c'est-à-dire, sans raisonnement, sans discussion, sans explication. En un mot, l'enfant doit être conditionné.

Le conditionnement, suivant la terminologie de Pavlov, n'est autre que l'établissement de réflexes associés. Il reproduit sous une forme scientifique et moderne les procédés employés depuis toujours par les dresseurs d'animaux. Dans la formation de ces réflexes, on établit une relation immédiate entre une chose désagréable et une chose désirée par le sujet. Un son de cloche, un coup de fusil, même un coup de fouet deviennent pour un chien synonyme d'un aliment qu'il aime. Il en est de même pour l'homme. On ne souffre pas de la privation de nourriture et de sommeil que demande une expédition dans un pays inconnu. La souffrance physique se supporte aisément si elle accompagne le succès d'un long effort. La mort elle-même devient souriante quand elle s'associe à une grande aventure, à la beauté du sacrifice, ou à l'illumination de l'âme qui s'abîme dans le sein de Dieu.

X

Les agents psychologiques.

Les facteurs psychologiques ont, comme on le sait, une profonde influence sur le développement de l'individu. Ils contribuent dans une large mesure à donner au corps et à l'esprit leur forme définitive. Nous avons mentionné comment la construction de réflexes convenables prépare l'enfant à s'adapter facilement à certaines situations. L'individu, qui a acquis des réflexes nombreux, réagit avec succès à des situations prévues. Par exemple, s'il est attaqué, il peut instantanément faire feu. Mais ces réflexes ne lui permettent pas de répondre aux situations imprévues et imprévisibles. L'aptitude à s'adapter victorieusement à toutes les circonstances dépend de certaines qualités du système nerveux, des organes et de l'esprit. Ces qualités se développent sous l'influence de certains facteurs psychologiques. Nous savons, par exemple, que la discipline intellectuelle et morale produit un meilleur équilibre du système sympathique, une meilleure intégration des activités organiques et mentales. Ces facteurs se divisent en deux classes : ceux qui sont intérieurs, et ceux qui sont extérieurs. A la première classe appartiennent tous les réflexes et états de conscience imposés au sujet par les autres individus et son milieu social. La sécurité ou le manque de sécurité, la pauvreté ou la richesse, l'effort, la lutte, l'oisiveté, la responsabilité créent des conditions mentales qui modèlent les individus de façon presque spécifique. La seconde classe comprend les états internes dépendant du sujet lui-même, tels que l'attention, la méditation, la volonté de pouvoir, l'ascèse, etc.

L'emploi des agents psychologiques dans la construction de l'homme est délicat. Nous pouvons, cependant, diriger facilement la formation intellectuelle de l'enfant. Des professeurs, des livres appropriés, introduisent dans son monde intérieur les idées destinées à influencer l'évolution de ses tissus et de son esprit. Nous avons mentionné déjà que la croissance des autres activités psychologiques, telles que le sens moral, esthétique, ou religieux, est indépendante de l'éducation intellectuelle. Les facteurs mentaux capables d'agir sur ces activités appartiennent au milieu social. Il faut donc placer le sujet dans un cadre convenable. D'où la nécessité de l'entourer d'une certaine atmosphère psychologique. Il est très difficile de donner aujourd'hui aux enfants les avantages résultant des privations, de la lutte, de la rudesse de l'existence, et de la vraie culture intellectuelle. Et aussi ceux qui viennent du développement de la vie intérieure. La vie intérieure, cette chose privée, cachée, non partageable, non démocratique, est considérée comme un péché par le conservatisme de beaucoup d'éducateurs. Cependant, elle reste la source de toute originalité. De toutes les grandes actions. Seule, elle permet à l'individu de garder sa personnalité au milieu de la foule. Elle assure la liberté de son esprit et l'équilibre de son système nerveux dans le désordre de la Cité nouvelle.

Les facteurs mentaux agissent sur chaque individu d'une façon différente. Ils doivent être employés seulement par ceux qui comprennent pleinement les particularités organiques et cérébrales de chaque être humain. Suivant qu'il est faible, fort, sensible, généreux, égoïste, intelligent, stupide, apathique, alerte, etc., chacun réagit différemment au même stimulus mental. Ces procédés délicats ne peuvent pas être appliqués aveuglément à la construction de chaque organisme. Cependant, il existe des conditions économiques et sociales qui agissent de façon uniforme sur tous les individus d'un groupe, ou d'une nation. Les sociologistes et les économistes ne doivent donc pas modifier les conditions de la vie sans considérer les effets psychologiques de ce changement. C'est une donnée première de l'observation que la pauvreté complète, la prospérité, la paix, la foule ou l'isolement ne sont pas favorables au progrès humain. L'individu atteindrait probablement son développement optimum dans l'atmosphère mentale créée par un certain mélange de sécurité économique, de loisir, de privations et de lutte. L'effet des conditions de l'existence varie suivant chaque race et chaque individu. Les événements qui écrasent les uns conduisent les autres à la révolte et à la victoire. Il faut mouler le milieu économique et social sur l'homme. Et non l'homme sur le milieu. Nous devons donner aux systèmes organiques l'atmosphère psychologique propre à les maintenir en pleine activité.

Les agents psychologiques ont naturellement un effet beaucoup plus marqué sur les enfants et les adolescents que sur les adultes. C'est pendant la période plastique de la vie qu'il faut les employer. Mais leur influence, quoique moins marquée, persiste pendant toute la durée de l'existence. Quand l'organisme mûrit, quand la valeur du temps diminue, leur importance augmente. Leur effet est très utile sur le corps vieillissant. On peut reculer le moment de la sénescence en maintenant l'esprit et le corps en état d'activité. Pendant l'âge mûr et la vieillesse, l'homme a besoin d'une discipline plus stricte que dans sa jeunesse. La détérioration prématurée est due souvent à l'abandon de soi-même. Les mêmes facteurs qui aident notre formation sont capables de retarder notre descente. Un sage emploi de ces agents psychologiques éloignerait le moment du déclin organique et de l'effondrement de trésors intellectuels et moraux dans l'abîme de la dégénérescence sénile.

XI

La santé.

Il y a, comme nous le savons, deux sortes de santé, la santé naturelle et la santé artificielle. Nous désirons la santé naturelle, celle qui vient de la résistance des tissus aux maladies infectieuses et dégénératives, de l'équilibre du système nerveux. Et non pas la santé artificielle, qui repose sur des régimes alimentaires, des vaccins, des sérums, des produits endocriniens, des vitamines, des examens médicaux périodiques, et sur la protection coûteuse des médecins, des hôpitaux et des nurses. L'homme doit être construit de telle sorte qu'il n'ait pas besoin de ces soins. La médecine remportera son plus grand triomphe quand elle découvrira le moyen de nous permettre d'ignorer la maladie, la fatigue et la crainte. Nous devons donner aux êtres humains la liberté et la joie qui viennent de la perfection des activités organiques et mentales.

Cette conception de la santé rencontrera une forte opposition, car elle dérange nos habitudes de pensée. La médecine moderne tend vers la production de la santé artificielle, vers une sorte de physiologie dirigée. Son idéal est d'intervenir dans les fonctions des tissus et des organes à l'aide de substances chimiques pures, de stimuler ou de remplacer les fonctions insuffisantes, d'augmenter la résistance aux infections, d'accélérer la réaction des organes et des humeurs contre les agents pathogènes, etc. Nous considérons encore le corps humain comme un machine mal construite, dont les pièces doivent être constamment renforcées ou réparées. Dans un discours récent, Henry Dale a célébré justement les victoires de la thérapeutique pendant ces quarante dernières années, la découverte des sérums antitoxiques et des vaccins, des hormones, de l'insuline, de l'adrénaline, de la thyroxine, etc., des composés organiques de l'arsenic, des vitamines, des substances qui règlent les fonctions sexuelles, d'une quantité de nouvelles substances obtenues par synthèse pour le soulagement de la douleur et la stimulation de fonctions insuffisantes. Et aussi l'avènement des gigantesques laboratoires industriels où ces substances sont manufacturées. Il est certain que ces progrès de la chimie et de la physiologie sont d'une haute importance, qu'ils nous dévoilent peu à peu les mécanismes cachés du corps, qu'ils aiguillent la médecine sur une voie solide. Mais faut-il les considérer dès à présent comme un grand triomphe de l'humanité dans sa poursuite de la santé ? Cela est loin d'être certain. La physiologie ne peut pas être comparée à l'économie politique. Les processus organiques, humoraux et mentaux sont infiniment plus compliqués que les phénomènes sociaux et économiques. Le succès de l'économie dirigée est possible. Mais celui de la physiologie dirigée est probablement irréalisable.

La santé artificielle ne suffit pas à l'homme moderne. Les examens et les soins médicaux sont gênants, pénibles, et souvent peu efficaces. Les hôpitaux et les remèdes sont coûteux. Leurs effets insuffisants. Les hommes et les femmes qui paraissent en bonne santé ont constamment besoin de petites réparations. Ils ne sont pas assez bien ni assez forts pour jouer heureusement leur rôle d'être humain. La santé est beaucoup plus que l'absence de maladie. Le peu de confiance que le public témoigne de plus en plus à la profession médicale est dans une certaine mesure l'expression de ce sentiment. Nous ne pouvons pas donner à l'homme la forme de santé qu'il désire sans prendre en considération sa vraie nature. Nous savons que les organes, les humeurs, et l'esprit sont un, qu'ils sont le résultat de tendances héréditaires, des conditions du développement, des facteurs chimiques, physiques, et physiologiques du milieu. Que la santé dépend de la constitution chimique et structurale de chaque partie du corps et de certaines propriétés de l'ensemble. Nous devons aider cet ensemble à maintenir son intégrité au lieu d'intervenir dans le fonctionnement de chaque organe. La santé naturelle est un fait observable. Certains individus résistent aux infections, aux maladies dégénératives, à la détérioration de la sénescence. Il faut découvrir le secret de cette résistance. La possession de santé naturelle augmenterait énormément le bonheur de l'humanité.

Les merveilleux succès de l'hygiène dans son combat contre les maladies infectieuses et les grandes épidémies permettent à la recherche biologique de tourner une partie de son attention des virus et des bactéries vers les processus physiologiques et mentaux. Au lieu de nous contenter de masquer les lésions organiques des maladies dégénératives, nous devons nous efforcer de les prévenir ou de les guérir. Il ne suffit pas, par exemple, de faire disparaître les symptômes du diabète en donnant de l'insuline au malade. L'insuline ne guérit pas le diabète. Cette maladie ne sera vaincue que par la découverte de ses causes et des moyens de provoquer la régénération des cellules pancréatiques insuffisantes ou de les remplacer. La simple administration au malade des substances chimiques dont il a besoin ne lui apporte pas la véritable santé. Il faut rendre les organes capables de manufacturer eux-mêmes ces substances chimiques dans le corps. Mais la connaissance de la nutrition des glandes est beaucoup plus difficile que celle de leurs produits de sécrétion. Nous avons suivi jusqu'à présent une route facile. Nous devons à présent aborder au plus profond de nous-mêmes des régions inconnues. Le progrès de la médecine ne viendra pas de la construction d'hôpitaux meilleurs et plus grands, de meilleures et plus grandes usines de produits pharmaceutiques. Il dépend de l'avènement de quelques savants doués d'imagination, de leur méditation dans le silence des laboratoires, de la découverte, au delà du proscenium des structures chimiques, des mystères organismiques et mentaux. La conquête de la santé naturelle demande un approfondissement considérable de notre connaissance du corps et de l'âme.

XII

Le développement de la personnalité.

Il faut rendre à l'être humain, standardisé par la vie moderne, sa personnalité. Les sexes doivent de nouveau être nettement définis. Il importe que chaque individu soit, sans équivoque, mâle ou femelle. Que son éducation lui interdise de manifester les tendances sexuelles, les caractères mentaux, et les ambitions du sexe opposé. Il importe ensuite qu'il se développe dans la richesse spécifique et multiforme de ses activités. Les hommes ne sont pas des machines fabriquées en série. Pour reconstruire leur personnalité, nous devons briser les cadres de l'école, de l'usine, et du bureau, et rejeter les principes mêmes de la civilisation technologique.

Une telle révolution est loin d'être impossible. La rénovation de l'éducation est réalisable sans modifier beaucoup l'école. Cependant, la valeur que nous attribuons à cette dernière doit être changée. Nous savons que les êtres humains, étant des individus, ne peuvent pas être élevés en masse. Que l'école n'est pas capable de remplacer l'éducation individuelle donnée par les parents. Les instituteurs remplissent souvent de façon satisfaisante leur rôle intellectuel. Mais il est indispensable aussi de développer les activités morales, esthétiques et religieuses de l'enfant. Les parents ont dans l'éducation une fonction dont ils ne peuvent pas se libérer, à laquelle ils doivent être préparés. N'est-il pas étrange qu'une grande partie du temps des jeunes filles ne soit pas consacrée à l'étude physiologique et mentale des enfants, et des méthodes d'éducation ? La femme doit être rétablie dans sa fonction naturelle, qui est non seulement de faire des enfants mais de les élever.

De même que l'école, l'usine et le bureau ne sont pas des institutions intangibles. Il y a eu, autrefois une forme de vie industrielle qui permettait aux ouvriers de posséder une maison et des champs, de travailler chez eux, à l'heure qu'ils voulaient et comme ils voulaient, de faire usage de leur intelligence, de fabriquer des objets entiers, d'avoir la joie de la création. Aujourd'hui, il faut rendre aux travailleurs ces avantages. Grâce à l'énergie électrique et aux machines modernes, la petite industrie est devenue capable de se libérer de l'usine. La grosse industrie ne pourrait-elle pas aussi être décentralisée ? Ou ne serait-il pas possible d'y faire travailler tous les jeunes gens de la nation pour une courte période, comme une période de service militaire ? On arriverait ainsi à supprimer le prolétariat. Les hommes vivraient en petits groupes, au lieu de former d'immenses troupeaux. Chacun conserverait, dans son groupe, sa valeur humaine propre. Il cesserait d'être un rouage de machine, et redeviendrait un individu. Aujourd'hui, le prolétaire a une position aussi basse que celle du serf féodal. Pas plus que lui, il ne peut espérer s'évader, être indépendant, commander aux autres. Au contraire, l'artisan a l'espoir légitime de devenir un jour patron. De même, le paysan propriétaire de sa terre, le pêcheur propriétaire de son bateau, quoique soumis à un dur travail, sont maîtres d'eux-mêmes et de leur temps. La plupart des travailleurs industriels pourraient avoir une indépendance et une dignité analogues. Dans les bureaux gigantesques des grandes corporations, dans les magasins aussi vastes que des villes, les employés perdent leur personnalité comme les ouvriers dans les usines. En fait, ils sont devenus des prolétaires. Il semble que l'organisation moderne des affaires et la production en masse soient incompatibles avec le développement de la personne humaine. S'il en est ainsi, c'est la civilisation moderne, et non l'homme, qui doit être sacrifiée.

Si elle reconnaissait la personnalité des êtres humains, la société serait obligée d'accepter leur inégalité. Chaque individu doit être utilisé d'après ses caractères propres. En essayant d'établir l'égalité entre les hommes, nous avons supprimé des particularités individuelles qui étaient très utiles. Car le bonheur de chacun dépend de son adaptation exacte à son genre de travail. Et il y a beaucoup de tâches différentes dans une nation moderne. Il faut donc varier les types humains, au lieu de les unifier, et augmenter ces différences par l'éducation et les habitudes de la vie. Au lieu de reconnaître la diversité nécessaire des êtres humains, la civilisation industrielle les a comprimés en quatre classes : les riches, les prolétaires, les paysans, et la classe moyenne. L'employé, l'instituteur, l'agent de police, le pasteur, le petit médecin, le savant, le professeur d'université, le boutiquier, qui constituent la classe moyenne, ont à peu près le même genre de vie. Ces types si disparates sont classés ensemble, non pas d'après leur personnalité, mais d'après leur position financière. Il est bien évident, cependant, qu'ils n'ont rien en commun. L'étroitesse de leur existence étouffe les meilleurs, ceux qui sont capables de grandir, qui essayent de développer leurs potentialités mentales. Pour aider au progrès social, il ne suffit pas de louer des architectes, d'acheter de l'acier et des briques, de construire des écoles, des universités, des laboratoires, des bibliothèques, des églises. Il faut donner à ceux qui se consacrent aux choses de l'esprit le moyen de développer leur personnalité suivant leur constitution innée et leur idéal spirituel. De même que les ordres religieux créèrent pendant le moyen âge un mode d'existence propre au développement de l'ascèse, de la mysticité et de la pensée philosophique.

Non seulement la matérialité brutale de notre civilisation s'oppose à l'essor de l'intelligence, mais elle écrase les affectifs, les doux, les faibles, les isolés, ceux qui aiment la beauté, qui cherchent dans la vie autre chose que l'argent, dont le raffinement supporte mal la vulgarité de l'existence moderne. Autrefois, ces êtres trop délicats ou trop incomplets pouvaient développer leur personnalité librement. Les uns s'isolaient et vivaient en eux-mêmes. Les autres se réfugiaient dans les monastères, dans les ordres hospitaliers ou contemplatifs où ils trouvaient la pauvreté et le travail, mais aussi la dignité, la beauté et la paix. Aux individus de ce type, il sera nécessaire de fournir le milieu qui leur convient, au lieu des conditions adverses de la civilisation industrielle.

Il y a encore le problème non résolu de la foule immense des déficients et des criminels. Ceux-ci chargent d'un poids énorme la population restée saine. Le coût des prisons et des asiles d'aliénés, de la protection du public contre les bandits et les fous, est, comme nous le savons, devenu gigantesque. Un effort naïf est fait par les nations civilisées pour la conservation d'êtres inutiles et nuisibles. Les anormaux empêchent le développement des normaux. Il est nécessaire de regarder ce problème en face. Pourquoi la société ne disposerait-elle pas des criminels et des aliénés d'une façon plus économique ? Elle ne peut pas continuer à prétendre discerner les responsables des non-responsables, punir les coupables, épargner ceux qui commettent des crimes dont ils sont moralement innocents. Elle n'est pas capable de juger les hommes. Mais elle doit se protéger contre les éléments qui sont dangereux pour elle. Comment peut-elle le faire ? Certainement pas en bâtissant des prisons plus grandes et plus confortables. De même que la santé ne sera pas améliorée par la construction d'hôpitaux plus grands et plus scientifiques. Nous ne ferons disparaître la folie et le crime que par une meilleure connaissance de l'homme, par l'eugénisme, par des changements profonds de l'éducation et des conditions sociales. Mais, en attendant, nous devons nous occuper des criminels de façon effective. Peut-être faudrait-il supprimer les prisons. Elles pourraient être remplacées par des institutions beaucoup plus petites et moins coûteuses. Le conditionnement des criminels les moins dangereux par le fouet, ou par quelque autre moyen plus scientifique, suivi d'un court séjour à l'hôpital, suffirait probablement à assurer l'ordre. Quant aux autres, ceux qui ont tué, qui ont volé à main armée, qui ont enlevé des enfants, qui ont dépouillé les pauvres, qui ont gravement trompé la confiance du public, un établissement euthanasique, pourvu de gaz approprié, permettrait d'en disposer de façon humaine et économique. Le même traitement ne serait-il pas applicable aux fous qui ont commis des actes criminels ? Il ne faut pas hésiter à ordonner la société moderne par rapport à l'individu sain. Les systèmes philosophiques et les préjugés sentimentaux doivent disparaître devant cette nécessité. Après tout, c'est le développement de la personnalité humaine qui est le but suprême de la civilisation.

XIII

L'univers humain.

La restauration de l'homme dans l'harmonie de ses activités physiologiques et mentales changera l'Univers. Car l'Univers modifie son visage suivant l'état de notre corps. Nous ne devons pas oublier qu'il est seulement la réponse de notre système nerveux, de nos organes sensoriels, et de nos techniques, à une réalité extérieure qui nous est inconnue, et qui est probablement inconnaissable. Que tous nos états de conscience, tous nos rêves, ceux des mathématiciens aussi bien que ceux des amoureux, sont également vrais. Les ondes électromagnétiques qui expriment un coucher de soleil au physicien ne sont pas plus objectives que les brillantes couleurs perçues par le peintre. Le sentiment esthétique engendré par ces couleurs, et la mesure de la longueur des ondes qui les composent, sont deux aspects de nous-mêmes, et ont les mêmes titres à l'existence. La joie et la douleur sont aussi importantes que les planètes et les soleils. Mais le monde de Dante, d'Emerson, de Bergson, ou de Hale est plus vaste que celui de Mr Babbitt. Les dimensions de l'Univers grandiront nécessairement avec la force de nos activités organiques et mentales.

Nous devons libérer l'homme du cosmos créé par le génie des physiciens et des astronomes, de ce cosmos dans lequel il a été enfermé depuis la Renaissance. Malgré sa beauté et sa grandeur, le monde de la matière inerte est trop étroit pour lui. De même que notre milieu économique et social, il n'est pas fait à notre mesure. Nous ne pouvons pas adhérer au dogme de sa réalité exclusive. Nous savons que nous n'y sommes pas entièrement confinés, que nous nous étendons dans d'autres dimensions que celles du continuum physique. L'homme est à la fois un objet matériel, un être vivant, un foyer d'activités mentales. Sa présence dans l'immensité morte des espaces interstellaires est totalement négligeable. Cependant, il est loin d'être un étranger dans ce prodigieux royaume de la matière. Son esprit s'y meut facilement à l'aide des abstractions mathématiques. Mais il préfère contempler la surface de la terre, les montagnes, les rivières, l'océan. Il est fait à la mesure des arbres, des plantes et des animaux. Il se plaît en leur compagnie. Il est lié plus intimement encore aux œuvres d'art, aux monuments, aux merveilles mécaniques de la Cité nouvelle, au petit groupe de ses amis, à ceux qu'il aime. Il s'étend, au delà de l'espace et du temps, dans un autre monde. Et de ce monde, qui est lui-même, il peut, s'il en a la volonté, parcourir les cycles infinis. Le cycle de la Beauté, que contemplent les savants, les artistes, et les poètes. Le cycle de l'Amour, inspirateur du sacrifice, de l'héroïsme, du renoncement. Le cycle de la Grâce, suprême récompense de ceux qui ont cherché avec passion le principe de toutes choses. Tel est notre Univers.

XIV

La reconstruction de l'homme.

Le moment est venu de commencer l'œuvre de notre rénovation. Mais nous n'en établirons pas le programme. Car un programme étoufferait la vivante réalité dans une armature rigide. Il empêcherait le jaillissement de l'imprévisible, et fixerait l'avenir dans les limites de notre esprit.

Il faut nous lever et nous mettre en marche. Nous libérer de la technologie aveugle. Réaliser, dans leur complexité et leur richesse, toutes nos virtualités. Les sciences de la vie nous ont montré quelle est notre fin, et ont mis à notre disposition les moyens de l'atteindre. Mais nous sommes encore plongés dans le monde que les sciences de la matière inerte ont construit sans respect pour les lois de notre nature. Dans un monde qui n'est pas fait pour nous, parce qu'il est né d'une erreur de notre raison, et de l'ignorance de nous-mêmes. A ce monde, il nous est impossible de nous adapter. Nous nous révolterons donc contre lui. Nous transformerons ses valeurs. Nous l'ordonnerons par rapport à nous. Aujourd'hui, la science nous permet de développer toutes les potentialités qui sont cachées en nous. Nous connaissons les mécanismes secrets de nos activités physiologiques et mentales, et les causes de notre faiblesse. Nous savons comment nous avons violé les lois naturelles. Nous savons pourquoi nous sommes punis. Pourquoi nous sommes perdus dans l'obscurité. En même temps, nous commençons à distinguer à travers les brouillards de l'aube la route de notre salut.

Pour la première fois dans l'histoire du monde, une civilisation, arrivée au début de son déclin, peut discerner les causes de son mal. Peut-être saura-t-elle se servir de cette connaissance, et éviter, grâce à la merveilleuse force de la science, la destinée commune à tous les grands peuples du passé... Sur la voie nouvelle, il faut dès à présent nous avancer.

Table des matières

Introduction 5
Préface de la dernière édition américaine   11

CHAPITRE PREMIER

DE LA NÉCESSITÉ DE NOUS CONNAÎTRE NOUS-MÊMES

1. La science des êtres vivants a progressé plus lentement que celle de la matière inanimée. — Notre ignorance de nous-mêmes. 19
2. Cette ignorance est due au mode d'existence de nos ancêtres, à la complexité de l'être humain, à la structure de notre esprit. 22
3. La manière dont les sciences mécaniques, physiques et chimiques ont transforme notre milieu. 25
4. Ce qui en est résulté pour nous. 30
5. Ces transformations du milieu sont nuisibles parce qu'elles ont été faites sans connaissance de notre nature. 34
6. Nécessité pratique de la connaissance de l'homme. 37

CHAPITRE II

LA SCIENCE DE L'HOMME

1. Nécessité d'un choix dans la masse des données hétérogènes que nous possédons sur nous-mêmes. — Le concept opérationnel de Brigdman. Son application à l'étude des êtres vivants. Concepts biologiques. — Le mélange des concepts des différentes sciences. — Élimination des systèmes philosophiques et scientifiques, des illusions et des erreurs. — Rôle des conjectures. 39

2. Il est indispensable de faire un inventaire complet. — Aucun aspect de l'homme ne doit être privilégié. — Éviter de donner une importance exagérée à quelque partie aux dépens des autres. — Ne pas se limiter a ce qui est simple. — Ne pas supprimer ce qui est inexplicable. La méthode scientifique est applicable dans toute l'étendue de l'être humain. 44

3. Il faut développer une science véritable de l'homme. — Elle est plus nécessaire que les sciences mécaniques, physiques et chimiques. Son caractère analytique et synthétique. 47

4. Pour analyser l'homme, des techniques multiples sont nécessaires. — Ce sont les techniques qui ont créé la division de l'homme en parties. Les spécialistes. — Leur danger. — Fragmentation indéfinie du sujet. — Le besoin de savants non spécialisés. — Comment améliorer les résultats des recherches. — Diminution du nombre des savants, et établissement de conditions propres à la création intellectuelle. 49

5. L'observation et l'expérience dans la science de l'homme. — La difficulté des expériences comparatives. — La lenteur des résultats. — Utilisation des animaux. — Les expériences faites sur des animaux d'intelligence supérieure. L'organisation des expériences de longue durée. 53

6. Reconstitution de l'être humain. — Chaque fragment doit être considéré dans ses relations avec le tout. — Les caractères d'une synthèse utilisable. 57

CHAPITRE III

LE CORPS ET LES ACTIVITÉS PHYSIOLOGIQUES

1. L'homme. — Ses deux aspects. — Le substratum corporel et les activités humaines. 61
2. Dimensions et forme du corps. 62
3. Ses surfaces extérieure et intérieure. 65
4. Sa constitution interne. — Les cellules et leurs associations. — Leur structure. — Les différentes races cellulaires. 69
5. Le sang et le milieu intérieur. 73
6. La nutrition des tissus. — Les échanges chimiques. 76
7. La circulation du sang. — Les poumons et les reins. 78
8. Les relations chimiques du corps avec le monde extérieur. 80
9. Les fonctions sexuelles et la reproduction. 82
10. Les relations physiques du corps avec le monde extérieur. — Système nerveux volontaire. — Systèmes squelettique et musculaire. 85
11. Système nerveux viscéral. — La vie inconsciente des organes. 89
12. Complexité et simplicité du corps. — Les limites anatomiques et les limites physiologiques des organes. — Homogénéité physiologique et hétérogénéité anatomique. 92
13. Mode d'organisation du corps. — L'analogie mécanique. — Les antithèses. — La nécessité de s'en tenir aux données immédiates de l'observation. — Les régions inconnues. 94
14. Fragilité et solidité du corps. — Le silence du corps pendant la santé. — Les états intermédiaires entre la maladie et la santé. 96
15. Les maladies infectieuses et dégénératives. 99

CHAPITRE IV

LES ACTIVITÉS MENTALES

1. Le concept opérationnel de conscience. — L'âme et le corps. — Questions qui n'ont aucun sens. — L'introspection et l'étude du comportement. 103
2. Les activités intellectuelles. — La certitude scientifique. — L'intuition. — Clairvoyance et télépathie. 105
3. Les activités affectives et morales. — Les sentiments et le métabolisme. — Le tempérament. — Le caractère inné des activités morales. — Techniques pour l'étude du sens moral. — La beauté morale. 110
4. Le sens esthétique. — La suppression de l'activité esthétique dans la vie moderne. — L'art populaire. — La beauté... 113
5. L'activité mystique. — Les techniques de la mystique. — Concept opérationnel de l'expérience mystique. 115
6. Les relations des activités de la conscience entre elles. — L'intelligence et le sens moral. — Les individus dysharmoniques. 117
7. Les relations des activités mentales et physiologiques. — L'influence des glandes sur l'esprit. — L'homme pense avec son cerveau et tous ses organes. 121
8. L'influence des activités mentales sur les organes. — La vie moderne et la santé. — Les états mystiques et les activités nerveuses. — La prière. — Les guérisons miraculeuses. 123
9. L'influence du milieu social sur l'intelligence, le sens esthétique, le sens moral et le sens religieux. — Arrêt du développement de la conscience. 127
10. Les maladies mentales. — Les faibles d'esprit, les fous et les criminels. — Notre ignorance des maladies mentales. — Hérédité et milieu. — La faiblesse d'esprit chez les chiens. — La vie moderne et la santé psychologique. 131

CHAPITRE V

LE TEMPS INTÉRIEUR

1. La durée. — Sa mesure par le temps solaire. — L'extension des choses dans l'espace et dans le temps. — Temps mathématique. — Concept opérationnel du temps physique. 135
2. Définition du temps intérieur. — Temps physiologique et temps psychologique. — La mesure du temps physiologique. 138
3. Les caractères du temps physiologique. — Son irrégularité. — Son irréversibilité. 142
4. Le substratum du temps physiologique. — Changements subis par les cellules vivantes dans un milieu limité. — Les altérations progressives des tissus et du milieu intérieur. 144
5. La longévité. — Il est possible d'augmenter la durée de la vie. — Est-il désirable de le faire ? 148
6. Le rajeunissement artificiel. — Les tentatives de rajeunissement. — Le rajeunissement est-il possible ? . 150
7. Concept opérationnel du temps intérieur. — La valeur réelle du temps physique pendant l'enfance et pendant la vieillesse. 153
8. L'utilisation du concept du temps intérieur. — La durée de l'homme et celle de la civilisation. L'âge physiologique et l'individu. 155
9. Le rythme du temps physiologique et la modification artificielle des êtres humains. 157

CHAPITRE VI

LES FONCTIONS ADAPTIVES

1. Les fonctions adaptives. 159
2. Adaptation intra-organique. — Régulation automatique de la composition du sang et des humeurs. 160
3. Les corrélations organiques. — Aspect téléologique du phénomène. 163
4. La réparation des tissus. 165
5. La chirurgie et les phénomènes adaptifs. 167
6. Les maladies. — Signification de la maladie. — La résistance naturelle aux maladies. — L'immunité acquise. 169
7. Les maladies microbiennes. — Les maladies dégénératives et les phénomènes adaptifs. — Les maladies contre lesquelles l'organisme ne réagit pas. — Santé artificielle et santé naturelle. 172
8. Adaptation extra-organique. — Adaptation aux conditions physiques du milieu. 174
9. Modifications permanentes du corps et de la conscience produites par l'adaptation. 176
10. Adaptation au milieu social par l'effort, par la fuite. — Le manque d'adaptation. 179
11. Les caractères des fonctions adaptives. — Le principe de Le Chatelier et la stabilité interne du corps. — La loi de l'effort. 181
12. La suppression de la plupart des fonctions adaptives par la civilisation moderne. 184
13. Nécessité de l'activité des fonctions adaptives pour le développement optimum des êtres humains. 186
14. Signification de l'adaptation. — Ses applications pratiques. 189

CHAPITRE VII

L'INDIVIDU

1. L'être humain et l'individu. — La querelle des réalistes et des nominalistes. — La confusion des symboles et des faits concrets. 191
2. L'individualité tissulaire et humorale. 192
3. L'individualité psychologique. — Les caractères qui constituent la personnalité. 196
4. L'individualité de la maladie. — La médecine et la réalité des universaux. 199
5. Origine de l'individualité. — La querelle des généticistes et des behavioristes. — Importance relative de l'hérédité et du développement. — L'influence des facteurs héréditaires sur l'individu. 201
6. L'influence du développement sur l'individu. — Variations de l'effet de ce facteur suivant les caractères immanents de l'individu. 204
7. Les limites de l'individu dans l'espace. — Les frontières anatomiques et psychologiques. — Extension de l'individu au-delà des frontières anatomiques. 207
8. Les limites de l'individu dans le temps. — Les liens du corps et de la conscience avec le passé et le futur. 210
9. L'individu. 212
10. L'homme est à la fois un être humain et un individu. — Le réalisme et le nominalisme sont tous deux nécessaires. 215
11. Signification pratique de la connaissance de nous-mêmes. 217

CHAPITRE VIII

LA RECONSTRUCTION DE L'HOMME

1. La science de l'homme peut-elle conduire à sa rénovation ? 219
2. Nécessité d'un changement d'orientation intellectuelle. — L'erreur de la renaissance. — La primauté de la matière et celle de l'homme. 222
3. Comment utiliser la connaissance de nous-mêmes. — Comment faire une synthèse. — Est-il possible à un savant d'acquérir une telle masse de connaissances ? .. 225
4. Des institutions nécessaires a la science de l'homme... 228
5. La restauration de l'homme suivant les règles de sa nature. — Nécessité d'agir à la fois sur l'individu et son milieu. 232
6. Le choix des individus. — Les classes biologiques et sociales. 234
7. La construction de l'élite. — L'eugénisme volontaire. — Une aristocratie héréditaire. 237
8. Les agents physiques et chimiques de la formation de l'individu. 240
9. Les agents physiologiques. 242
10. Les agents psychologiques. 244
11. La santé. 246
12. Le développement de la personnalité. 248
13. L'univers humain. 252
14. La reconstruction de l'homme. 253

Retrouver toutes les publications
Recension d'ouvrages rares ou interdits au format numérique

The savoisien & Lenculus
Livres et documents rares et introuvables

---

librisaeterna.com

- **Wawa Conspi**
  the-savoisien.com

- **Free pdf**
  freepdf.info

- **Histoire E-Book**
  histoireebook.com

- **Balder Ex-Libris**
  balderexlibris.com

- **Aryana Libris**
  aryanalibris.com

- **PDF Archive**
  pdfarchive.info